HIDROLOGIA BÁSICA

Blucher

HIDROLOGIA BÁSICA

NELSON L. DE SOUSA PINTO
Professor Titular de Hidráulica
Diretor do Centro de Hidráulica e Hidrologia
Prof. Parigot de Souza — Universidade Federal do Paraná

ANTONIO CARLOS TATIT HOLTZ
Ex-Professor Assistente
Ex-Engenheiro do Centro de Hidráulica e Hidrologia
Prof. Parigot de Souza — Universidade Federal do Paraná
Chefe do Departamento de Geração — Centrais Elétricas Brasileiras S/A — Eletrobrás

JOSÉ AUGUSTO MARTINS
Professor Titular de Hidráulica Aplicada — Escola Politécnica —
Universidade de São Paulo

FRANCISCO LUIZ SIBUT GOMIDE
Professor Assistente
Chefe da Divisão de Hidrologia do Centro de Hidráulica e Hidrologia
Prof. Parigot de Souza — Universidade Federal do Paraná

Hidrologia básica

© 1976 Nelson L. de Sousa Pinto

Antonio Carlos Tatit Holtz

José Augusto Martins

Francisco Luiz Sibut Gomide

15ª reimpressão – 2014

Editora Edgard Blücher Ltda.

Blucher

Rua Pedroso Alvarenga, 1245, 4º andar

04531-012 – São Paulo – SP – Brasil

Tel 55 11 3078-5366

contato@blucher.com.br

www.blucher.com.br

É proibida a reprodução total ou parcial
por quaisquer meios, sem autorização
escrita da Editora.

Todos os direitos reservados pela Editora
Edgard Blücher Ltda.

FICHA CATALOGRÁFICA

H538	Hidrologia básica [por] Nelson L. de Sousa Pinto [e outros] São Paulo: Blucher, 1976.

Bibliografia.

ISBN 978-85-212-0154-0

1. Águas subterrâneas 2. Hidrologia
3. Hidrometeorologia I. Pinto, Nelson L.
de Sousa. I. Título.

76-0706	CDD-551.48
	-551.49
	-551.57

Índices para catálogo sistemático:

1. Águas subterrâneas: Geomorfologia   551.49

2. Hidrologia   551.48

3. Hidrologia de superfície   551.48

4. Hidrometeorologia   551.57

CONTEÚDO

Prefácio XI
Prefácio da 1.ª Edição XIII
Capítulo 1 INTRODUÇÃO 1

O ciclo hidrológico 2
Dados hidrológicos básicos — métodos de estudo 3
Bibliografia complementar 6

Capítulo 2 PRECIPITAÇÃO 7

Generalidades 7
Formação das precipitações e tipos 7
Medida das precipitações 8
Variações 9
Processamento de dados pluviométricos 13
    Detecção de erros grosseiros 13
    Preenchimento de falhas 14
    Verificação da homogeneidade dos dados 15
Freqüência de totais precipitados 16
    Freqüência de totais anuais 17
    Freqüência de precipitações mensais e trimestrais 21
    Freqüência de precipitações intensas 23
    Freqüência de dias sem precipitação 27
Precipitação média em uma bacia 28
    Método de Thiessen 28
    Método das isoietas 28
Relação entre a precipitação média e a área 29
Cuidados na aplicação dos dados de chuva 33
Bibliografia complementar 34

Capítulo 3 ESCOAMENTO SUPERFICIAL 36

Generalidades 36
Ocorrência 36
Componentes do escoamento dos cursos de água 37
Grandezas características 38
    Bacia hidrográfica 38
    Vazão 38
    Freqüência 38
    Coeficiente de deflúvio 38
    Tempo de concentração 39
    Nível de água 39

Fatores intervenientes 39
    Fatores que presidem a quantidade de água precipitada 39
    Fatores que presidem o afluxo da água à seção em estudo 39
    Influência desses fatores sobre as vazões 39
Hidrograma 40
Classificação das cheias 42
Bibliografia complementar 43

Capítulo 4 INFILTRAÇÃO 44

Introdução 44
    Definição 44
    Fases da infiltração 44
Grandezas características 45
    Capacidade de infiltração 45
    Distribuição granulométrica 45
    Porosidade 45
    Velocidade de filtração 45
    Coeficiente de permeabilidade 46
    Suprimento específico 46
    Retenção específica 46
    Níveis estático e dinâmico 46
Fatores intervenientes 46
    Tipo de solo 46
    Altura de retenção superficial e espessura da camada saturada 46
    Grau de umidade do solo 47
    Ação da precipitação sobre o solo 47
    Compactação devida ao homem e aos animais 47
    Macroestrutura do terreno 47
    Cobertura vegetal 48
    Temperatura 48
    Presença do ar 48
    Variação da capacidade de infiltração 48
Determinação da capacidade de infiltração 48
    Infiltrômetros 48
    Método de Horner e Lloyd 50
    Capacidade de infiltração em bacias muito grandes 52
Bibliografia complementar 55

Capítulo 5 EVAPORAÇÃO E TRANSPIRAÇÃO 56

Definições 56
Grandezas características 56
Fatores intervenientes 56
    Grau de umidade relativa do ar atmosférico 56
    Temperatura 57
    Vento 57
    Radiação solar 57
    Pressão barométrica 58

Salinidade da água 58
Evaporação na superfície do solo 58
Transpiração 58
Evaporação da superfície das águas 59
Medida da evaporação da superfície das águas 59
Evaporímetros 59
Medidores diversos 60
Coeficientes de correlação 61
Fórmulas empíricas 61
Redução das perdas por evaporação nos reservatórios de acumulação.. 62
Medida da evaporação da superfície do solo 63
Aparelhos medidores 63
Fórmulas empíricas 64
Medida da transpiração 64
Fitômetro 64
Estudo em bacias hidrográficas 65
Deficit de escoamento 65
Análise dos dados — apresentação dos resultados 66
Bibliografia complementar 66

Capítulo 6   ÁGUAS SUBTERRÂNEAS 67

Introdução 67
Distribuição das águas subterrâneas 67
Aqüíferos...   70
Princípios básicos do escoamento em meios porosos.................... 72
Escoamento em regime permanente 77
Escoamentos bidimensionais... 77
Exploração de poços 81
Poços em regime não-permanente 86
Bibliografia complementar 91

Capítulo 7   O HIDROGRAMA UNITÁRIO 92

Hidrograma unitário a partir de precipitações isoladas 98
Cálculo do volume de água precipitado sobre a bacia 99
Separação do escoamento superficial 99
Cálculo do volume escoado superficialmente 101
Hidrograma unitário a partir de fluviogramas complexos 103
Gráfico de distribuição 108
Hidrogramas unitários sintéticos 109
Método de Snyder 111
Método de Commons 113
Método de Getty e McHughs 114
Observações 115
Aplicação do hidrograma unitário 116
Bibliografia complementar 120

Capítulo 8 VAZÕES DE ENCHENTES 121

Fórmulas empíricas 121
    Vazão em função da área da bacia 121
    Fórmulas que levam em conta a precipitação 122
    Fórmulas baseadas no método racional 123
Métodos estatísticos 126
    Escolha da freqüência da cheia de projeto 135
    Dificuldades na aplicação dos métodos estatísticos 136
Método racional 137
    Área drenada (A) 138
    Intensidade média da precipitação pluvial 138
    Coeficiente de escoamento C 141
    Exemplo de utilização 144
    Vazão 146
Métodos hidrometeorológicos 149
    Avaliação da máxima precipitação provável (MPP) 150
    Seleção das maiores precipitações 151
    Maximização 151
    Transposição 154
    Definição da MPP 154
    Hidrograma de enchente 155
    Hidrograma unitário 156
    Precipitação efetiva 157
    Vazão de base 158
Propagação das cheias 158
Bibliografia complementar 166

Capítulo 9 MANIPULAÇÃO DOS DADOS DE VAZÃO 167

Fluviograma 167
Fluviograma médio 168
Curva de permanência 170
Curva de massa das vazões 177

Capítulo 10 MEDIÇÕES DE VAZÃO 182

Estações hidrométricas 182
Localização 183
    Características hidráulicas 183
    Facilidades para a medição da vazão 184
    Acesso 185
    Observador 185
Controles 186
    Controles naturais 186
    Controles artificiais 188
Curva-chave 189
    Curvas de descarga estáveis e unívocas 190
    Curvas de descarga estáveis, influenciadas pela declividade 192
    Curvas instáveis 194

Medida de vazão 194
Medida direta 194
Medida a partir do nível da água 195
Medida por processos químicos 195
Medida de velocidade e área 196
Medida da velocidade 197
Flutuadores 198
Molinetes 198
Medida da área 200
Causas de erros 201
Medida do nível de água 202
Bibliografia complementar 204

Apêndice NOÇÕES DE ESTATÍSTICA E PROBABILIDADES 205

Introdução 205
Bibliografia complementar 206
Conceitos básicos da teoria de probabilidades 206
Experimento aleatório 207
Espaço amostral 207
Medida de probabilidade 208
Probabilidade de uniões de eventos 209
Probabilidade condicionada 210
Teoremas fundamentais 211
Variáveis aleatórias e suas distribuições 213
Variáveis aleatórias discretas 214
Variáveis aleatórias contínuas 215
Distribuição conjunta 218
Distribuição condicionada 220
Resumo 222
Momentos e sua função geratriz 223
Distribuições importantes e suas aplicações 229
Distribuições discretas 229
Distribuições contínuas 235
Distribuições em resumo 241
Distribuições derivadas 241
Teoria da estimação e testes de hipóteses 251
Estimação de parâmetros 252
Estimação de intervalos de confiança 257
Testes de hipóteses 260
Testes de aderência 263
Correlação e regressão 267

prefácio

O estudo da Hidrologia evolui constantemente. Em nosso País, em particular, valoriza-se de forma surpreendente, em decorrência do desenvolvimento cada vez mais intenso dos nossos recursos hídricos. Nesta segunda edição, procuramos corresponder às necessidades decorrentes dessa evolução, tanto ao nível universitário como no que diz respeito aos profissionais especializados.

A introdução de um capítulo sobre Águas subterrâneas, ampliando os horizontes do trabalho original e justificando a alteração do seu título, visou principalmente complementar a matéria básica, adaptando-a ao programa de um curso inicial de Hidrologia a nível de graduação.

Sentindo a necessidade de assentar as bases para o tratamento estatístico dos dados hidrológicos, que cresce em importância com os progressos recentes da Hidrologia Estocástica, julgamos oportuno incluir um capítulo especial, em que se procura expor de forma condensada e o quanto possível completa os conceitos fundamentais de Estatística e Probabilidades. Apresentado na forma de um apêndice, por não se relacionar diretamente com a linha expositiva geral da obra, pode ser encarado tanto como uma fonte de referência para a elucidação de questões conceituais, tratadas superficialmente ao longo do texto, como um ferramental básico para o hidrólogo que decida desenvolver estudos mais aprofundados no campo da Hidrologia Estatística.

Os Autores

Prefácio da 1.ª Edição

Profissionais e estudantes universitários sentem freqüentemente a necessidade de obras de referência no campo da Hidrologia. Os primeiros buscam essencialmente dados práticos e informações que lhes permitam solucionar os problemas correntes da profissão, enquanto aos últimos interessa, em particular, um texto o quanto possível didático que os auxilie no acompanhamento dos seus cursos. Esse fato talvez justifique a aceitação que encontrou nos meios técnicos e universitários do País a publicação das notas de aula do curso de Hidrologia de Superfície, realizado na Faculdade de Engenharia da Universidade Federal do Paraná, em julho de 1967, sob a coordenação do Prof. Ildefonso Clemente Puppi e os auspícios da Organização Pan-Americana da Saúde (OPS/OMS), e certamente nos anima agora a promover a sua reedição.

A estrutura do livro não difere, em essência, da apresentada naquela edição. Entretanto, além da atualização bibliográfica, do remanejo de certos tópicos e da correção de algumas imperfeições, foram introduzidos assuntos novos, especialmente nos seguintes capítulos: II — Precipitações (freqüências de precipitações intensas, variação com a área da bacia); VII — O hidrograma unitário (aplicação do método do hidrograma unitário); VIII — Vazões de enchente (método racional e propagação das cheias). Incluiu-se igualmente um capítulo adicional sobre a manipulação dos dados de vazão, com vistas à utilização em projetos hidráulicos.

O tratamento dos assuntos é mantido a um nível correspondente ao de um curso universitário de formação básica, dando-se, entretanto, ênfase aos métodos de resolução dos problemas profissionais mais comuns e à apresentação, na medida do possível, de condições representativas da situação com que se depara, em geral, o profissional brasileiro, face à natureza e qualidade dos dados disponíveis no País.

O livro inclui os elementos fundamentais dos diversos métodos de análise, tratados no nível geralmente encontrado em obras do padrão das que se encontram relacionadas na seguinte bibliografia básica de referência:

BUTLER, S. S. — *Engineering Hydrology.* Nova York, Prentice-Hall, Inc., 1957
HANDBOOK OF APPLIED HYDROLOGY — Ven Te Chow Editor. Nova York, McGraw-
  -Hill Book Co., Inc., 1964
HYDROLOGY HANDBOOK — *Manuals of Engineering Practice,* n.º 28, ASCE, Nova York,
  1949
JOHNSTONE, D. e CROSS, W. P. — *Elements of Applied Hydrology.* Nova York, The
  Ronald Press Co., 1949
LINSLEY, R. K., KOHLER, M. A. e PAULHUS, J. L. H. — *Applied Hydrology.* Nova York,
  McGraw-Hill Book Co., Inc., 1949
LINSLEY, R. K., KOHLER, M. A. e PAULHUS, J. L. H. — *Hidrology for Engineers.* Nova
  York, McGraw-Hill Book Co., Inc., 1958
RÉMÉNIERAS, G. — *L'Hydrologie de L'Ingenieur.* Centre de Recherches et D'Essais de
  Chatou. Paris, Eyrolles, 1965
ROCHE, M. — *Hydrologie de Surface.* Paris, Gauthier-Villars Editeur, 1963
WILLIAMS, G. R. — "Hydrology". In: *Engineering Hydraulics.* Editor H. Rouse. Nova York,
  John Wiley & Sons, Inc., 1949
WISLER, C. I. e BRATTER, E. F. — *Hydrology.* Nova York, John Wiley & Sons, 1949

Procurou-se, paralelamente à apresentação básica, fornecer elementos que permitissem avaliar o estado atual dos estudos em cada assunto particular. Nesse sentido, foi indicada, ao fim dos capítulos, uma relação bibliográfica complementar, que pode servir de orientação inicial para estudos mais aprofundados nos respectivos setores.

Os Autores
1973

CAPÍTULO **1**

introdução

N. L. DE SOUSA PINTO

Hidrologia é a ciência que trata do estudo da água na Natureza. É parte da Geografia Física e abrange, em especial, propriedades, fenômenos e distribuição da água na atmosfera, na superfície da Terra e no subsolo.

Sua importância é facilmente compreensível quando se considera o papel da água na vida humana. Ainda que os fenômenos hidrológicos mais comuns, como as chuvas e o escoamento dos rios, possam parecer suficientemente conhecidos, devido à regularidade com que se verificam, basta lembrar os efeitos catastróficos das grandes cheias e estiagens para constatar o inadequado domínio do Homem sobre as leis naturais que regem aqueles fenômenos e a necessidade de se aprofundar o seu conhecimento. A correlação entre o progresso e o grau de utilização dos recursos hidráulicos evidencia também o importante papel da Hidrologia na complementação dos conhecimentos necessários ao seu melhor aproveitamento.

A água pode ser encontrada em estado sólido, líquido ou gasoso; na atmosfera, na superfície da Terra, no subsolo ou nas grandes massas constituídas pelos oceanos, mares e lagos. Em sua constante movimentação, configura o que se convencionou chamar de *ciclo hidrológico*; muda de estado ou de posição com relação à Terra, seguindo as linhas principais desse ciclo (precipitação, escoamento superficial ou subterrâneo, evaporação), mantendo no decorrer do tempo uma distribuição equilibrada, do que é uma boa evidência a constância do nível médio dos mares.

A Hidrologia de Superfície trata especialmente do escoamento superficial, ou seja, da água em movimento sobre o solo. Sua finalidade primeira é o estudo dos processos físicos que têm lugar entre a precipitação e o escoamento superficial e o seu desenvolvimento ao longo dos rios.

A Hidrologia é uma ciência recente. Apesar de certas noções básicas terem sido conhecidas e aplicadas pelo Homem há muito tempo, como o atestam os registros egípcios sobre as enchentes do Nilo datados do ano 3 000 A.C. e as evidências de medidas de precipitação pluvial na

2   hidrologia básica

Índia feitas em 350 A.C.; a concepção geral do ciclo hidrológico só começou a tomar forma na Renascença com Da Vinci e outros.

O progresso desse ramo da Ciência não fugiu à regra geral, constatada para os demais setores do conhecimento humano. Ocorreu lenta e progressivamente, só começando a constituir uma disciplina específica em fins do século passado, com o enunciado dos primeiros princípios de ordem quantitativa. Atualmente, o progresso se verifica em ritmo acelerado, quase impossível de ser acompanhado pelo não-especialista.

O CICLO HIDROLÓGICO

Pode-se considerar que toda a água utilizável pelo homem provenha da atmosfera, ainda que este conceito tenha apenas o mérito de definir um ponto inicial de um ciclo que, na realidade, é fechado. A água pode ser encontrada na atmosfera sob a forma de vapor ou de partículas líquidas, ou como gelo ou neve.

Quando as gotículas de água, formadas por condensação, atingem determinada dimensão, precipitam-se em forma de chuva. Se na sua queda atravessam zonas de temperatura abaixo de zero, pode haver formação de partículas de gelo, dando origem ao granizo. No caso de a condensação ocorrer sob temperaturas abaixo do ponto de congelamento, haverá a formação de neve.

Quando a condensação se verifica diretamente sobre uma superfície sólida, ocorrem os fenômenos de orvalho ou geada, conforme se dê a condensação em temperaturas superiores ou inferiores a zero grau centígrado.

Parte da precipitação não atinge o solo, seja devido à evaporação durante a própria queda, seja porque fica retida pela vegetação. A essa última perda (com relação ao volume que atinge o solo) dá-se a denominação de *intercepção*.

Do volume que atinge o solo, parte nele se infiltra, parte se escoa sobre a superfície e parte se evapora, quer diretamente, quer através das plantas, no fenômeno conhecido como transpiração.

A *infiltração* é o processo de penetração da água no solo. Quando a intensidade da precipitação excede a capacidade de infiltração do solo, a água se escoa superficialmente. Inicialmente são preenchidas as depressões do terreno e em seguida inicia-se o escoamento propriamente dito, procurando, naturalmente, a água os canais naturais, que vão se concentrando nos vales principais, formando os cursos dos rios, para finalmente dirigirem-se aos grandes volumes de água constituídos pelos mares, lagos e oceanos. Nesse processo pode ocorrer infiltração ou evaporação, conforme as características do terreno e da umidade ambiente da zona atravessada. A água retida nas depressões ou como umidade superficial do solo pode ainda evaporar-se ou infiltrar-se.

introdução 3

A água em estado líquido, pela energia recebida do Sol ou de outras fontes, pode retornar ao estado gasoso, fenômeno que se denomina de *evaporação*.

É pela evaporação que se mantém o equilíbrio do ciclo hidrológico. É interessante registrar os valores aproximados, obtidos para os Estados Unidos, referentes às proporções das principais fases do movimento da água. Do volume total que atinge o solo, cerca de 25% alcançam os oceanos na forma de escoamento superficial, enquanto 75% retornam à atmosfera por evaporação. Destes, 40% irão precipitar-se diretamente sobre os oceanos, e 35% novamente sobre o continente, somando-se à contribuição de 65% resultantes da evaporação das grandes massas líquidas, para completar o ciclo.

Para viver, as plantas retiram umidade do solo, utilizam-na em seu crescimento e a eliminam na atmosfera sob a forma de vapor. A esse processo dá-se o nome de *transpiração*. Em muitos estudos, a evaporação do solo e das plantas são consideradas em conjunto sob a denominação de *evapotranspiração*.

A água que se infiltra no solo movimenta-se através dos vazios existentes, por percolação, e, eventualmente, atinge uma zona totalmente saturada, formando o *lençol subterrâneo*. O lençol poderá interceptar uma vertente, retornando a água à superfície, alimentando rios ou mesmo os próprios oceanos, ou poderá se formar entre camadas impermeáveis em lençóis artesianos.

O ciclo hidrológico, representado esquematicamente em suas grandes linhas, é ilustrado na Fig. 1-1. Esse quadro forçosamente incompleto não deve conduzir a uma idéia simplista de um fenômeno, em realidade, extremamente complexo. A "história" de cada gotícula de água pode variar consideravelmente, de acordo com as condições particulares com que se defronte em seu movimento. Em seu conjunto, entretanto, a contínua circulação que se processa às custas da energia solar mantém o balanço entre o volume de água na terra e a umidade atmosférica.

DADOS HIDROLÓGICOS BÁSICOS — MÉTODOS DE ESTUDO

Em síntese, o estudo da Hidrologia compreende a coleta de dados básicos como, por exemplo, a quantidade de água precipitada ou evaporada e a vazão dos rios; a análise desses dados para o estabelecimento de suas relações mútuas e o entendimento da influência de cada possível fator e, finalmente, a aplicação dos conhecimentos alcançados para a solução de inúmeros problemas práticos. Deixa, portanto, de ser uma ciência puramente acadêmica para se constituir em uma ferramenta imprescindível ao engenheiro, em todos os projetos relacionados com a utilização dos recursos hidráulicos.

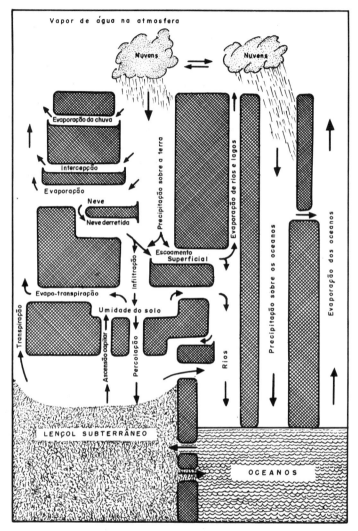

Figura 1-1. O ciclo hidrológico (Ilustração de Linsley, Kohler e Paulhus)

Deve-se salientar a importância da fase correspondente à coleta de dados. A Hidrologia baseia-se, essencialmente, em elementos observados e medidos no campo. O estabelecimento de postos pluviométricos ou fluviométricos e a sua manutenção ininterrupta ao longo do tempo são condições absolutamente necessárias ao estudo hidrológico.

A existência de postos hidrométricos reflete, de certa forma, a extensão do aproveitamento dos recursos hidráulicos de um país. O Brasil, com cerca de um posto fluviométrico por 4 000 km^2 de superfície (1957), não se apresenta mal, comparado aos países como a Rússia e o México, com, praticamente, a mesma densidade de instalações de medida, mas encontra-se em bastante inferioridade com relação aos E.U.A., com cerca de um por $1\,000\ \text{km}^2$, à França, com um por $800\ \text{km}^2$, ou a Israel, com 1 por $200\ \text{km}^2$.

A urgência com que se necessitam os dados básicos, a extensão da área a cobrir e a carência de recursos financeiros exigem o estabelecimento de uma política racional de implantação de novos postos hidrométricos. Uma definição de prioridades poderia ser estabelecida a partir da definição de áreas hidrologicamente semelhantes (com relação à vazão, cheias, estiagens, Topografia, Geologia, Meteorologia, etc.), e a seleção de postos cuja representatividade fosse máxima.

De um modo geral os estudos hidrológicos baseiam-se na quase repetição dos regimes de precipitação e de escoamento dos rios, ao longo do tempo. Isto é, ainda que a sucessão histórica de vazões ou precipitações, constatada no passado, não se repita exatamente para o futuro, suas grandes linhas mantêm-se aproximadamente as mesmas. Em suma, os projetos de obras futuras são elaborados com base em elementos do passado, considerando-se ou não a probabilidade de se verificarem alterações com relação ao passado.

A maneira de se encararem os estudos hidrológicos, entretanto, pode ser bastante distinta conforme se dê maior ênfase à interdependência entre os diversos fenômenos, procurando-se estabelecer suas relações de causa e efeito, ou se procure considerar a natureza probabilística de sua ocorrência.

Ultimamente, vem se constatando a tendência de distinguir os métodos de estudo, de acordo com os processos analíticos utilizados, classificando-os sob os títulos de Hidrologia Paramétrica e Hidrologia Estocástica. Compreende-se como Hidrologia Paramétrica o desenvolvimento e análise das relações entre os parâmetros físicos em jogo nos acontecimentos hidráulicos e o uso dessas relações para gerar ou sintetizar eventos hidrológicos. Característicos dessa classificação são os processos para obtenção de *hidrogramas unitários sintéticos* e os métodos de reconstituição de hidrogramas em função de dados climáticos e parâmetros físicos das bacias hidrográficas.

Na Hidrologia Estocástica, inclui-se a manipulação das características estatísticas das variáveis hidrológicas para resolver problemas, com base nas propriedades estocásticas daquelas variáveis. Entende-se como *variável estocástica* a variável cujo valor é determinado por uma função probabilística qualquer. São exemplos desse tipo de análise o estudo estatístico de um número limitado de variáveis com a finalidade de estender e ampliar a amostra disponível ou a consideração das leis estatísticas na previsão do regime dos rios para o futuro, deixando de considerá-lo uma simples repetição dos eventos passados.

bibliografia complementar

TASK COMMITTEE ON DEVELOPMENT OF RESEARCH PROJECTS IN SURFACE. *WATER HYDROLOGY*. NEEDED RESEARCH PROJECTS IN SURFACE WATER HYDROLOGY. *ASCE, Journal Hydraulics Division*, HY 6, novembro de 1966

McCALL, John, E., *Stream* — Gaging Network in the United States. *ASCE, Journal Hydraulics Division*, HY 2, março de 1961

PARAMETRIC HYDROLOGY AND STOCHASTIC HYDROLOGY, Committee on Surface — *Water Hydrology, ASCE, Journal Hydraulics Division*. HY 6, novembro de 1965

SNYDER, W. M. e STALL, John B. — Men, Models, Methods, and Machines in Hydrologic Analysis. *ASCE, Journal Hydraulics Division*, HY 2, março de 1965

CAPÍTULO **2**

precipitação

A. C. TATIT HOLTZ

GENERALIDADES

Entende-se por *precipitação* a água proveniente do vapor de água da atmosfera depositada na superfície terrestre de qualquer forma, como chuva, granizo, orvalho, neblina, neve ou geada.

Este capítulo trata, principalmente, da precipitação em forma de chuva por ser mais facilmente medida, por ser bastante incomum a ocorrência de neve entre nós e porque as outras formas pouco contribuem para a vazão dos rios. A água que escoa nos rios ou que está armazenada na superfície terrestre pode ser sempre considerada como um resíduo das precipitações.

FORMAÇÃO DAS PRECIPITAÇÕES E TIPOS

A atmosfera pode ser considerada como um vasto reservatório e um sistema de transporte e distribuição do vapor de água. Todas as transformações aí realizadas o são à custa do calor recebido do Sol.

A qualquer instante, pode-se saber o seu estado geral através dos mapas sinóticos e das cartas atmosféricas de altitude, que servem para expressar os processos e mudanças de tempo, dando informações sobre os fenômenos meteorológicos e suas correlações (principalmente os associados com as causas e ocorrências de precipitações). Essa situação meteorológica é extremamente flutuante e há "modelos" para esquematizar os principais fenômenos que a condicionam, possibilitando a previsão do tempo.

A formação das precipitações está ligada à ascensão das massas de ar, que pode ser devida aos seguintes fatores:

a) convecção térmica;
b) relevo;
c) ação frontal de massas.

Essa ascensão do ar provoca um resfriamento que pode fazê-lo atingir o seu ponto de saturação, ao que se seguirá a condensação do vapor

8   hidrologia básica

de água em forma de minúsculas gotas que são mantidas em suspensão, como nuvens ou nevoeiros.

Para ocorrer uma precipitação é necessário que essas gotas cresçam a partir de núcleos, que podem ser gelo, poeira ou outras partículas, até atingirem o peso suficiente para vencerem as forças de sustentação e caírem.

Os tipos de precipitação são dados a seguir, de acordo com o fator responsável pela ascensão da massa de ar.

a) Frontais. Aquelas que ocorrem ao longo da linha de descontinuidade, separando duas massas de ar de características diferentes.

b) Orográficas. Aquelas que ocorrem quando o ar é forçado a transpor barreiras de montanhas.

c) Convectivas. Aquelas que são provocadas pela ascensão de ar devida às diferenças de temperatura na camada vizinha da atmosfera. São conhecidas como tempestades ou trovoadas, que têm curta duração e são independentes das "frentes" e caracterizadas por fenômenos elétricos, rajadas de vento e forte precipitação. Interessam quase sempre a pequenas áreas.

Os dois primeiros tipos ocupam grande área, têm intensidade de baixa a moderada, longa duração e são relativamente homogêneas.

No ponto de vista da engenharia, os dois primeiros tipos interessam ao projeto de grandes trabalhos de obras hidroelétricas, controle de cheias e navegação, enquanto que o último tipo interessa às obras em pequenas bacias, como o cálculo de bueiros, galerias de águas pluviais, etc.

Para se conhecer com mais pormenores o mecanismo de formação das precipitações e as razões de suas variações, seria necessário explanar melhor os fundamentos geofísicos da Hidrologia, estudando a atmosfera, a radiação solar, os campos de temperatura, de pressão e dos ventos e a evolução da situação meteorológica, para o que se recomenda aos interessados a bibliografia indicada no fim do capítulo.

MEDIDA DAS PRECIPITAÇÕES

Exprime-se a quantidade de chuva pela altura de água caída e acumulada sobre uma superfície plana e impermeável. Ela é avaliada por meio de medidas executadas em pontos previamente escolhidos, utilizando-se aparelhos chamados *pluviômetros* ou *pluviógrafos*, conforme sejam simples receptáculos da água precipitada ou registrem essas alturas no decorrer do tempo. Tanto um como outro colhem uma pequena amostra, pois têm uma superfície horizontal de exposição de 500 cm^2 e 200 cm^2, respectivamente, colocados a 1,50 m do solo.

precipitação

Naturalmente, existem diferenças entre a água colhida a essa altura e a que atinge o solo, sobre uma área igual, e muitos estudos têm sido realizados para verificá-las e determinar suas causas.

As leituras feitas pelo observador do pluviômetro, normalmente, em intervalos de 24 horas, em provetas graduadas, são anotadas em cadernetas próprias que são enviadas à agência responsável pela rede pluviométrica, todo fim de mês. Elas se referem quase sempre ao total precipitado das 7 horas da manhã do dia anterior até às 7 horas do dia em que se fez a leitura.

Os pluviogramas obtidos nos pluviógrafos fornecem o total de precipitação acumulado no decorrer do tempo e apresentam grandes vantagens sobre os medidores sem registro, sendo indispensáveis para o estudo de chuvas de curta duração.

No Brasil existem diversas agências mantenedoras de redes pluviométricas, entre as quais se pode citar o Serviço de Meteorologia do Ministério da Agricultura (SMMA) e o Departamento Nacional de Águas e Energia Elétrica (DNAEE), em complementação à sua rede fluviométrica. Na escala estadual, existem ainda o Departamento de Águas e Energia Elétrica e algumas empresas de economia mista ou privada.

Pelo fato de ser a pluviometria relativamente simples e pouco custosa, é realizada há bastante tempo no Brasil. No Estado do Paraná, as primeiras observações pluviométricas datam de 1884, quando foi instalada em Curitiba uma estação meteorológica do SMMA.

Em 1964 existiam naquele Estado 158 pluviômetros, 12 pluviógrafos e 20 estações meteorológicas em funcionamento, pertencentes às várias entidades mantenedoras anteriormente citadas, infelizmente distribuídas com uma densidade bastante desuniforme, havendo grande concentração na região de Curitiba e grandes vazios nas zonas dos rios Piquiri, Ivaí e Baixo Iguaçu. Naquele ano, a densidade média era de 0,75 posto/1 000 km^2, que caía para 0,60 posto/1 000 km^2 quando não se consideravam os pluviômetros superabundantes (locais com dois ou mais aparelhos).

As características de instalação dos postos pluviométricos e sua operação, os tipos de aparelhos encontrados usualmente e os dados observados, particularmente no Estado do Paraná, podem ser encontrados na bibliografia citada no fim do capítulo.

VARIAÇÕES

As quantidades observadas num pluviógrafo no decorrer de uma chuva mostram que os acréscimos não são constantes ao longo do tempo. Além disso, observa-se que os acréscimos simultâneos, em dois ou mais pluviógrafos colocados mesmo a uma pequena distância, são diferentes.

Essa variação no espaço ocorre também para a altura total de precipitação observada durante todo fenômeno pluvial ou durante tempos maiores, como um mês ou um ano.

O total precipitado num determinado ano varia de um lugar para outro e, quando se considera um mesmo local, a precipitação total de um ano é quase sempre diferente da de outro ano.

Para cada ano, é possível traçar, sobre um mapa da área em consideração, as isoietas do total de precipitação desse ano, entendendo-se por isoietas as linhas que unem pontos de igual precipitação.

Quando se conhecem os totais anuais precipitados em diversos locais numa série de anos, pode-se calcular para cada um desses locais o total anual médio de precipitação no período considerado, sendo possível elaborar o mapa de isoietas correspondentes a essas médias.

A comparação das isoietas dos totais anuais de qualquer ano com as isoietas das médias anuais em todo o período revela que o padrão de precipitações anuais é extremamente variável em torno daquela média, mas que as isoietas das médias anuais representam bem o comportamento dos totais anuais em toda a área.

A Fig. 2-1 é um mapa do Estado do Paraná que mostra os valores da precipitação média anual em qualquer ponto do mesmo e dá uma boa idéia do comportamento médio referido anteriormente. Há uma zona de alta pluviosidade na Serra do Mar e praticamente em todo o

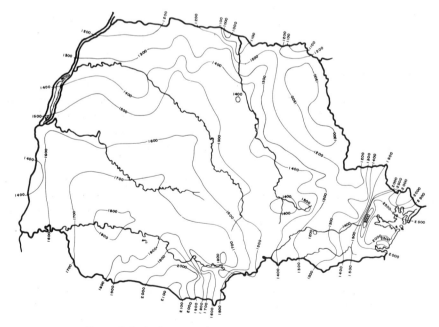

Figura 2-1. Isoietas anuais (mm). Período 1926-1963

litoral. A zona de menor precipitação média anual é a fronteira com São Paulo no Rio Paranapanema, e o intervalo de variação está entre 1 000 mm nesta zona e 3 000 mm nas anteriormente citadas.

Em cada local, a variação dos valores observados ano a ano em torno dessa média é, também, bastante grande. Nos Quadros 2-1 e 2-2, ilustra-se com dados de alguns postos existentes no Estado.

Quadro 2-1

Valores	Posto				
	Guarapuava	Ivaí	Jaguariaíva	Paranaguá	Rio Negro
Média (mm)	1 663	1 509	1 384	1 981	1 280
Máxima (mm)	2 456	2 205	2 022	2 632	2 017
Mínima (mm)	924	959	872	1 042	769
Afastamento (%)	+48%	+46%	+46%	+33%	+58%
	−44%	−36%	−37%	−47%	−40%

Quadro 2-2

Valores	Posto		
	Curitiba	Guaíra	Ponta Grossa
Média (mm)	1 394	1 241	1 421
Máxima (mm)	2 165	1 742	2 236
Mínima (mm)	797	813	668
Afastamento (%)	+57%	+40%	+57%
	−42%	−35%	−53%

Considerando as quantidades anuais observadas (Fig. 2-2) em sua sucessão cronológica, nota-se que esses valores não são cíclicos e ocorrem, ao que parece, segundo a lei do acaso. A média móvel ponderada de 3 anos tem variações menos bruscas e dá uma idéia melhor do andamento dos valores. Ajustando-se aos dados uma reta, obtém-se a tendência secular dos mesmos.

Para analisar os períodos compreendidos dentro do período total e sentir melhor a variação da precipitação anual no decorrer dos anos, é interessante utilizar a curva de flutuação anual, que é, simplesmente, uma curva de diferenças totalizadas em relação à média.

A Fig. 2-3 mostra que em Curitiba o período de 1924 a 1928 apresentou quantidades anuais acima da média; o de 1939 a 1944, abaixo da mesma.

É sempre interessante conhecer o ciclo das precipitações médias mensais dentro de um ano médio e o intervalo entre os máximos e mínimos observados de cada mês, dentro do qual caem todas as observações (Fig. 2-4).

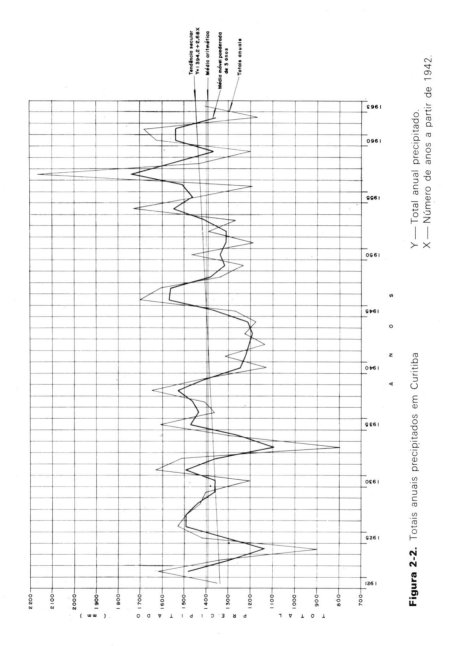

Figura 2-2. Totais anuais precipitados em Curitiba

Y — Total anual precipitado.
X — Número de anos a partir de 1942.

precipitação

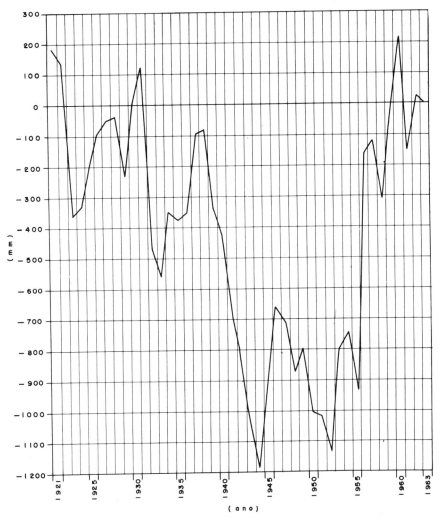

Figura 2-3. Curva de diferenças totalizadas anuais em Curitiba

PROCESSAMENTO DE DADOS PLUVIOMÉTRICOS

Antes do processamento dos dados observados nos postos pluviométricos, há necessidade de se executarem certas análises que visam verificar os valores a serem utilizados. Entre elas podemos citar as que seguem.

DETECÇÃO DE ERROS GROSSEIROS

Primeiramente procura-se detectar os erros grosseiros que possam ter acontecido, como observações marcadas em dias que não existem

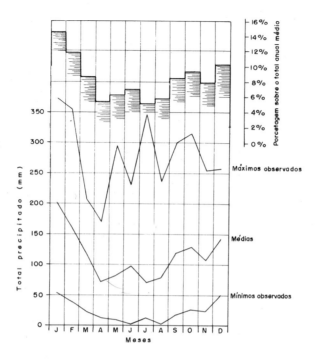

Figura 2-4. Distribuição média anual das chuvas mensais em Curitiba

(30 de fevereiro) ou quantidades absurdas que, sabidamente, não podem ter ocorrido. Muitas vezes ocorrem erros de transcrição como, por exemplo, uma leitura de 0,36 mm, que não pode ser feita, tendo-se em vista que a proveta só possui graduações de 0,1 mm.

No caso de pluviógrafos, acumula-se a quantidade precipitada em 24 horas, que é em seguida comparada com a do pluviômetro que deve existir ao lado destes. Pode haver diferenças por várias razões, inclusive por defeito de sifonagem ou por causa de insetos que eventualmente entupam os condutos internos do aparelho.

PREENCHIMENTO DE FALHAS

Pode haver dias sem observação ou mesmo intervalos de tempo maiores, por impedimento do encarregado de fazê-la, ou por estar o aparelho estragado.

Nesse caso, a série de dados de que se dispõe numa estação X, dos quais se conhece a média M_x num determinado número de anos, apresenta lacunas, que devem ser preenchidas.

precipitação

Em geral adota-se o procedimento dado a seguir.

1) Supõe-se que a precipitação no posto $X(P_x)$ seja proporcional às precipitações nas estações vizinhas A, B e C num mesmo período, que serão representadas por P_a, P_b, P_c.

2) Supõe-se que o coeficiente de proporcionalidade seja a relação entre a média M_x e as médias M_a, M_b e M_c, no mesmo intervalo de anos; isto é, que as precipitações sejam diretamente proporcionais a suas médias.

3) Adota-se como valor P_x a média entre os três valores calculados a partir de A, B e C.

$$P_x = \frac{1}{3}\left(\frac{M_x}{M_a}P_a + \frac{M_x}{M_b}P_b + \frac{M_x}{M_c}P_c\right).$$

VERIFICAÇÃO DA HOMOGENEIDADE DOS DADOS

Utiliza-se para a verificação da homogeneidade dos dados a curva dupla acumulativa ou curva de massa. Esta é obtida como segue.

1) Escolhem-se vários postos de uma região homogênea sob o ponto de vista meteorológico.

2) Acumulam-se os totais anuais de cada posto.

3) Calcula-se a média aritmética dos totais precipitados em cada ano em todos os postos e acumula-se essa média.

4) Grafam-se os valores acumulados da média dos postos contra os totais acumulados de cada um deles (Fig. 2-5).

Esses pontos devem ser colocados, aproximadamente, segundo uma linha reta. Uma mudança brusca de direção dessa reta indica qualquer anormalidade havida com o posto, tal como mudança de local ou das condições de exposição do aparelho às precipitações. As observações podem ser corrigidas para as condições atuais, da seguinte maneira:

$$P_a = \frac{M_a}{M_o}P_o,$$

onde

P_a = são as observações ajustadas à condição atual de localização ou de exposição do posto;

P_o = dados observados a serem corrigidos;

M_a = coeficiente angular da reta no período mais recente;

M_o = coeficiente angular da reta no período em que se fizeram observações P_o.

Embora possa acontecer que o número de anos em que o posto foi operado nas condições iniciais seja maior do que nas atuais, é mais

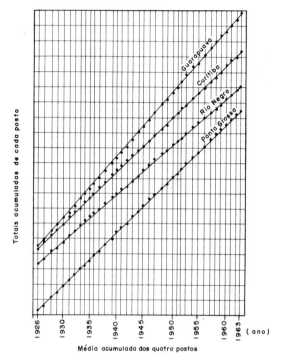

Figura 2-5. Verificação da homogeneidade dos totais anuais

interessante corrigir os dados referindo-se às últimas. Isso porque, a qualquer instante, pode-se fazer uma inspeção local e conhecer o estado de operação e conservação do mesmo na atualidade.

Uma vez feitas essas verificações e correções, os dados estão prontos para serem processados.

A primeira etapa do processamento, em geral, é o cálculo de médias, a seleção de máximos e mínimos observados e o cálculo de desvios-padrões e coeficientes de variação, que podem ser feitos tanto para observações diárias como para totais de períodos maiores (inclusive anuais).

Assim, tem-se uma idéia bastante boa da amostra de dados disponível e pode-se conjecturar qual seja sua lei de repartição das freqüências.

Em seguida, serão mostrados alguns casos de análise estatística comuns em Hidrologia.

FREQÜÊNCIA DE TOTAIS PRECIPITADOS

Em Engenharia, nem sempre interessa construir uma obra que seja adequada para escoar qualquer vazão possível de ocorrer. No

precipitação

caso normal, pode-se correr o risco, assumido após considerações de ordem econômica, de que a estrutura venha a falhar durante a sua vida útil, sendo necessário, então, conhecê-lo.

Para isso analisam-se estatisticamente as observações realizadas nos postos hidrométricos, verificando-se com que freqüência elas assumiram dada magnitude. Em seguida, podem-se avaliar as probabilidades teóricas de ocorrência das mesmas.

Os dados observados podem ser considerados em sua totalidade, o que constitui uma *série total*, ou apenas os superiores a um certo limite inferior (*série parcial*), ou, ainda, só o máximo de cada ano (*série anual*).

Eles são ordenados em ordem decrescente e a cada um é atribuído o seu número de ordem m (m variando de 1 a n, sendo n = número de anos de observação).

A freqüência com que foi igualado ou superado um evento de ordem m é:

$$F = \frac{m}{n},$$

método da Califórnia;

$$F = \frac{m}{n + 1},$$

método de Kimbal.

Considerando-a como uma boa estimativa da probabilidade teórica (P) e definindo o tempo de recorrência (período de recorrência, tempo de retorno) como sendo o intervalo médio de anos em que pode ocorrer ou ser superado um dado evento, tem-se a seguinte relação: $T_r = \frac{1}{F} \cdot$ De maneira geral, $T_r = \frac{1}{P} \cdot$

Para períodos de recorrência bem menores que o número de anos de observação, o valor encontrado acima para F pode dar uma boa idéia no valor real de P, mas, para os menos freqüentes no período, é interessante adotar outro procedimento. A repartição de freqüências deve ser ajustada a uma lei probabilística teórica de modo a possibilitar um cálculo mais correto da probabilidade.

FREQÜÊNCIA DE TOTAIS ANUAIS

Um dos mais importantes resultados da Teoria das Probabilidades é o chamado *teorema do limite central*. Esse teorema diz que, satisfeitas certas condições, a soma de variáveis aleatórias é aproximadamente, normalmente distribuída, isto é, ela tende a seguir a lei de Gauss de distribuição de probabilidades. Como o total anual de precipitação pluvial é formado pela soma dos totais diários, é natural que se tente ajustar a lei de Gauss ao conjunto de dados observados.

A lei de Gauss tem por expressão

$$F(x) = P[X \leq x] = \frac{1}{(\sqrt{2\pi})} \int_{-\infty}^{z} e^{-u^2/2} \, du,$$

onde z é uma função linear de x, denominada variável reduzida:

$$z = \frac{x - \mu}{\sigma}.$$

Na expressão acima, μ é a média (do universo), geralmente estimada pela média amostral $\overline{X}$, e σ é o desvio-padrão (do universo), geralmente estimado pelo desvio-padrão amostral S. A integral que fornece o valor de $F(x)$ só pode ser avaliada numericamente, e foi tabelada, podendo ser encontrada em qualquer obra de referência em Estatística.

Para o posto do Serviço de Meteorologia do Ministério da Agricultura em Curitiba, tomando os totais anuais de precipitação pluvial

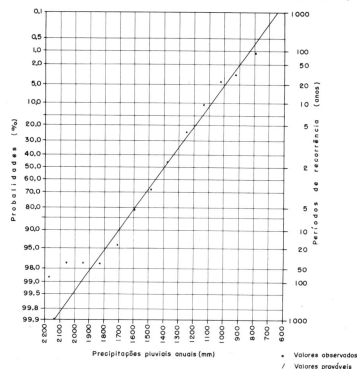

Figura 2-6. Repartição das freqüências dos totais anuais da precipitação pluvial em Curitiba

precipitação

de 1921 a 1963 ($n = 43$), e calculando a média (amostral) e o desvio-padrão (amostral), com base em dados agrupados, encontram-se, respectivamente, $\bar{x} = 1388,2$ mm e $s = 232,4$ mm. Então,

$$z = \frac{x - 1388,2}{232,4} = 0,0043x - 5,97.$$

É comum apresentar-se o ajuste da lei de Gauss em forma gráfica, relacionando o total anual de precipitação pluvial (X) com seu respectivo tempo de recorrência (T_r). Os períodos de recorrência T_r são estimados por

$$T_r = \frac{1}{F(x)}, \quad \text{para} \quad F(x) \leqslant 0,5,$$

e por

$$T_r = \frac{1}{1 - F(x)}, \quad \text{para} \quad F(x) > 0,5.$$

Assim, para cada valor de x, calcula-se o valor de z correspondente, obtém-se $F(x)$ de uma tabela, e calcula-se finalmente T_r. A Fig. 2-6 é um exemplo do gráfico resultante. A escala vertical é tal que a lei de Gauss é linearizada, e esse gráfico é denominado "papel probabilístico aritmético-normal".

A média e o desvio-padrão amostrais ($\bar{X}$ e S) são na verdade variáveis aleatórias, cujos valores mudam de amostra para amostra, e que simplesmente estimam o valor fixo (e geralmente desconhecido) da média do universo, e do desvio-padrão do universo (μ e σ). Sendo variáveis aleatórias, $\bar{X}$ e S possuem desvios-padrão, que podem ser estimados a partir da própria amostra. Por exemplo, para os dados de Curitiba (amostra de tamanho $n = 43$), ainda sob a hipótese de normalidade, o desvio-padrão da média amostral $\bar{X}$ pode ser estimado por

$$s_{\bar{X}} = \frac{s}{\sqrt{n}} = \frac{232,4}{\sqrt{43}} = 35,4 \text{ mm},$$

e o desvio-padrão do desvio-padrão amostral S pode ser estimado por

$$s_S = \frac{s}{\sqrt{2n}} = \frac{232,4}{\sqrt{86}} = 25,0 \text{ mm}.$$

Pode-se dizer, então, com 95% de confiança, que os verdadeiro valores de μ e σ encontram-se em intervalos construídos em torno dos valores amostrais, com semi-amplitude igual a 2,02 vezes o respectivo desvio-padrão (Tab. A3, no Apêndice). Assim, a precipitação anual em Curitiba tem por média ($1\,388,2 \pm 2,02 \times 35,4) = (1\,388,2 \pm 71,5$) mm, e por desvio-padrão ($232,4 \pm 2,02 \times 25,0) = (232,4 \pm 50,5$) mm.

Finalmente, pode-se testar a adequação do ajuste da lei de Gauss aos dados de Curitiba, por meio da prova de χ^2. Esse procedimento

ANO	TOTAL PRECIPIT. (mm)
1963	1 407,9
1962	1 167,1
1961	1 683,3
1960	1 629,8
1959	1 204,5
1958	1 431,9
1957	2 165,2
1956	1 196,5
1955	1 462,0
1954	1 730,0
1953	1 266,5
1952	1 386,4
1951	1 190,2
1950	1 469,9
1949	1 233,9
1948	1 341,1
1947	1 608,8
1946	1 700,2
1945	1 274,5
1944	1 177,0
1943	1 227,6
1942	1 139,3
1941	1 318,1
1940	1 131,3
1939	1 413,5
1938	1 648,8
1937	1 413,9
1936	1 366,5
1935	1 608,2
1934	1 302,3
1933	797,0
1932	1 513,4
1931	1 632,1
1930	1 204,3
1929	1 406,0
1928	1 433,7
1927	1 493,2
1926	1 532,5
1925	1 423,3
1924	902,4
1923	1 344,5
1922	1 623,1
1921	1 346,4

QUADRO 2·4 — Cálculo dos parâmetros estatísticos (Precipitações anuais)
QUADRO 2·5 — Freqüências Teóricas
QUADRO 2·6 — Significância das Discrepâncias

INTERVALO (mm)	Pto. MÉDIO X (mm)	FREQ. F	F · X	DESVIOS x = X − X̄	F · x	F · x²	FREQ. ACUMUL. ATÉ O PONTO MÉDIO Nº	%	FREQ. INFER. %	FREQ. SUPER. %	FREQ. NO INTER. Fc %	Fc NÚMERO	FREQ. F(nº)	FREQ. Fc(nº)	F − Fc	(F−Fc)²	(F−Fc)²/Fc
740,1 − 854,0	797,0	1	797,0	− 591,2	− 591,2	349 517,44	0,5	1,16	99,71	98,85	0,86	0,37	1	0,37			
854,1 − 968,0	911,0	1	911,0	− 477,2	− 477,2	227 719,84	1,5	3,49	98,85	96,20	2,68	1,15	1	1,15	− 1,98	3,92	0,44
968,1 − 1 082,0	1 025,0	0	0,0	− 363,2	0,0	0,00	2,0	4,65	96,20	90,20	6,03	2,59	0	2,59			
1 082,1 − 1 196,0	1 139,0	5	5 695,0	− 249,2	− 1 246,0	310 503,20	4,5	10,47	90,20	78,90	11,33	4,87	5	4,87			
1 196,1 − 1 310,0	1 253,0	8	10 024,0	− 135,2	− 1 081,6	146 232,32	11,0	25,56	78,90	63,10	15,83	6,81	8	6,81	+ 1,19	1,41	0,20
1 310,1 − 1 424,0	1 367,0	11	15 037,0	− 21,2	− 233,2	4 934,84	20,5	47,67	63,10	44,00	19,13	8,23	11	8,24	+ 2,76	7,61	0,92
1 424,1 − 1 538,0	1 481,0	7	10 367,0	+ 92,8	+ 649,6	60 282,88	29,5	68,60	44,00	26,00	18,03	7,75	7	7,75	− 0,75	0,56	0,07
1 538,1 − 1 652,0	1 595,0	6	957,0	+ 206,8	+ 1 240,8	256 597,44	36,0	83,72	26,00	12,70	13,33	5,73	6	5,73	+ 0,27	0,07	0,01
1 652,1 − 1 766,0	1 709,0	3	5 127,0	+ 320,8	+ 962,4	308 737,92	40,5	94,18	12,70	5,30	7,43	3,19	3	3,19			
1 766,1 − 1 880,0	1 823,0	0	0,0	+ 434,8	0,0		42,0	97,61	5,30	1,80	3,53	1,52	0	1,52	− 1,49	2,22	0,40
1 880,1 − 1 994,0	1 937,0	0	0,0	+ 548,8	0,0		42,0	97,61	1,80	0,48	1,35	0,58	0	0,58			
1 994,1 − 2 108,0	2 051,0	0	0,0	+ 662,8	0,0		42,0	97,61	0,48	0,11	0,38	0,16	0	0,16			
2 108,1 − 2 222,0	2 156,0	1	2 165,0	+ 776,8	+ 776,8	603 418,24	42,5	98,77	0,11	0,02	0,09	0,04	1	0,04			
TOTAIS	—	43	59 693,0	—	—	2 267 953,12	/ —	—	—	—	100,00	43,00	43	43,00	0,00	—	x²= =2,05

$$\bar{X} = \frac{\Sigma FX}{43} \qquad\qquad s = \sqrt{\frac{\Sigma F x^2}{42}}$$

precipitação

consiste em calcular uma certa função do quadrado das diferenças entre freqüências observadas e freqüências teóricas esperadas. Se o ajuste é satisfatório, o valor dessa função deve ser pequeno em comparação com valores tabelados. Exemplifica-se um cálculo desse tipo nos Quadros 2-3 e 2-6. O valor da função (adimensional) χ^2 encontrado foi de 2,05. O valor tabelado correspondente a 95 % de confiança no teste é de 7,81, e, portanto, não há razão para duvidar da adequação do ajuste. Para um perfeito entendimento do teste do χ^2, recomenda-se que o leitor interessado consulte o texto em Estatística colocado em apêndice.

FREQUÊNCIA DE PRECIPITAÇÕES MENSAIS E TRIMESTRAIS

Às vezes interessa conhecer a distribuição de totais precipitados em intervalos menores que um ano. O procedimento é semelhante ao do caso de totais anuais, e as freqüências são avaliadas como anteriormente (método da Califórnia, ou método de Kimbal). No entanto, a distribuição desses dados em torno da média é em geral assimétrica, e não obedece a lei de Gauss, isto é, quando os dados são locados em papel probabilístico aritmético-normal, não apresentam a tendência de se alinharem segundo uma reta. Existe uma série de outros papéis probabilísticos, baseados em leis que não a de Gauss, e o procedi-

Quadro 2-7

Posto	Mês de janeiro			
	Média	Desvio--padrão	Coeficiente de variação	Precipitação decenal
Guarapuava	197,4	91,1	0,46	301
Ivaí	193,0	81,5	0,42	306
Jaguariaíva	222,4	97,9	0,44	322
Paranaguá	286,2	101,9	0,35	435
Rio Negro	166,2	72,4	0,43	278
Curitiba	198,9	67,3	0,34	301
Ponta Grossa	173,7	66,7	0,38	249

Quadro 2-8

Posto	Trimestre de janeiro-março			
	Média	Desvio--padrão	Coeficiente de variação	Precipitação decenal
Guarapuava	468,5	118,1	0,25	620
Ivaí	459,9	147,3	0,32	660
Jaguariaíva	512,8	121,6	0,23	704
Paranaguá	873,3	187,4	0,21	1 131
Rio Negro	415,8	116,0	0,27	584
Curitiba	483,2	114,0	0,24	604
Ponta Grossa	447,4	117,1	0,26	583

22 hidrologia básica

mento usual consiste em encontrar por tentativas aquele papel em que os dados locados se alinham segundo uma reta. Definida a reta, obtém-se o par desejado, "valor da precipitação — período de recorrência". Evidentemente, a importância da seleção do papel adequado é relevante apenas para que se tenha segurança nas eventuais extrapolações.

Os Quadros 2-7 e 2-8 referem-se a alguns postos do Estado do Paraná

Quando se procura saber a freqüência de mínimos totais de precipitação em um ou mais meses consecutivos, procede-se como mostrado a seguir.

1) Tomam-se os totais mensais de todos os meses da amostra de n anos e escolhem-se os n menores valores.

2) Esses devem ser ordenados em ordem crescente (número de ordem m).

3) Toma-se a freqüência como sendo $f = \dfrac{m}{n+1}$.

4) Para k meses consecutivos, somam-se todos os grupos constituídos por esse número de meses e escolhem-se as maiores somas, independentes entre si, ordenam-se esses valores em ordem crescente e toma-se a freqüência como sendo $f = \dfrac{m}{n+1}$.

5) Nesse caso, o período de recorrência é o intervalo médio de anos em que pode ocorrer, pelo menos uma vez, um evento menor ou igual ao total de precipitação considerado, que é dado por $T_r = \dfrac{1}{f}$.

6) Grafam-se os valores das precipitações contra os das freqüências (ou do período de recorrência T_r), em vários papéis, até se achar um que possibilite uma extrapolação linear.

7) Desses gráficos pode-se obter os pares "totais mensais (ou de k meses)--período de recorrência".

Isso é exemplificado no Quadro 2-9.

Quadro 2-9

Posto	Menores totais de precipitação a serem esperados uma vez em cada 10 anos (em mm)		
	1 mês	*3 meses*	*6 meses*
Guarapuava	9,3	125,0	370,0
Ivaí	7,4	123,0	325,0
Jaguariaíva	3,5	76,0	240,0
Paranaguá	12,4	130,0	390,0
Rio Negro	8,9	91,0	270,0
Curitiba	10,6	91,0	302,0
Ponta Grossa	11,0	95,0	285,0

precipitação

FREQÜÊNCIA DE PRECIPITAÇÕES INTENSAS

As quantidades precipitadas são variáveis no decorrer do tempo e por isso costuma-se definir a *intensidade instantânea* (i) como sendo dada pela relação $i = \dfrac{dh}{dt}$, onde dh é o acréscimo de altura pluviométrica no decorrer do intervalo de tempo infinitésimo dt. Na prática, interessa conhecer a *intensidade média* de uma precipitação num intervalo de tempo finito, que vai de t_0 a $(t_0 + \Delta t)$, que pode ser expressa por

$$im = \int_{t_0}^{t_0 + \Delta t} \frac{idt}{\Delta t}.$$

O tempo decorrido entre t_0 e $t_0 + \Delta t$ é a duração que se está considerando, que pode ser parte ou o total do episódio pluvial em pauta.

Doravante, empregaremos o termo intensidade com referência à intensidade média para uma certa duração t (parcial ou total do episódio pluvial considerado), indicando-se por i em vez de im.

A intensidade é normalmente expressa em mm/min ou mm/hora. Quando a chuva dura um ou mais dias, é expressa, em geral, em altura precipitada e não em termos de intensidade.

Variação da intensidade com a duração

Quando se estudam precipitações intensas, costuma-se colher os dados observados em pluviógrafos, sob a forma de pluviogramas. Esses pluviogramas são gráficos de precipitação, acumulada ao longo do tempo a partir do início da chuva, traçados sobre um papel convenientemente graduado. Assim, é possível determinar, para qualquer lapso de tempo, a partir de qualquer origem, as alturas de precipitação (em geral expressas em milímetros).

Podem-se estabelecer, para diversas durações, as máximas intensidades ocorridas durante uma dada chuva, sem que as durações maiores devam incluir as menores, necessariamente. Colocadas em um gráfico, essas intensidades contra suas durações, observa-se que, quanto menor a duração considerada, maior a intensidade média. Note-se que a duração não é obrigatoriamente a total do episódio pluvial e nem sempre é medida a partir do seu início.

Assim, a máxima intensidade média observada dentro de uma mesma precipitação pluvial varia inversamente com a amplitude de tempo em que ocorreu.

Variação da intensidade com a freqüência

As precipitações são tanto mais raras quanto mais intensas. Para considerar a variação da intensidade com a freqüência, será necessário fixar, a cada vez, a duração a ser considerada.

Contando-se com pluviogramas, analisados conforme mostrado, de todas as chuvas ocorridas e registradas num determinado pluviógrafo, durante n anos, pode-se escolher a máxima de cada ano, para cada duração t.

Obtém-se, assim, uma série anual, constituída por n máximos X_i para cada duração. A média e o desvio-padrão dessa amostra são, respectivamente,

$$\overline{X} = \frac{\sum\limits_{i=1}^{n} X_i}{n}$$

e

$$\sigma = \sqrt{\frac{\sum\limits_{i=1}^{n} (X_i - \overline{X})^2}{n-1}}.$$

Para a avaliação das máximas intensidades médias prováveis de precipitações intensas (ou para máximas quantidades precipitadas em um ou mais dias consecutivos), apresentar-se-á aqui apenas um método, o de Gumbel, que pode ser também usado para o cálculo de cheias, como será visto mais tarde. Gumbel demonstrou que $P = 1 - e^{-e^{-b}}$, sendo $b = \dfrac{1}{0,7797\sigma}(X - \overline{X} + 0,45\sigma)$, onde P é a probabilidade de a máxima intensidade média de uma precipitação (ou da máxima quantidade precipitada), de dada duração, ser maior ou igual a X.

O período de retorno ou de recorrência é $T_r = \dfrac{1}{P}$. O valor de b apresentado acima supõe uma amostra de tamanho infinito. Nos casos da prática existem geralmente poucos anos de observação e em vez daquela usa-se a equação geral $X = \overline{X} + k\sigma$, devida a Ven Te Chow, onde K é o fator de freqüência, que depende do tamanho da amostra e do período de recorrência (tabelado por Reid ou Weiss, baseados em Gumbel).

A expressão de b mostra que existe uma relação linear entre este e o valor X. Grafando-se os valores, uns contra os outros, obtém-se uma reta e, através de $T_r = \dfrac{1}{1 - e^{-e^{-b}}}$, o eixo será graduado em tempos de recorrência (papel de Gumbel). Podem-se grafar dois pares (X, T_r) num papel desse tipo e, uma vez traçada a reta é possível obter qualquer par de valores para cada duração considerada. Obtém-se uma família de retas, correspondendo cada reta a uma duração.

Num gráfico desse tipo nota-se imediatamente que a intensidade média máxima cresce com o tempo de retorno, ou seja, cresce conforme seja mais raro o evento.

precipitação

Tomando-se as intensidades máximas médias do mesmo período de recorrência e grafando-as contra as respectivas durações, revela-se uma família de curvas, em que as intensidades decrescem com o aumento da duração, para um episódio pluvial isolado.

Essas duas últimas conclusões estão sempre presentes nas fórmulas empíricas, apresentadas em quase todos os livros de Hidrologia, do tipo

$$i = \frac{a T_r^n}{(t + b)^m},$$

onde a e b são parâmetros e n e m expoentes a serem determinados para cada local. Alguns exemplos brasileiros de fórmulas desse tipo são dados a seguir.

Para Porto Alegre,

$$i = \frac{a}{t + b},$$

conforme Camilo de Meneses e R. Santos Noronha, onde os valores de a e b são:

$$T_r = 5 \text{ anos}, \quad a = 23 \quad \text{e} \quad b = 2,4;$$
$$T_r = 10 \text{ anos}, \quad a = 29 \quad \text{e} \quad b = 3,9;$$
$$T_r = 15 \text{ anos}, \quad a = 48 \quad \text{e} \quad b = 8,6;$$
$$T_r = 30 \text{ anos}, \quad a = 95 \quad \text{e} \quad b = 16,5.$$

Para Curitiba,

$$i = \frac{5\,950\, T_r^{0,217}}{(t + 26)^{1,15}},$$

expressão obtida pelo professor Pedro Viriato Parigot de Souza.

Para São Paulo,

$$i = \frac{3\,462,7\, T_r^{0,172}}{(t + 22)^{1,025}},$$

obtida pelo Eng.° Paulo Sampaio Wilken.

Para o Rio de Janeiro,

$$i = \frac{1\,239\, T_r^{0,15}}{(t + 20)^{0,74}},$$

conforme Ulysses Alcântara.

Nessas expressões, i é a intensidade em mm/hora; t é a duração do evento em minutos; T_r é o tempo de recorrência em anos.

Quem preferir exprimir a relação altura-freqüência-duração por uma fórmula empírica do tipo $h = K T_r^M (t + B)^N$ poderá partir dos valores obtidos (h_i, T_{ri}, t_i) para calcular os parâmetros K, M, N e B.

Vê-se logo que $\log h = \log K + M \cdot \log \cdot T_r + N \cdot \log(t + B)$; ou seja, tem-se uma expressão da forma $Y = C + MX + NZ$. Os valores $Y_i = \log h_i$ diferem de $Y = C_i + MX_i + NZ_i$, $(C_i = \log K_i$, $X_i = \log T_{ri}$ e $Z_i = \log(t_i + B_1)$ e o desvio é $E_i = (Y - Y_i)$. De acordo com a teoria dos mínimos quadrados, para o ajuste da curva $Y = C + MX + NZ$, o somatório $\sum_1^n E_i^2$ deve ser mínimo.

Para tanto, é necessário que

$$\frac{\partial \left(\sum_1^n E_i^2 \right)}{\partial C} = 0,$$

$$\frac{\partial \left(\sum_1^n E_i^2 \right)}{\partial M} = 0,$$

$$\frac{\partial \left(\sum_1^n E_i^2 \right)}{\partial N} = 0.$$

Disso resulta

$$nC + M \sum_1^n X_i + N \sum_1^n Z_i - \sum_1^n Y_i = 0,$$

$$C \sum_1^n X_i + M \sum_1^n X_i^2 + N \sum_1^n X_i Z_i - \sum_1^n X_i Y_i = 0,$$

$$C \sum_1^n Z_i + M \sum_1^n X_i Z_i + N \sum_1^n Z_i^2 - \sum_1^n Y_i Z_i = 0.$$

Esse é um sistema de fácil solução que dá C_1, N_1 e $E_1 = \sum_1^n E_i^2$.

Como, para fazer esse cálculo, admitiu-se um valor de $B = B_1$, precisa-se experimentar outros valores desse parâmetro, até se encontrar o mínimo $\sum_1^n E_i^2$.

Um computador eletrônico pode ser usado para se proceder a um cálculo trabalhoso como esse; na falta deste, é mais fácil ajustar cada parâmetro *de per si* por um processo gráfico muito bem descrito em quase todos os livros de Hidrologia.

Para precipitações de 1 a 6 dias de duração, em diversos postos do SMMA no Estado do Paraná, têm-se os valores dos parâmetros da fórmula $h = K T^M (t + B)^N$ obtidos por Holtz (Quadro 2-10), resultando o valor de h em mm, quando o de T_r é em anos e t é o número de dias.

precipitação

Quadro 2-10

Posto	K	M	B	N
Guarapuava	95,5	0,175	−0,7	0,247
Ivaí	95,6	0,174	−0,7	0,231
Jaguariaíva	92,9	0,187	−0,6	0,260
Paranaguá	90,4	0,203	+0,5	0,404
Rio Negro	67,3	0,162	−0,3	0,366
Curitiba	70,6	0,162	0	0,330
Ponta Grossa	79,7	0,185	0	0,267

FREQÜÊNCIA DE DIAS SEM PRECIPITAÇÃO

Quando há interesse em se conhecer o número máximo de dias consecutivos sem precipitação, que pode ocorrer com dado tempo de recorrência, pode-se proceder da seguinte forma.

1) Conta-se o número máximo de dias consecutivos sem chuva em cada ano (série anual).
2) Ordenam-se em ordem decrescente esses valores e estima-se a freqüência por $f = \dfrac{m}{n+1}$ e o tempo de recorrência por $T_r = \dfrac{n+1}{m}$.
3) Grafam-se os valores e obtêm-se os pares "número máximo de dias consecutivos sem chuva-período de recorrência".

Também, pode-se obter a freqüência do número de dias sem chuva total anual ajustando-se aos dados uma lei de Gauss, por exemplo.

Exemplificando, tem-se os valores do Quadro 2-11, tomando-se como dia de chuva apenas os de precipitação maior ou igual a 0,5 mm.

Quadro 2-11

Posto	Número de dias com chuva	
	Número máximo consecutivo decenal	Total anual decenal
Guarapuava	28	266
Ivaí	32	276
Jaguariaíva	37	272
Paranaguá	23	220
Rio Negro	34	271
Curitiba	28	257
Ponta Grossa	28	271

28 hidrologia básica

PRECIPITAÇÃO MÉDIA EM UMA BACIA

Até agora foi visto como se analisam os dados colhidos em um ponto isolado e naturalmente é de se supor que só sejam válidos para uma área relativamente pequena ao redor do aparelho. Para se computar a precipitação média em uma superfície qualquer, é necessário utilizar as observações das estações dentro dessa superfície e nas suas vizinhanças. Há três métodos de cálculo: média aritmética, método de Thiessen e método das isoietas.

O primeiro consiste simplesmente em se somarem as precipitações observadas num certo intervalo de tempo, simultaneamente, em todos os postos (a duração pode ser parcial ou total, de um episódio pluvial isolado ou qualquer outra, como um mês, um trimestre, ou um ano) e dividir o resultado pelo número deles.

A American Society of Civil Engineers (ASCE) recomenda que se use esse método apenas para bacias menores que $5\ 000\ km^2$, se as estações forem distribuídas uniformemente e a área for plana ou de relevo muito suave.

Nos outros casos, usa-se um dos dois outros métodos que se aplicam como segue.

MÉTODO DE THIESSEN (ver exemplo de aplicação no Cap. 6)

Este método dá bons resultados quando o terreno não é muito acidentado. Consiste em dar pesos aos totais precipitados em cada aparelho, proporcionais à área de influência de cada um, que é determinada da maneira dada a seguir.

1) Os postos adjacentes devem ser unidos por linhas retas.
2) Traçam-se perpendiculares a essas linhas a partir das distâncias médias entre os postos e obtêm-se polígonos limitados pela área da bacia.
3) A área A_i de cada polígono é o peso que se dará à precipitação registrada em cada aparelho (P_i).
4) A média será dada por $h_m = \dfrac{\sum_1^n P_i A_i}{\sum_1^n A_i}$.

MÉTODO DAS ISOIETAS

Este método não é meramente mecânico como os outros dois e depende do julgamento da pessoa que o utiliza, podendo dar maior precisão, se bem utilizado. No caso, por exemplo, de regiões montanhosas, embora os postos em geral se localizem na parte mais plana, é sempre possível levar em consideração a topografia dando pesos às precipitações, de acordo com a altitude do aparelho.

O traçado das isoietas é extremamente simples e semelhante ao de curvas de nível em que a altura de chuva substitui a cota do terreno.

Traçadas as curvas, medem-se as áreas (A_i) entre as isoietas sucessivas $(h_r$ e $h_{r+1})$ e calcula-se a altura média como sendo

$$ h_m = \frac{\sum\limits_{1}^{n} A_i \left(\dfrac{h_r + h_{r+1}}{2} \right)}{\sum\limits_{1}^{n} A_i}. $$

RELAÇÃO ENTRE A PRECIPITAÇÃO MÉDIA E A ÁREA

Quando se considera um determinado episódio pluvial sobre uma bacia, pode-se calcular qual a altura média precipitada sobre ela pelos métodos descritos. Mas, desejando-se calculá-la para uma superfície genérica, é necessário conhecer a relação entre a altura média e a área, para a duração considerada.

Essa relação varia com a forma da bacia e com a posição do centro de chuva (ponto em que ela é máxima) em relação à área considerada. Cada caso deve ser analisado *de per si*. Mostra-se aqui um exemplo de análise que não levou em conta a forma da bacia. Estudou-se a relação entre a altura média e a superfície crescente em torno do centro de chuva, não-limitada a um contorno geográfico. Os dados analisados são pluviógrafos instalados em Curitiba, nos locais indicados com círculos e referem-se a precipitações de várias durações ocorridas simultâneamente sobre eles. A Fig. 2-7 mostra o mapa de isoietas para um dos episódios pluviais analisados e a Fig. 2-8 mostra os resultados obtidos por Holtz para várias chuvas de diversas durações.

Com uma rede de pluviógrafos de densidade semelhante à vista anteriormente, para cada episódio pluvial, seria possível obter o traçado do pluviograma médio da bacia através dos pluviogramas de cada registrador. Essa média poderia ser obtida aritmeticamente ou pelo método de Thiessen. Também seria possível determinar a máxima intensidade média para cada duração desse episódio pluvial e, da análise de ocorrências de chuvas de n anos, obter a série anual. Poder-se-ia realizar uma análise estatística semelhante à vista no método das isoietas e conhecer a variação de i_m (intensidade média sobre a área) com o tempo de recorrência.

Raramente são disponíveis dados em número suficiente para uma análise desse tipo, que só foi realizada em países que dispõem de redes de postos mais densas, como os E.U.A., por exemplo,

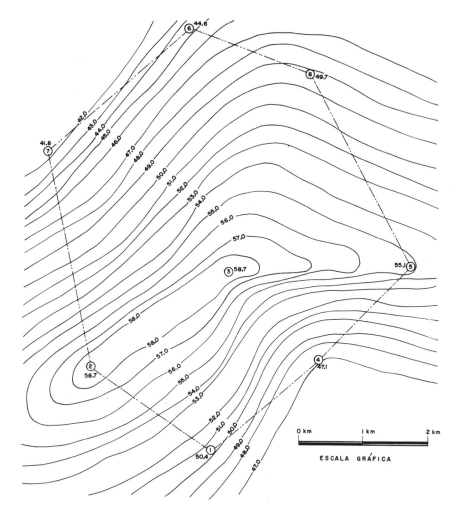

Figura 2-7. Isoietas da precipitação pluvial de 25/12/60 (duração 2 horas) ocorrida em Curitiba

É errado avaliar a intensidade máxima média de uma certa duração para um período de recorrência T_r em cada posto e depois supor que a média dessas intensidades represente a intensidade máxima média de mesma freqüência sobre toda a área. Isso corresponderia a admitir a ocorrência simultânea de vários eventos raros, coincidência a que corresponderia um período de recorrência muito superior a T_r. Somente para valores de T_r muito pequenos (da ordem de um ano), isso seria aproximadamente correto.

precipitação

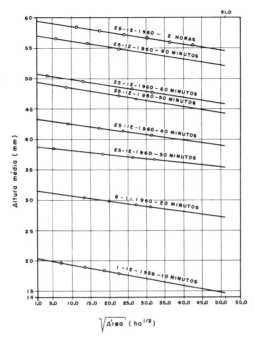

Figura 2-8. Relação entre alturas médias e áreas para chuvas de várias durações ocorridas em Curitiba

Alguns pesquisadores procuraram estudar a variação da intensidade da chuva a partir do centro da mesma, independentemente de considerações de freqüência. Assim, Frühling determinou a relação $i = i_0(1 - 0{,}009\sqrt{L})$ entre i (intensidade a uma distância L do centro do temporal) e i_0 (intensidade medida neste centro); supôs que o centro do aguaceiro coincidia com o centro da área e que havia simetria a partir deste, o que não foi constatado, por exemplo, por Grisollet na França, que obteve resultados bem diferentes.

Outros autores preferiram estudar diretamente a relação entre a precipitação média sobre a área e no centro da chuva. George Ribeiro estabeleceu a seguinte expressão, a partir dos dados de uma grande tempestade registrada em Miami (1913):

$$i_m = \frac{i}{25{,}4}\left(1 + \frac{1}{6}\sqrt{\frac{A}{2\,590}}\right)^{-1},$$

onde

i_m = intensidade média na área A em mm/h;
i = intensidade num ponto em mm/h.

Horton estabeleceu a expressão $h = h_0 \cdot e^{-KA^n}$, sendo

h = precipitação média sobre a bacia;
h_0 = precipitação no centro;
K e n = constantes relativas à envoltória das precipitações de determinada duração;
A = área da bacia.

Segundo o Miami Conservancy District, a envoltória de totais precipitados em 24 horas tem as seguintes expressões:

$$h = 16e^{-0,0883A^{0,24}},$$

para as 5 maiores tempestades do Norte;

$$h = 22e^{-0,112A^{0,23}},$$

para as 5 maiores tempestades do Sul.

Caquot apresentou a expressão

$$h = h_0 \cdot A^{-m},$$

sendo A a área em hectares e m uma constante, tendo h e h_0 o mesmo significado visto anteriormente.

Estudos efetuados em Curitiba revelaram que, para as chuvas analisadas, a relação entre a intensidade média sobre uma área e a intensidade no centro da chuva varia conforme mostra a Fig. 2-9.

Nota-se nesta figura que as chuvas de maior duração distribuem-se mais uniformemente sobre a bacia. Também foi constatado, nos estudos levados a efeito, que, na medida em que aumenta a intensidade no centro de chuva, para a mesma duração, mais uniforme é a sua distribuição sobre a área.

Como se observa para certas durações e áreas relativamente pequenas, a redução na intensidade será tão pequena que não seria justificável considerá-la, uma vez que os erros cometidos na avaliação das outras grandezas já seria de ordem superior a esse refinamento de cálculo. A superfície a partir da qual deve ser levada em conta essa redução é uma questão ainda em aberto.

Johnstone e Cross sugerem que sejam aplicadas as intensidades puntuais para bacias de tempo de concentração menor do que 1 ou 2 horas, para períodos de recorrência de 20 a 25 anos.

Já a Portland Cement Association em seu *Handbook of Concrete Culvert Pipe Hydraulics* diz que a área para a qual se aplicam os dados de um ponto depende fortemente da topografia local, admitindo sua validade para áreas até $2,6 \text{ km}^2$.

Linsley, Kohler e Paulhus são de opinião que o máximo registrado num posto pode representar a altura média sobre uma área apreciável, cerca de 26 km^2.

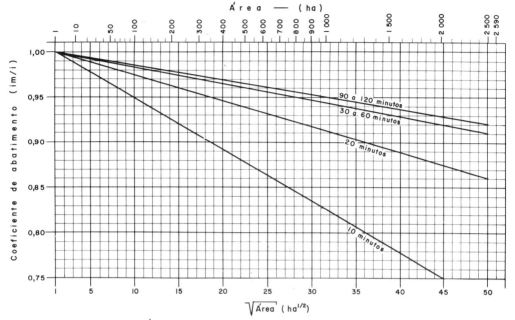

Figura 2-9. Relação $\frac{i_m}{i}$ em Curitiba, para períodos de recorrência menores que 3 anos

Portanto, para se poderem aplicar resultados como os obtidos para Curitiba, a uma bacia qualquer, seria necessário supor

a) que a chuva estivesse concentrada nessa área;
b) que as isoietas da precipitação se adaptassem à forma da bacia de maneira a dar o resultado mais desfavorável.

Finalmente, é interessante lembrar que, apesar de se verificar, na análise de um pluviograma de um posto isolado, que a chuva é mais intensa no período inicial, o fato de não haver sincronismo entre os pluviogramas, devido ao movimento da própria chuva, faz com que se tenha um padrão mais uniforme de distribuição de intensidades ao longo do tempo, para os valores médios da área.

CUIDADOS NA APLICAÇÃO DOS DADOS DE CHUVA

Geralmente, os dados de chuva disponíveis não são muito numerosos, embora relativamente mais abundantes que as demais informações hidrométricas normalmente solicitadas para projetos hidráulicos, o que ocasiona erros nas avaliações feitas através dos métodos estatísticos vistos, que têm de partir de amostras pequenas.

Mesmo que se disponha de muitas informações, há que se tomar sempre cuidado com o uso que se pretende fazer dos mesmos.

Quando as observações de um pluviômetro são usadas para estimar o deflúvio de uma pequena bacia, obtém-se um valor errado por falta, pois eles dão quantidades obtidas em 24 horas, que é um tempo muito grande face à pequena área em estudo. Um pluviógrafo colocado nas vizinhanças serviria para mostrar melhor como se distribuem as intensidades de chuva nesse intervalo de 24 horas.

Enfim, as informações, por serem válidas apenas para os pontos onde estão colocados os aparelhos, devem ser utilizadas, levando-se em conta os conhecimentos do hidrólogo e não puramente como se fossem números para serem processados matematicamente.

bibliografia complementar

BLAIR e FITE — *Meteorologia*. Rio de Janeiro, Ao livro Técnico S/A. 1964

DIVISÃO DE ÁGUAS DO MINISTÉRIO DE MINAS E ENERGIA (atual Departamento de Águas e Energia) — *Boletins Fluviométricos* n.os 13 e 14. *Atlas Pluviométrico do Brasil*, Bol. n.º 5

GUARITA, CECÍLIO e HOLZMANN, MAURO — *Contribuição à Agrometeorologia do Paraná*. Secretaria de Agricultura do Estado do Paraná. Curitiba, 1964

DEPARTAMENTO ESTADUAL DE ESTATÍSTICA — *Médias mensais de observações meteorológicas de 1948 a 1961*. Curitiba, 1963

PARIGOT DE SOUZA, P. V. — *Possibilidades pluviais de Curitiba em relação a chuvas de grande intensidade*. Centro de Estudos e Pesquisas de Hidráulica e Hidrologia da Universidade Federal do Paraná (CEPHH), Publ. n.º 2. Curitiba, 1959

PFAFSTETER, Otto — *Chuvas intensas no Brasil*. Departamento Nacional de Obras de Saneamento. Rio de Janeiro, 1957

AMARAL, Edilberto e MOTA Fernando Silveira da — *Normas e variabilidade relativa das precipitações mensais para a Estação Experimental de Ponta Grossa*

COMISSÃO INTERESTADUAL DA BACIA DO PARANÁ-URUGUAI (CIBPU) — *Climatologia Agrícola na Região da Bacia do Paraná Uruguai*. São Paulo, 1961

COMISSÃO INTERESTADUAL DA BACIA DO PARANÁ-URUGUAI — *Problemas de desenvolvimento — Necessidades e possibilidades dos Estados do Rio Grande do Sul, Santa Catarina e Paraná*. São Paulo, 1958

RIBAS, Josué Taborda — *Precipitações pluviais no Estado do Paraná*. Centro de Estudos e Pesquisas de Hidráulica e Hidrologia da Universidade Federal do Paraná, Publ. n.º 13. Curitiba, 1965

OCCHIPINTI, A. Garcia e P. MARQUES DOS SANTOS — *Análise das máximas intensidades de chuva na cidade de São Paulo*. Instituto Agronômico e Geofísico da Universidade de São Paulo, São Paulo, 1965

FAIR, Gordon M. e GEYER, John Charles — *Water Supply and Waste Water Disposal*. Nova York, John Wiley and Sons Inc., 1954

CENTRE DE RECHERCHES ET D'ESSAIS DE CHATOU — ELETRICITÉ DE FRANCE, DIVISION D'HIDROLOGIE. CAPPUS, P. — *Répartition des précipitacions sur un bassin versant de faible superficie*. Chatou, 1952. JACQUET, J. — *Répartition spatiale des précipitations a l'échelle fine et précision des mesures pluviométriques*. Chatou, 1960. SERRA — *Possibilités d'amélioration des mesures de précipitations*. Chatou, 1958. SERRA — *La mesure correcte des précipitations*. Chatou, 1952

WEATHER BUREAU e BUREAU OF RECLAMATION — *Manual for Depth Area — Duration — Analyses of Storm Precipitation*. Preparado por Cooperative Studies Section, Division of Climatological and Hydrologic Services, 1947

FLETCHER, Robert D. — *A relation between maximum observed point and areal rainfall values. Transactions of American Geophysical Union*. **31**, 3, junho de 1950

precipitação

HUFF, F. A. e STOUT, G. E. — Area-depth studies for thunderstorm rainfall in Illinois — *Transactions American Geophysical Union.* **33**, 4, 1952

NEILL, J. C. e HUFF, F. A. — Area representativeness of point rainfall. *Transactions of American Geophysical Union.* **38**, 3, Junho de 1957

GRISSOLET, H. — Étude des averses orageuses de la région parisienne envisagées au point de vus de leur evacuation par les ouvrages d'assainissement. *La Métérologie,* julho-setembro, 1948

ROCHE, Marcel. YVES BRUNET e MORET — Etude théorique et méthodologique de l'abattement des pluies. *ORSTOM,* Paris, 1965

MEINZER, Oscar E. — *Hydrology.* Nova York, Dover Publication Inc., 1942

MEYER, A. F. — *The Element of Hydrology.* Nova York, John Wiley and Sons, 1946

FOSTER, E. E. — *Rainfall and Runoff.* Nova York, The Mac Millan Co., 1948.

GARCEZ, L. N. — *Hidrologia.* São Paulo, Departamento de Livros e Publicações do Grêmio Politécnico, 1961

LEHR, Paul E., BRUNETT, R. Will e HERBERT Z. Zim — *Weather.* Nova York, Simon e Schuster, 1957

LINSLEY e FRANZINI — *Elements of Hydraulics Engineering.* New York, Toronto, Londres, McGraw-Hill Book Company, Inc., 1955

HOLTZ, Antônio Carlos Tatit [Centro de Estudos e Pesquisas de Hidráulica e Hidrologia da Universidade Federal do Paraná (CEPHH).] — *Boletim Pluviométrico do Estado do Paraná*

n.º 1. Precipitações pluviais médias, máximas e mínimas em Ponta Grossa. Publ. n.º 15 do CEPHH, Curitiba, 1965

n.º 2. Repartição das freqüências dos totais anuais de precipitação pluvial e de dias de chuva em Curitiba. Publ. n.º 17 do CEPHH, Curitiba, 1965

n.º 3. Precipitações pluviais médias, máximas e mínimas em Postos de Serviço de Meteorologia, Publ. n.º 19 do CEPHH, Curitiba, 1966

n.º 4. Postos de observação com 20 ou mais anos. Publ. n.º 21 do CEPHH, Curitiba, 1966

n.º 5. Postos com mais de 10 anos de observação. Publ. n.º 22 do CEPHH, Curitiba, 1966

n.º 6. Isoietas mensais, trimestrais e anuais. Publ. n.º 24 do CEPHH, Curitiba, 1966

Critério de avaliação das máximas intensidades médias prováveis de precipitações intensas. Publ. n.º 16 do CEPHH, Curitiba, 1965

Freqüência de mínimos totais de precipitações pluviais em 1, 2, 3, 4, 5 e 6 meses consecutivos. Publ. n.º 20 do CEPHH, Curitiba, 1966

Máximas precipitações pluviais prováveis de 1 a 6 dias de duração, Publ. n.º 25 do CEPHH. Curitiba, 1966

Contribuição ao Estudo da Relação Altura de Precipitação — Área — Duração para Chuvas Intensas. Publ. n.º 26 do CEPHH, Curitiba, 1966

Contribuição ao Estudo do Clima do Paraná. Publ. n.º 28 do CEPHH, Curitiba, 1966

SERRA, Adalberto — *Atlas climatológico do Brasil.* Conselho Nacional de Geografia e Serviço de Meteorologia do Ministério da Agricultura. Rio de Janeiro, 1955

U.S. DEPARTMENT OF AGRICULTURE. Weather Bureau — *Measurement of Precipitation.* Boletim n.º 771, 1963

CROXTON, F. E. e COWDEN, D. J. — *Estatística General Aplicada.* Trad. de Teodoro Ortis e Manuel Bravo. Fondo de Cultura Econômica. México, Buenos Aires, 1954

ALCÂNTARA, Ulysses M. A. de — *Deflúvios contribuintes do Interceptor Oceânico — Estudo Hidrológico das chuvas no Jardim Botânico.* I Congresso Brasileiro de Engenharia Sanitária. Rio de Janeiro, julho de 1960

VEIGA PURES e LUIZ CEZAR — *Estudo Hidrológico das chuvas intensas no Estado da Guanabara.* III Congresso Brasileiro de Engenharia Sanitária. Curitiba, setembro de 1965

CAPÍTULO **3**

escoamento superficial

J. A. MARTINS

GENERALIDADES

O escoamento superficial é o segmento do ciclo hidrológico que estuda o deslocamento das águas na superfície da Terra.

Esse estudo considera o movimento da água a partir da menor porção de chuva que, caindo sobre um solo saturado de umidade ou impermeável, escoa pela sua superfície, formando sucessivamente as enxurradas ou torrentes, córregos, ribeirões, rios e lagos ou reservatórios de acumulação.

OCORRÊNCIA

O escoamento superficial tem origem fundamentalmente, nas precipitações.

Parte da água das chuvas é interceptada pela vegetação e outros obstáculos, de onde se evapora posteriormente. Do volume que atinge a superfície do solo, parte é retida em depressões do terreno, parte se infiltra e o restante escoa pela superfície logo que a intensidade da precipitação supere a capacidade de infiltração no solo e os espaços nas superfícies retentoras tenham sido preenchidos.

No início do escoamento superficial forma-se uma película laminar que aumenta de espessura, à medida que a precipitação prossegue, até atingir um estado de equilíbrio.

As trajetórias descritas pela água no seu movimento são determinadas, principalmente, pelas linhas de maior declive de terreno e são influenciadas pelos obstáculos existentes. Nesta fase temos o movimento das *águas livres*.

À medida que as águas vão atingindo os pontos mais baixos do terreno, passam a escoar em canalículos que formam a *microrrede de drenagem*. Sob a ação da erosão, vai aumentando a dimensão desses canalículos e o escoamento se processa, cada vez mais, por caminhos preferenciais. Formam-se as torrentes, cuja duração está associada, praticamente, à precipitação; a partir delas, formam-se os cursos de água propriamente ditos, com regime de escoamento dependendo da água superficial e da contribuição do lençol de água subterrâneo. São as chamadas *águas sujeitas*.

Chama-se rede de drenagem ao conjunto dos cursos de água, desde os pequenos córregos formadores até o rio principal.

COMPONENTES DO ESCOAMENTO DOS CURSOS DE ÁGUA

As águas provenientes das chuvas atingem o leito do curso de água por quatro vias diversas:

a) escoamento superficial;
b) escoamento subsuperficial (hipodérmico);
c) escoamento subterrâneo;
d) precipitação direta sobre a superfície livre.

A Fig. 3-1 indica esquematicamente o andamento do fenômeno. Verifica-se que o escoamento superficial começa algum tempo após o início da precipitação. O intervalo de tempo decorrido corresponde à ação da intercepção pelos vegetais e obstáculos, à saturação do solo e à acumulação nas depressões do terreno.

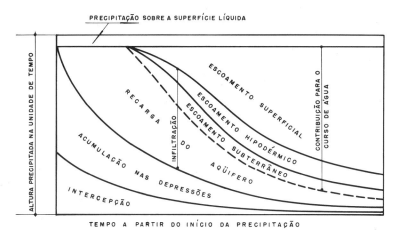

Figura 3-1. Componentes do escoamento dos cursos de água

A ação da intercepção e a da acumulação tende a reduzir-se no tempo e a da infiltração a tornar-se constante.

O escoamento subsuperficial, ocorrendo nas camadas superiores do solo, é difícil de ser separado do escoamento superficial.

O escoamento subterrâneo dá uma contribuição que varia lentamente com o tempo e é o responsável pela alimentação do curso de água durante a estiagem. Já a contribuição do escoamento superficial

38   hidrologia básica

cresce com o tempo até atingir um valor sensivelmente constante à medida que a precipitação prossegue. Cessada esta, ele vai diminuindo até anular-se.

GRANDEZAS CARACTERÍSTICAS

BACIA HIDROGRÁFICA

Bacia hidrográfica ou bacia de contribuição de uma seção de um curso de água é a área geográfica coletora de água de chuva que, escoando pela superfície do solo, atinge a seção considerada.

VAZÃO

É o volume de água escoado na unidade de tempo em uma determinada seção do curso de água. Podemos distinguir as vazões normais e as vazões de inundação. No primeiro caso estão as que, ordinariamente, escoam no curso de água e no segundo as que, ultrapassando um valor-limite, excedem a capacidade normal das seções de escoamento dos cursos de água. São expressas em metros cúbicos por segundo ou em litros por segundo.

As vazões normais e as de inundação podem ser referidas a um instante dado ou aos valores máximo, médio ou mínimo de um determinado intervalo de tempo (dia, mês ou ano). No estudo de correlação com as precipitações, podem ser expressas também em milímetros de água por dia, mês ou ano, estendidos sobre a área da bacia hidrográfica.

Chama-se *vazão específica* ou *contribuição unitária* à relação entre a vazão em uma seção do curso de água e a área da bacia hidrográfica relativa a essa seção. É comumente expressa em litros por segundo e por quilômetro quadrado.

FREQÜÊNCIA

Freqüência de uma vazão Q em uma seção de um curso de água é o número de ocorrências da mesma em um dado intervalo de tempo.

Nas aplicações práticas da Hidrologia, a freqüência é, em geral, expressa em termos de *período de retorno* ou *período de ocorrência T*, com o significado de que, na seção considerada, ocorrerão valores iguais ou superiores ao valor Q apenas uma vez cada T anos.

COEFICIENTE DE DEFLÚVIO

É a relação entre a quantidade total de água escoada pela seção e a quantidade total de água precipitada na bacia hidrográfica; pode referir-se a uma dada precipitação ou a todas as que ocorreram em um determinado intervalo de tempo.

escoamento superficial

TEMPO DE CONCENTRAÇÃO

Tempo de concentração relativo a uma seção de um curso de água é o intervalo de tempo contado a partir do início da precipitação para que toda a bacia hidrográfica correspondente passe a contribuir na seção em estudo. Corresponde à duração da trajetória da partícula de água que demore mais tempo para atingir a seção.

NÍVEL DE ÁGUA

É a altura atingida pela água na seção em relação a uma determinada referência. Pode ser um valor instantâneo ou a média em um determinado intervalo de tempo (dia, mês, ano).

FATORES INTERVENIENTES

FATORES QUE PRESIDEM A QUANTIDADE DE ÁGUA PRECIPITADA

a) Quantidade de vapor de água presente na atmosfera — existência de grandes superfícies, nas proximidades expostas à evaporação.

b) Condições meteorológicas e topográficas favoráveis à evaporação, à movimentação das massas de ar e à condensação do vapor de água — temperatura, ventos, pressão barométrica e acidentes topográficos.

FATORES QUE PRESIDEM O AFLUXO DA ÁGUA À SEÇÃO EM ESTUDO

a) Área da bacia de contribuição.

b) Conformação topográfica da bacia: declividades, depressões acumuladores e retentores de água.

c) Condições da superfície do solo e constituição geológica do sub-solo:
   i) existência de vegetação;
   ii) vegetação natural; florestas;
   iii) vegetação cultivada;
   iv) capacidade de infiltração no solo;
   v) natureza e disposição das camadas geológicas;
   vi) tipos de rochas presentes;
   vii) condições de escoamento da água através das rochas.

d) Obras de controle e utilização da água a montante da seção:
   i) irrigação ou drenagem do terreno;
   ii) canalização ou retificação de cursos de água;
   iii) derivação de água da bacia ou para a bacia;
   iv) construção de barragens.

INFLUÊNCIA DESSES FATORES SOBRE AS VAZÕES

a) A descarga anual cresce de montante para jusante à medida que cresce a área da bacia hidrográfica.

b) Em uma dada seção, as variações das vazões instantâneas são tanto maiores quanto menor a área da bacia hidrográfica.
c) As vazões máximas instantâneas em uma seção dependerão de precipitações tanto mais intensas quanto menor for a área da bacia hidrográfica; para as bacias de pequena área, as precipitações causadoras das vazões máximas têm grande intensidade e pequena duração; para as bacias de área elevada, as precipitações terão menor intensidade e maior duração.
d) Para uma mesma área de contribuição, as variações das vazões instantâneas serão tanto maiores e dependerão tanto mais das chuvas de alta intensidade quanto

   i) maior for a declividade do terreno;
   ii) menores forem as depressões retentoras de água;
   iii) mais retilíneo for o traçado e maior a declividade do curso de água;
   iv) menor for a quantidade de água infiltrada;
   v) menor for a área coberta por vegetação.

e) O coeficiente de deflúvio relativo a uma dada precipitação será tanto maior quanto menores forem a capacidade de infiltração e os volumes de água interceptados pela vegetação e obstáculos ou retidos nas depressões do terreno.
f) O coeficiente de deflúvio relativo a um longo intervalo de tempo depende principalmente das perdas por infiltração, evaporação e transpiração.

HIDROGRAMA

A Fig. 3-2 apresenta a curva de vazão registrada em uma seção de um curso de água devida a uma precipitação ocorrida na bacia hidrográfica correspondente.

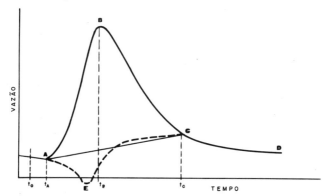

Figura 3-2

escoamento superficial

A contribuição total que produz o escoamento da água na seção considerada é devida

a) à precipitação recolhida diretamente pela superfície livre das águas;
b) ao escoamento superficial propriamente dito;
c) ao escoamento subsuperficial;
d) à contribuição do lençol de água subterrâneo.

Iniciada a precipitação, parte das águas será interceptada pela vegetação e pelos obstáculos e retida nas depressões do terreno até preenchê-las completamente. Denomina-se *precipitação inicial* à ocorrida durante o intervalo de tempo correspondente.

Preenchidas as depressões e ultrapassadas a capacidade de infiltração do solo, tem início o intervalo do suprimento líquido, que se caracteriza pelo escoamento superficial propriamente dito.

Próximo ao fim da precipitação, quando o volume da água de chuva é inferior à capacidade de infiltração no solo, tem-se a chuva residual. A partir do instante em que tem início o intervalo de tempo correspondente à chuva residual, toda a precipitação se infiltra, além de uma parcela da água que está sobre a superfície do terreno, no fim do intervalo do suprimento líquido. A essa infiltração se denomina *infiltração residual*.

Chama-se *excesso de precipitação total* ao escoamento superficial total acrescido da diferença entre a infiltração residual e a chuva residual. Para efeito prático, considera-se o excesso de precipitação total igual ao escoamento superficial total, devido a ser muito pequena aquela diferença.

Na seção do curso de água, onde se está registrando a vazão, verifica-se que, após o início da precipitação, instante t_0, decorrido o intervalo de tempo correspondente à precipitação inicial, o nível da água começa a elevar-se. A vazão cresce desde o instante correspondente ao ponto A (Fig. 3-2) até o instante correspondente ao ponto B, quando atinge o seu valor máximo. A duração da precipitação é menor ou igual ao intervalo de tempo t_0 a t_B.

Terminada a precipitação, o escoamento superficial prossegue durante certo tempo e a curva de vazão vai decrescendo. Ao trecho BC denomina-se curva de depleção do escoamento superficial.

Vamos agora tomar em consideração o que ocorre no solo durante a precipitação e o período de tempo seguinte.

No início da precipitação, o nível da água e o do lençol de água contribuinte estavam na posição MNO, indicada na Fig. 3-3. Devido à água de infiltração e após estar satisfeita a deficiência de umidade do terreno, o nível de água do lençol freático cresce até atingir a posição PS. Ao mesmo tempo, em razão do escoamento superficial, o nível de água na seção em estudo passa de N para R. Para as enchentes

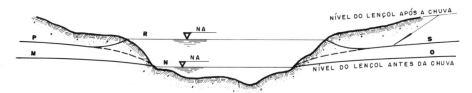

Figura 3-3

maiores, a elevação do nível no curso de água pode superar o correspondente do lençol, criando-se uma pressão hidrostática maior no rio do que nas margens, ocasionando a inversão do movimento temporariamente. Na Fig. 3-2, a linha tracejada AEC representa a vazão correspondente ao lençol de água.

Para efeitos práticos, a linha que representa a contribuição da água do lençol subterrâneo ao curso de água costuma ser representada pela reta AC.

Chama-se *curva de depleção da água do solo* ao trecho a partir do ponto C, correspondente a uma diminuição lenta da vazão do curso de água que é alimentado exclusivamente pela água subterrânea, em razão do seu escoamento natural. O andamento dessa curva pode sofrer a influência da transpiração, da evaporação do solo e da evaporação das águas tributárias.

CLASSIFICAÇÃO DAS CHEIAS

A Fig. 3-4 mostra o andamento dos hidrogramas conforme Horton.

Tipo 0. A intensidade da chuva é menor do que a capacidade da infiltração f; a infiltração total F é menor do que a deficiência de umidade natural do solo D. Em consequência, não há escoamento superficial e nenhum acréscimo da água do solo. Fenômeno característico de chuvas fracas que ocorre durante a estiagem ou no fim dela, quando o solo está seco.

Tipo 1. A intensidade da chuva P é menor do que a capacidade da infiltração f; a deficiência da umidade natural D é também menor do que a infiltração total F. Em consequência, não há escoamento superficial.

Verifica-se, entretanto, o acréscimo da água do solo acompanhado de uma variação da vazão do curso de água.

No caso A, a proporção do aumento da vazão é menor do que a depleção da água do solo. No caso B, as proporções do acréscimo de vazão e da depleção da água do solo são iguais; a vazão do curso de água é sensivelmente constante durante certo intervalo de tempo. No caso C, a proporção do acréscimo da vazão supera a depleção da água do solo; há um acréscimo do nível de água do lençol e um aumento da vazão de escoamento no curso de água.

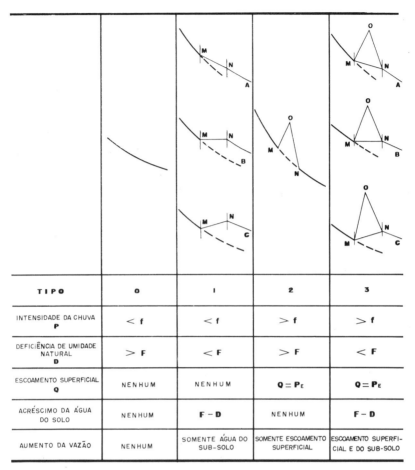

Figura 3-4. Classificação das cheias segundo Horton

Tipo 2. A intensidade da chuva P é maior do que a capacidade de infiltração f; a deficiência de umidade natural do solo D é maior do que a infiltração total F. Em conseqüência, existe somente o escoamento superficial, não há acréscimo da água do solo, a depleção normal continua durante a cheia e o regime da água do solo é retomado depois de N.

Tipo 3. A intensidade da precipitação supera a capacidade de infiltração f; a deficiência de umidade natural do solo é menor do que a infiltração total F. Neste tipo, ocorrem o escoamento superficial e o acréscimo do lençol de água.

Conforme as proporções do acréscimo da água do solo, podem-se ter os casos A, B ou C.

bibliografia complementar

YASSUDA, E. R.—*Hidrologia*. Faculdade de Higiene e Saúde Pública da Universidade de São Paulo, 1958

CAPÍTULO **4**

infiltração

J. A. MARTINS

INTRODUÇÃO

DEFINIÇÃO

Denomina-se *infiltração* ao fenômeno de penetração da água nas camadas de solo próximas à superfície do terreno, movendo-se para baixo, através dos vazios, sob a ação da gravidade, até atingir uma camada-suporte, que a retém, formando então a água do solo.

FASES DA INFILTRAÇÃO

Na infiltração podem ser destacadas três fases:
a) fase de intercâmbio;
b) fase de descida;
c) fase de circulação.

Na fase de intercâmbio, a água está próxima à superfície do terreno, sujeita a retornar à atmosfera por uma aspiração capilar, provocada pela ação da evaporação ou absorvida pelas raízes das plantas e em seguida transpirada pelo vegetal.

Na fase de descida, dá-se o deslocamento vertical da água quando a ação de seu peso próprio supera a adesão e a capilaridade. Esse movimento se efetua até atingir uma camada-suporte de solo impermeável.

Na fase de circulação, devido ao acúmulo da água, são constituídos os lençóis subterrâneos, cujo movimento se deve também a ação da gravidade, obedecendo às leis de escoamento subterrâneo. Dois tipos de lençóis podem ser definidos.

a) *lençol freático*, quando a sua superfície é livre e está sujeita à pressão atmosférica;
b) *lençol cativo*, quando está confinado entre duas camadas impermeáveis, sendo a pressão na superfície superior diferente da atmosférica.

Nos lençóis de água freáticos podem ser distinguidas duas zonas. A primeira é constituída pela parte superior, ocupada pela água de capilaridade formando uma franja, cuja altura depende do material de solo, atingindo valores de 30 a 60 cm para areias finas e até 3,0 m para argilas. A segunda zona é ocupada pela água do lençol compreendida entre a franja e a superfície da camada-suporte impermeável.

A região de solo onde ocorre o fenômeno da infiltração pode ser dividida em duas zonas:

a) *zona de aeração*, onde ocorrem as fases de intercâmbio e de descida; inclui a franja de ascenção por capilaridade;
b) *zona de saturação*, onde se dá o movimento da água do lençol subterrâneo (fase de circulação).

GRANDEZAS CARACTERÍSTICAS

CAPACIDADE DE INFILTRAÇÃO

É a quantidade máxima de água que um solo, sob uma dada condição, pode absorver na unidade de tempo por unidade de área horizontal.

A penetração da água no solo, na razão da sua capacidade de infiltração, verifica-se somente quando a intensidade da precipitação excede a capacidade do solo em absorver a água, isto é, quando a precipitação é excedente.

A capacidade de infiltração pode ser expressa em milímetros por hora, milímetros por dia ou em metros cúbicos por metro quadrado e por dia.

DISTRIBUIÇÃO GRANULOMÉTRICA

É a distribuição das partículas constituintes do solo em função das suas dimensões, representada pela curva da distribuição granulométrica — curva das porcentagens acumuladas, em peso, em função do tamanho dos grãos (aberturas das malhas de peneiras).

Dessas curvas, podem ser definidos dois números-índices representativos da distribuição granulométrica:

a) diâmetro efetivo, dimensão correspondente a um grão maior que 10% dos grãos da amostra em peso D_{10};
b) coeficiente de uniformidade — relação entre os tamanhos D_{60} e D_{10}, aquele definido da mesma forma que o tamanho efetivo.

POROSIDADE

É a relação entre o volume de vazios de um solo e o seu volume total, expressa geralmente em porcentagem.

VELOCIDADE DE FILTRAÇÃO

É a velocidade média de escoamento da água através de um solo saturado, determinada pela relação entre a quantidade de água que

46   hidrologia básica

atravessa a unidade de área do material do solo e o tempo. Pode ser expressa em metros por segundo, metros por dia ou metros cúbicos por metro quadrado e por dia.

COEFICIENTE DE PERMEABILIDADE

É a velocidade de filtração da água em um solo saturado com perda de carga unitária. O coeficiente de permeabilidade varia com a temperatura, pois esta influi na viscosidade da água. Pode ser expresso nas mesmas unidades da velocidade de filtração.

SUPRIMENTO ESPECÍFICO

É a quantidade máxima que pode ser obtida de um solo por drenagem natural sob a ação exclusiva da gravidade. É expresso em porcentagem de volume do solo.

RETENÇÃO ESPECÍFICA

É a quantidade de água que fica no solo por adesão e capilaridade, após a drenagem natural. É também expressa em porcentagem do volume de solo. A soma dos valores do suprimento e retenção específicos dá como resultado a porosidade do solo.

NÍVEIS ESTÁTICO E DINÂMICO

Nível estático de um lençol subterrâneo, em um ponto dado, é o nível piezométrico nesse ponto, em determinado instante, quando o lençol de água não está sob a ação de obras de aproveitamento ou de controle das suas águas.

Nível dinâmico é o nível em um ponto, em determinado instante, decorrente da atuação daquelas obras.

FATORES INTERVENIENTES

TIPO DE SOLO

A capacidade de infiltração varia diretamente com a porosidade, o tamanho das partículas do solo e o estado de fissuração das rochas.

As características presentes em pequena camada superficial, com espessura da ordem de 1 cm, têm grande influência sobre a capacidade de infiltração.

ALTURA DE RETENÇÃO SUPERFICIAL E ESPESSURA DA CAMADA SATURADA

A água penetra no solo sob a ação da gravidade, escoando nos canalículos formados pelos interstícios das partículas.

A água da chuva dispõe-se sobre o terreno em camada de pequena espessura, que exerce pressão hidrostática na extremidade superior dos canalículos.

No início da precipitação, o solo não está saturado; a água que nele penetra vai constituir uma camada de solo saturado cuja espessura cresce com o tempo.

O escoamento da água é função da soma das espessuras da altura de retenção superficial h e da espessura da camada saturada H, e a resistência é representada por uma força proporcional à espessura da camada saturada H.

No início da precipitação, a relação $\dfrac{H+h}{H}$ é relativamente grande, decrescendo com o tempo e influindo na diminuição da capacidade de infiltração.

GRAU DE UMIDADE DO SOLO

Parte da água que se precipita sobre o solo seco é absorvida por ação de capilaridade que se soma à ação da gravidade. Se o solo, no início da precipitação, já apresenta uma certa umidade, tem uma capacidade de infiltração menor do que a que teria se estivesse seco.

AÇÃO DA PRECIPITAÇÃO SOBRE O SOLO

As águas das chuvas chocando-se contra o solo promovem a compactação da sua superfície, diminuindo a capacidade de infiltração, destacam e transportam os materiais finos que, pela sua sedimentação posterior, tenderão a diminuir a porosidade da superfície; umedecem a superfície do solo, saturando as camadas próximas, aumentando a resistência à penetração da água; e atuam sobre as partículas de substâncias coloidais que, ao intumescerem, reduzem a dimensão dos espaços intergranulares.

A intensidade dessa ação varia com a granulometria dos solos, sendo mais importante nos solos finos. A presença da vegetação atenua ou elimina esse efeito.

COMPACTAÇÃO DEVIDA AO HOMEM E AOS ANIMAIS

Em locais onde há tráfego constante de homens ou veículos ou em áreas de utilização intensa por animais (pastagens), a superfície é submetida a uma compactação que a torna relativamente impermeável.

MACROESTRUTURA DO TERRENO

A capacidade de infiltração pode ser elevada pela atuação de fenômenos naturais que provocam o aumento de permeabilidade como, por exemplo,

a) escavações feitas por animais e insetos;
b) decomposição das raízes dos vegetais;
c) ação da geada e do Sol;
d) aradura e cultivo da terra.

48 hidrologia básica

COBERTURA VEGETAL

A presença da vegetação atenua ou elimina a ação da compactação da água da chuva e permite o estabelecimento de uma camada de matéria orgânica em decomposição que favorece a atividade escavadora de insetos e animais.

A cobertura vegetal densa favorece a infiltração, pois dificulta o escoamento superficial da água. Cessada a chuva, retira a umidade do solo, através das suas raízes, possibilitando maiores valores da capacidade de infiltração no início das precipitações.

TEMPERATURA

A temperatura influindo na viscosidade da água faz com que a capacidade de infiltração nos meses frios seja mais baixa do que nos meses quentes.

PRESENÇA DO AR

O ar presente nos vazios do solo pode ficar retido temporariamente, comprimido pela água que penetra no solo, tendendo a retardar a infiltração.

VARIAÇÃO DA CAPACIDADE DE INFILTRAÇÃO

As variações da capacidade de infiltração dos solos podem ser classificadas conforme as categorias seguintes.

a) Variações em área geográfica.
b) Variações no decorrer do tempo em uma área limitada:
    i) variações anuais devidas à ação de animais, desmatação, alteração das rochas superficiais, etc.;
    ii) variações anuais devidas à diferença de grau de umidade do solo, estágio de desenvolvimento da vegetação, atividade de animais, temperatura, etc.;
    iii) variações no decorrer da própria precipitação.

DETERMINAÇÃO DA CAPACIDADE DE INFILTRAÇÃO

INFILTRÔMETROS

Os infiltrômetros são aparelhos para determinação direta da capacidade de infiltração local dos solos. Existem dois tipos.

a) Infiltrômetro com aplicação de água por inundação, ou simplesmente infiltrômetros.
b) Infiltrômetros com aplicação da água por aspersão ou simuladores de chuva.

Os infiltrômetros são tubos cilíndricos curtos, de chapa metálica, com diâmetros variando entre 200 e 900 mm, cravados verticalmente no solo de modo a restar uma pequena altura livre sobre este.

infiltração 49

Podem ser utilizados um ou dois tubos concêntricos. No primeiro caso, o tubo é colocado no terreno, até uma profundidade maior ou igual à da penetração da água durante a duração do ensaio para evitar o erro causado pela dispersão lateral da água. Durante todo o tempo da experiência, mantém-se sobre o solo uma camada de água de 5 a 10 mm de espessura. Uma vez conhecida, a taxa de aplicação da água adicionada é dividida pela área da seção transversal do tubo e tem-se a capacidade de-infiltração.

Quando se utilizam dois tubos concêntricos, a água é adicionada nos dois compartimentos, sendo também mantida em camada com a espessura de 5 a 10 mm. A função do tubo externo é atenuar o efeito da dispersão da água do tubo interno.

As indicações fornecidas com o emprego desses aparelhos têm valor relativo, devido a diversas causas de erro:

a) ausência do efeito da compactação produzida pela água da chuva;
b) fuga do ar retido para a área externa aos tubos;
c) deformação da estrutura do solo com a cravação dos tubos.

Os simuladores de chuva são aparelhos nos quais a água é aplicada por aspersão, com taxa uniforme, superior à capacidade de infiltração do solo, exceto para um curto período de tempo inicial.

Delimitam-se áreas de aplicação da água, com forma retangular ou quadrada, de 0,10 a 40 m^2 de superfície; medem-se a quantidade de água adicionada e o escoamento superficial resultante, deduzindo-se a capacidade de infiltração do solo.

Os tipos mais comuns de aparelhos dessa classe são dados a seguir.

a) Pearce. Água lançada na margem mais alta de uma área de 0,10 m^2 e o escoamento superficial medido na margem mais baixa. Uma caixa alimentadora de nível constante permite a medida da taxa de aplicação. Ela está ligada a um tubo perfurado para a aspersão.
b) North Fork modificado. Água aplicada por borrifadores sobre uma área de 2,0 m^2; taxa de aplicação medida por seis pluviômetros e escoamento superficial medido na margem inferior.
c) Rock Mountain. Semelhante ao anterior, área de 0,60 × 1,20 m; taxa de aplicação medida por doze pluviômetros de 25 mm de diâmetro.
d) Tipo F modificado. Área de 1,80 × 3,60 m, taxa de aplicação medida por dois pluviômetros contínuos com 3,60 m de comprimento e 25 mm de largura, adequadamente centrados: escoamento superficial registrado automaticamente. Também para este tipo de aparelho, as indicações obtidas são consideradas somente sob o aspecto qualitativo.

MÉTODO DE HORNER E LLOYD

O método de Horner e Lloyd foi estudado para bacias de pequena área. Ele é baseado na medida direta da precipitação e do escoamento superficial resultante, o que possibilita a determinação da curva da capacidade de infiltração em função do tempo.

Sejam três precipitações A, B e C que ocorrem em sucessão na bacia de pequena área. As suas alturas pluviométricas h_1, h_2 e h_3 foram determinadas por um pluviógrafo (Fig. 4-1).

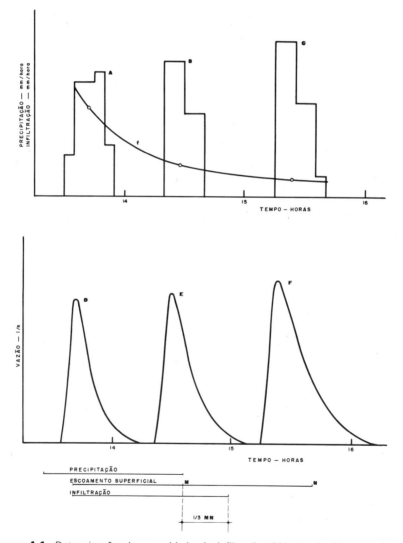

Figura 4-1. Determinação da capacidade de infiltração. Método de Horner e Lloyd

infiltração

Ao mesmo tempo, em um posto fluviométrico, determinaram-se os deflúvios correspondentes, representados pelas curvas D, E e F. Estes, expressos na mesma unidade das alturas pluviométricas, milímetros, têm para valor a_1, a_2 e a_3.

As diferenças $h_1 - a_1$, $h_2 - a_2$ e $h_3 - a_3$ representam, com aproximação, a água de infiltração. Na realidade, elas incluem também a água interceptada pelos vegetais e a retida nas depressões do terreno.

Para determinar a taxa de infiltração, as diferenças entre a chuva e o escoamento superficial devem ser divididas pelo intervalo de tempo médio durante o qual a infiltração se verifica, com essa taxa, sobre toda a bacia.

O início da infiltração ocorre quando começa a precipitação excedente e continua até algum tempo. No instante em que cessa a precipitação, a infiltração tem lugar sobre toda a área da bacia. À medida que decorre o tempo, a área vai diminuindo até que, cessando o escoamento da água por sobre o terreno, cessa também a infiltração.

A duração da infiltração é o intervalo de tempo desde o início de escoamento superficial até o término da precipitação excedente, somado a um terço de período compreendido entre o fim da precipitação excedente e o do escoamento superficial. Sejam os valores t_1, t_2 e t_3.

A capacidade da infiltração média correspondente a cada precipitação é determinada pelas relações

$$f_1 = \frac{h_1 - a_1}{t_1},$$

$$f_2 = \frac{h_2 - a_2}{t_2},$$

$$f_3 = \frac{h_3 - a_3}{t_3}.$$

Locando-se cada um desses valores de f em correspondência com tempos $\frac{t}{2}$ contados a partir do início da precipitação excedente, obtém-se a curva procurada — capacidade de infiltração em função do tempo.

Horton observou que essa curva tende para um valor constante após um período de 1 a 3 horas, podendo ser representada por uma equação da forma

$$f = f_c + (f_0 - f_c)e^{-kt},$$

onde

f = capacidade de infiltração em milímetros-hora em determinado instante t;

f_c = valor constante da capacidade de infiltração, decorrido algum tempo;

f_0 = valor da capacidade de infiltração correspondente ao início da precipitação, incluindo as exigências da intercepção e da acumulação nas depressões;

k = constante.

CAPACIDADE DE INFILTRAÇÃO EM BACIAS MUITO GRANDES

Em bacias hidrográficas muito grandes, a intensidade da precipitação não é constante em toda a área. Para bacias desse tipo foi proposto, por Horton, um método para a avaliação da capacidade média de infiltração.

É necessário que a precipitação seja medida por diversos aparelhos dispostos na área da bacia hidrográfica. Um deles, pelo menos, deve ser pluviógrafo.

O método baseia-se em duas hipóteses.

a) As precipitações que produzem enchentes em grandes bacias apresentam curvas de intensidade muito semelhante em postos medidores vizinhos.

b) O escoamento superficial é, sensivelmente, igual à diferença entre a precipitação e a infiltração que ocorre durante o período da precipitação em excesso.

No posto X, onde está localizado o pluviógrafo, calcula-se a fração da chuva intensa registrada que cai durante cada hora (coluna 3 do Quadro 4-1).

Para uma precipitação semelhante com a altura pluviométrica aproximadamente igual à chuva registrada, calcula-se a distribuição pelas diversas horas, com base nos valores da coluna 3, correspondentes à chuva registrada. Na coluna 4 estão os valores das precipitações horárias de uma chuva intensa de 101,6 mm.

As colunas 5, 6, 7, 8 e 9 apresentam as alturas do excesso de precipitação, em cada hora, para essa mesma chuva intensa, consideradas as capacidades de infiltração de 2,5; 5,0; 7,5; 10,0 e 12,5 mm por hora.

Na Fig. 4-2, as precipitações em excesso estão locadas para a precipitação de 101,6 mm. Da mesma forma, preparam-se quadros para precipitações de 50, 75, 125 e 150 mm, locam-se os seus resultados na Fig. 4-2, obtendo-se as curvas relativas às diversas capacidades de infiltração. Dessas curvas podem ser deduzidos os excessos de precipitação para as diversas capacidades de infiltração e para qualquer altura de chuva. Essas curvas são características de uma determinada bacia hidrográfica.

infiltração

53

Quadro 4-1

Precipitação registrada em X				$P = 101,6$ mm Capacidade de infiltração f (mm/hora)				
(1) Hora	(2) Quantidade (mm)	(3) Fração do total	(4) Quantidade total (mm)	(5) 2,5	(6) 5,0	(7) 7,5	(8) 10,0	(9) 12,5
				Excesso de precipitação				
5	1,3	0,013						
6	1,3	0,013						
7	0,8	0,008						
8	0,5	0,005						
9	1,3	0,013						
10	1,3	0,013						
11	1,8	0,019						
12	2,0	0,022	2,23	0				
13	5,1	0,054	5,49	2,99	0,49	0		
14	5,1	0,054	5,49	2,99	0,49	0		
15	3,3	0,035	3,56	1,06	0	0		
16	3,0	0,032	3,25	0,75	0	0		
17	0,8	0,008						
18	0,5	0,005						
19	3,8	0,040	4,06	1,56	0	0		
20	3,8	0,040	4,06	1,56	0	0		
21	8,9	0,094	9,55	7,05	4,55	1,55	0	0
22	8,9	0,094	9,55	7,05	4,55	1,55	0	0
23	8,9	0,094	9,55	7,05	4,55	1,55	0	0
24	8,9	0,094	9,55	7,05	4,55	1,55	0	0
1	6,3	0,068	6,90	4,40	1,90	0		
2	6,3	0,068	6,90	4,40	1,90	0		
3	3,8	0,040	4,06	1,56	0	0		
4	3,8	0,040	4,06	1,56	0	0		
5	1,3	0,013						
6	1,3	0,013						
7	0,5	0,005						
8	0,3	0,003						
Totais	94,9	1 000		51,03	22,98	6,20	0	0

Dados de Wisler e Brater, *Hydrology*

Durante essa mesma precipitação intensa que foi registrada no posto X, as alturas pluviométricas, em cada um dos outros postos, estão indicadas no Quadro 4-2, coluna 2. Nas colunas 3, 4 e 5 estão indicadas as precipitações em excesso deduzidas das curvas da Fig. 4-2. Na Fig. 4-3, os valores médios da precipitação em excesso estão locados em função da capacidade de infiltração. Com base nessa curva pode-se deduzir a capacidade de infiltração quando a precipitação em excesso é conhecida.

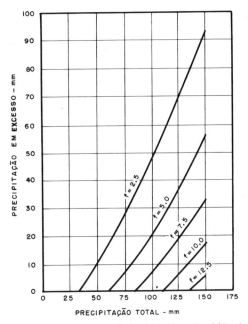

Figura 4-2. Determinação da capacidade de infiltração. Método de Horton

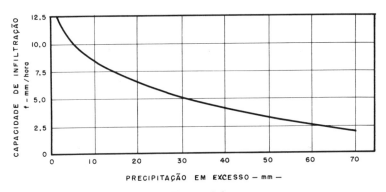

Figura 4-3.

infiltração

Quadro 4-2

(1) Posto	(2) Médias Precipitação total (mm)	Precipitação em excesso para valores de f em mm/hora de		
		(3) 2.5	(4) 5,0	(5) 7,5
A	150,1	92,7	56,4	32,3
B	96,8	46,2	19,6	5,1
C	95,5	44,7	18,8	4,6
D	104,9	52,8	24,1	8,9
E	101,8	50,8	22,9	7,6
F	103,9	52,1	23,6	8,4
G	125,0	69,1	37,6	18,8
H	153,7	95,8	58,9	34,3
	116,5	63,0	32,7	15,0

Dados de Wisler e Brater, *Hydrology*

bibliografia complementar

YASSUDA, E. E. — *Hidrologia*. Faculdade de Higiene e Saúde Pública, Universidade de São Paulo, 1958

CAPÍTULO **5**

evaporação e transpiração

J. A. MARTINS

DEFINIÇÕES

Evaporação é o conjunto dos fenômenos de natureza física que transformam em vapor a água da superfície do solo, a dos cursos de água, lagos reservatórios de acumulação e mares.

Transpiração é a evaporação devida à ação fisiológica dos vegetais. As plantas, através de suas raízes, retiram do solo a água para suas atividades vitais. Parte dessa água é cedida à atmosfera, sob a forma de vapor, na superfície das folhas.

Ao conjunto das duas ações denomina-se *evapotranspiração*.

GRANDEZAS CATACTERÍSTICAS

Perda por evaporação (ou por transpiração) é a quantidade de água evaporada por unidade de área horizontal durante um certo intervalo de tempo. Essa grandeza é comumente medida em altura de líquido que se evaporou, suposto distribuído uniformemente pela área planimétrica e expressa, entre nós, em milímetros.

Intensidade de evaporação (ou de transpiração) é a velocidade com que se processam as perdas por evaporação. Pode ser expressa em mm/hora ou em mm/dia.

FATORES INTERVENIENTES

GRAU DE UMIDADE RELATIVA DO AR ATMOSFÉRICO

O grau de umidade relativa do ar atmosférico é a relação entre a quantidade de vapor de água aí presente e a quantidade de vapor de água no mesmo volume de ar se estivesse saturado de umidade. Essa grandeza é expressa em porcentagem.

Quanto maior for a quantidade de vapor de água no ar atmosférico, tanto maior o grau de umidade e menor a intensidade da evaporação.

A intensidade da evaporação é função direta da diferença entre a pressão de saturação do vapor de água no ar atmosférico e a pressão atual do vapor de água. Segundo a lei de Dalton, tem-se

$$E = C(p_0 - p_a),$$

variação da intensidade de evaporação, que é função linear do gradiente da pressão, onde

E = intensidade da evaporação;
C = constante dependente dos diversos fatores que intervêem na evaporação;
p_0 = pressão de saturação do vapor de água à temperatura da água;
p_a = pressão do vapor de água presente no ar atmosférico.

TEMPERATURA

A elevação da temperatura tem influência direta na evaporação porque eleva o valor da pressão de saturação do vapor de água, permitindo que maiores quantidades de vapor de água possam estar presentes no mesmo volume de ar, para o estado de saturação. O Quadro 5-1 mostra que, para cada elevação de temperatura de 10°C, a pressão de saturação torna-se aproximadamente o dobro.

Quadro 5-1. Pressão de saturação do vapor de água

Temperatura (graus Celsius)	Pressão do vapor, p_0 (atmosferas)
0	0,0062
5	0,0089
10	0,0125
15	0,0174
20	0,0238
25	0,0322
30	0,0431
35	0,0572
40	0,0750

VENTO

O vento atua no fenômeno da evaporação renovando o ar em contato com as massas de água ou com a vegetação, afastando do local as massas de ar que já tenham grau de umidade elevado.

RADIAÇÃO SOLAR

O calor radiante fornecido pelo Sol constitui a energia motora para o próprio ciclo hidrológico. O fluxo de energia que atravessa a

58

hidrologia básica

unidade de superfície, perpendicular aos raios solares e situado no limite superior da atmosfera, é a chamada *constante solar*. Johnson calculou para ela o valor de $2 \pm 0,04$ calorias por minuto e por centímetro quadrado $(1,39 \text{ kW/m}^2)$. A potência média anual da radiação solar incidente sobre a superfície da Terra é de 0,1 a 0,2 kW/m^2, valor suficiente para evaporar uma lâmina de água de 1,30 a 2,60 m de altura.

PRESSÃO BAROMÉTRICA

A influência da pressão barométrica é pequena, só sendo apreciada para grandes variações de altitude. Quanto maior a altitude, menor a pressão barométrica e maior a intensidade da evaporação.

A influência da pressão barométrica não é considerada na maioria dos fenômenos hidrológicos.

SALINIDADE DA ÁGUA

A intensidade da evaporação diminui com o aumento do teor de sal na água. Em igualdade de todas as outras condições, ocorre uma redução de 2 a 3% na intensidade da evaporação.

EVAPORAÇÃO NA SUPERFÍCIE DO SOLO

Além dos fatores já mencionados, a evaporação da superfície do solo depende do tipo do próprio solo e do grau de umidade presente neste.

Em solos arenosos saturados, a intensidade da evaporação pode ser superior à da superfície das águas; em solos argilosos saturados, pode reduzir-se a 75% daquele valor; se o solo é alimentado pelo lençol freático, por capilaridade, a intensidade de evaporação é menor; a evaporação chega a se anular se a profundidade do nível de água do lençol freático é superior à altura de ascenção da água por capilaridade.

A existência de vegetação diminui as perdas por evaporação da superfície do solo. Essa diminuição é compensada pela ação da transpiração do vegetal, podendo mesmo aumentar a perda total por evaporação do solo provido de vegetação.

TRANSPIRAÇÃO

A vegetação retira água do solo e a transmite à atmosfera por ação de transpiração das suas folhas. Esse fenômeno é função da capacidade de evaporação da atmosfera, dependendo, portanto, do grau de umidade relativa do ar, da temperatura e da velocidade do vento.

A luz, o calor e a maior umidade do ar abrem os poros das folhas e influem diretamente sobre a transpiração.

evaporação e transpiração

As condições de solo também exercem influência na transpiração. A natureza do solo, o seu grau de umidade e a posição do nível do lençol freático influenciam a umidade do solo na zona ocupada pelas raízes dos vegetais. A umidade do solo por sua vez está na dependência do regime das precipitações.

Todas as outras condições sendo as mesmas, a transpiração vegetal depende do tipo de planta, do seu estágio de desenvolvimento (idade do vegetal) e do desenvolvimento das suas folhas.

EVAPORAÇÃO DA SUPERFÍCIE DAS ÁGUAS

A evaporação da superfície das águas, além dos outros fatores, é também influenciada pela profundidade de massa de água; quanto mais profunda a massa de água, maior é a diferença entre a temperatura do ar e a da água devido à maior demora na homogeneização da temperatura do líquido.

Os obstáculos naturais podem também atenuar a influência da ação do vento.

MEDIDA DA EVAPORAÇÃO DA SUPERFÍCIE DAS ÁGUAS

EVAPORÍMETROS

A medida da evaporação da superfície das águas é realizada com o emprego de evaporímetros, que dão as indicações referentes a pequenas superfícies de água calma. São recipientes achatados, em forma de bandeja, de seção quadrada ou circular, com água no seu interior e instalados sobre o solo nas proximidades da massa de água cuja intensidade de evaporação se quer medir ou sobre a própria massa de água (medidores flutuantes).

As dimensões normais do aparelho são

a) diâmetro do círculo ou lado do quadrado: 0,90 a 2,00 m;
b) altura do recipiente: 0,25 a 1,00 m;
c) altura livre da borda do recipiente sobre o nível de água interno: 0,05 a 0,10 m.

A estação medidora de evaporação realiza ao mesmo tempo a medida de grandezas que têm influência no fenômeno. No equipamento da estação são incluídos aparelhos para a determinação da temperatura, vento e umidade. Para a correção das indicações de nível do evaporímetro, faz-se também a medida da precipitação.

As indicações fornecidas pelos evaporímetros são afetadas pela forma e dimensões dos aparelhos, assim como pela disposição dos mesmos (submersos parcialmente na água, instalação parcialmente en-

60 hidrologia básica

terrada no solo ou acima da superfície do solo). Por essas razões é necessário o estudo de coeficientes que correlacionem os resultados fornecidos pelos diferentes medidores e que correlacionem também essas indicações com a intensidade da evaporação da massa de água.

Outros fatores podem perturbar as medidas, como

a) a formação de uma película de poeira ou de um filme devida à secreção de insetos na superfície livre da água;
b) a perda de água causada por pássaros que venham a se banhar no recipiente;
c) o efeito de sombreamento ocasionado por dispositivos de proteção do medidor contra pássaros.

Como exemplos de medidores padronizados podem ser citados os do U.S. Weather Bureau e o evaporímetro tipo Colorado.

O evaporímetro tipo A do U. S. Weather Bureau é instalado sobre o terreno em pequenas vigas de madeira, permitindo que o fundo do aparelho fique a 15 cm acima do solo. Tem 1,215 m de diâmetro e 0,254 m de altura; o nível da água é mantido a 5 cm da borda.

O evaporímetro tipo Colorado é enterrado no solo. Tem a seção horizontal quadrada, com 0,914 m de lado, e a altura de 0,462 m; a borda superior, quando o aparelho está instalado, fica a 0,10 m acima da superfície do terreno; o nível de água é mantido aproximadamente no nível do solo.

MEDIDORES DIVERSOS

A medida do poder evaporante da atmosfera pode ser efetuada por outros aparelhos como, por exemplo, o evaporímetro Piche e o atmômetro Livingstone. O evaporímetro Piche consta de um tubo cilíndrico de vidro de 25 cm de comprimento e 1,5 cm de diâmetro. É fechado na sua parte superior, próxima à qual existe uma graduação. Na parte inferior é curvado em forma de U e com a abertura obturada por uma folha de papel-filtro, de 3 cm de diâmetro e 0,5 mm de espessura, fixado por capilaridade e mantido na sua posição por uma mola.

O aparelho é inicialmente enchido de água destilada que vai se evaporando pela folha de papel; a variação do nível de água no tubo permite calcular a intensidade da evaporação no lençol.

É instalado em um abrigo para proteger o papel-filtro da ação da chuva. As condições correspondentes são bastante diferentes das fornecidas pelos evaporímetros de bandeja. A relação entre as evaporações anuais fornecidas por estes e as do tipo Piche estão compreendidas entre 0,45 e 0,65.

O atmômetro Livingstone é constituído por uma esfera oca, de porcelana porosa, de 5 cm de diâmetro e 1 cm de espessura, cheia de

evaporação e transpiração

água destilada, comunicando-se com um recipiente, também com água destilada que assegura o enchimento da esfera e mede o volume evaporado.

COEFICIENTES DE CORRELAÇÃO

O coeficiente de um evaporímetro é o número pelo qual se multiplicam as indicações dadas por esses aparelhos para se obter a intensidade da evaporação da massa líquida no mesmo local.

Os valores médios anuais dos evaporímetros nos itens anteriores são:

a) evaporímetro tipo A do U.S. Weather Bureau, 0,7 a 0,8 (0,7);
b) evaporímetro Colorado, 0,75 a 0,85 (0,8);
c) evaporímetro Colorado flutuante, 0,70 a 0,82 (0,8).

FÓRMULAS EMPÍRICAS

A avaliação da intensidade da evaporação pode ser feita por fórmulas empíricas, a maioria das quais se baseia na lei de Dalton.

Entre elas, podem ser citadas as que seguem.

Fórmula de Rohwer, do Bureau of Agricultural Engineering, U.S. Department of Agriculture, E.U.A., 1931

$$E = 0,771\,(1,465 - 0,0186B)(0,44 + 0,118W)(p_0 - p_a),$$

onde

E = intensidade de evaporação em polegadas por dia;
B = pressão barométrica, em polegadas de mercúrio a 32°F;
W = velocidade do vento à superfície do solo, em milhas por hora;
p_0 = pressão máxima de vapor à temperatura da água, em polegadas de mercúrio;
p_a = pressão efetiva do vapor de água no ar atmosférico, em polegadas de mercúrio.

Fórmula de Meyer, do Minnesota Resources Commission, 1942

$$E = C\left(1 + \frac{w}{10}\right)(p_0 - p_a),$$

onde

E = intensidade da evaporação, em polegadas para uma dada unidade de tempo;
C = coeficiente proporcional à unidade de tempo adotada e dependente da profundidade da massa líquida; para períodos de 24 horas, $C = 0,36$ para lagos e reservatórios comuns, que tenham

62 hidrologia básica

uma profundidade média em torno de 25 pés; $C = 0,50$ para superfícies úmidas de solo e vegetação, para pequenas massas de água e para recipientes de água rasos e expostos inteiramente;

w = velocidade do vento em milhas por hora, medida a cerca de 25 pés acima da superfície do solo;

p_0 = pressão de saturação do vapor, à temperatura da água, em polegadas de mercúrio;

p_a = pressão efetiva do vapor de água no ar atmosférico, a cerca de 25 pés acima da superfície do solo, em polegadas de mercúrio.

Fórmula dos Serviços Hidrológicos da U.R.S.S.

$$E = 0,15n\,(1 + 0,072w)(p_0 - p_a),$$

onde

E = intensidade da evaporação em milímetros por mês;

n = número de dias do mês considerado;

w = velocidade média do vento em metros por segundo, medida a cerca de 2 m acima da superfície da água;

p_0 = pressão de saturação do vapor, à temperatura da água, em milibares (1 milibar = 1 000 dinas por centímetro quadrado, aproximadamente 0,75 mm de coluna de mercúrio);

p_a = pressão efetiva do vapor de água no ar atmosférico a cerca de 2 m acima da superfície do solo, em milibares.

Fórmula de Fitzgerald

$$E = 12\,(1 + 0,31w)(p_0 - p_a),$$

onde

E = intensidade da evaporação em milímetros por mês;

w = velocidade do vento em quilômetros por hora, medida a cerca de 2 m da superfície da água;

p_0 = pressão de saturação do vapor, à temperatura da água, em milímetros de mercúrio;

p_a = pressão efetiva do vapor de água no ar atmosférico, a cerca de 2 m acima da superfície da água, em milímetros de mercúrio.

REDUÇÃO DAS PERDAS POR EVAPORAÇÃO NOS RESERVATÓRIOS DE ACUMULAÇÃO

A redução da quantidade de água evaporada da superfície da água dos reservatórios de acumulação pode ser conseguida com a formação na superfície líquida de uma película monomolecular com o emprego de compostos orgânicos, como o hexadecanol (álcool acetílico).

evaporação e transpiração

Estudos realizados na Índia e nos Estados Unidos mostraram que uma tênue película com a reduzida espessura de 10^{-8} mm tem notável ação sobre a redução da evaporação, sem efeitos nocivos sensíveis sobre a vida dos organismos aquáticos. Tem sido conseguida redução nas perdas da ordem de 10 a 40 % (10 a 60 %).

MEDIDA DA EVAPORAÇÃO DA SUPERFÍCIE DO SOLO

APARELHOS MEDIDORES

A medida da evaporação de solos desprovidos de vegetação pode ser realizada pelos seguintes dispositivos experimentais:

a) lisímetros;
b) superfícies naturais de evaporação;
c) caixas cobertas de vidro.

O lisímetro é constituído por uma caixa estanque, enterrada no solo, aberta na parte superior e contendo o terreno que se quer estudar.

A amostra de solo recebe as precipitações do local que são medidas em um ponto na vizinhança. O solo contido no lisímetro é drenado no fundo do aparelho; a água recolhida é medida.

A evaporação E de solo, durante um certo período, pode ser determinada se são conhecidas a precipitação P, a quantidade de água drenada l e a variação da quantidade de água ΔR acumulada no lisímetro, no mesmo período, pela equação

$$E = P - I + \Delta R,$$

O valor de ΔR, em alguns lisímetros, é avaliado com medidas de umidade do solo a diversas profundidades. Se o período em que se processam as determinações é relativamente grande, o valor de ΔR pode ser desprezado face ao valor de E. As superfícies naturais de evaporação são escolhidas em solos homogêneos na superfície e em profundidade. Nesses terrenos são realizadas medidas da umidade de solo em diversos pontos e profundidades, de onde se deduz a variação da reserva de água subterrânea e, a partir das medidas da precipitação, determina-se a evaporação pela equação do balanço hidrológico.

Para diminuir a influência do escoamento subterrâneo, que é uma causa de erro comum nesse método, constroem-se paredes de concreto, até atingirem a camada impermeável, que circundem a área experimental. As caixas cobertas de vidro são constituídas por uma caixa metálica sem fundo com uma coberta inclinada de vidro. A água evaporada condensa-se na superfície inferior da placa de vidro e escoa por uma pingadeira para o recipiente de medição.

FÓRMULAS EMPÍRICAS

Nos terrenos não-saturados de umidade, as taxas de evaporação variam muito pouco com as características do solo.

Essa característica possibilita o estudo de expressões que permitem avaliar a evaporação de solos desprovidos de vegetação, sem a interferência de lençol de água.

Como exemplo pode-se citar a fórmula de Turc, do Centro Nacional de Pesquisas Agronômicas da França,

$$E = \frac{P + S}{1 + \dfrac{(P + S)^2}{L}},$$

onde

E = evaporação em um período de 10 dias, em milímetros;
P = precipitação no mesmo período, em milímetros;
S = quantidade de água susceptível de ser evaporada em 10 dias em seguida às precipitações

$$L = \frac{1}{16} \left(T + 2 \sqrt{I} \right),$$

T = temperatura média do ar em grau Celsius;
I = radiação solar global em calorias por centímetro quadrado e por dia.

O valor S varia de 10 mm para um solo úmido a 1 mm para um solo seco.

MEDIDA DA TRANSPIRAÇÃO

FITÔMETRO

O método que tem maior aceitação é o que emprega o fitômetro fechado.

Esse aparelho consiste em um recipiente estanque contendo terra para alimentar a planta. A tampa do fitômetro evita a entrada da água da chuva e a evaporação da água existente no solo, só permitindo a perda pela transpiração do vegetal.

Na experiência está prevista a adição de quantidades de água conhecidas.

As perdas por transpiração, para um determinado período de tempo, determinam-se pela diferença entre o peso inicial do conjunto mais o da água adicionada e o peso final.

Esse método, obviamente, só pode ser realizado no caso de plantas de pequeno porte.

evaporação e transpiração

ESTUDO EM BACIAS HIDROGRÁFICAS

A determinação da transpiração mediante estudos da bacia hidrográfica foi realizada em dois estudos da U.S. Forest Service (Southeastern Forest Experiment Station).

Na primavera, uma floresta densa foi completamente derrubada, em uma bacia de 13,27 hectares, deixando-se em seu lugar os troncos caídos e cortando-se os brotos e arbustos (entre 1941 e 1955, somente em 3 anos esse serviço não foi realizado). A precipitação na bacia é de cerca de 1 000 mm por ano. Durante o primeiro ano, após o corte, o rendimento da bacia (deflúvio) aumentou de 430 mm; depois de vários anos, devido ao crescimento de plantas herbáceas, estabilizou-se esse aumento em cerca de 275 mm por ano.

Na segunda experiência foi também feita a derrubada completa da floresta, mas permitiu-se que a vegetação voltasse a desenvolver-se naturalmente. No fim do primeiro ano, o rendimento da bacia foi acrescido de 430 mm e no fim de 15 anos era de 100 mm.

DÉFICIT DE ESCOAMENTO

A avaliação da evapotranspiração de uma bacia hidrográfica, para um longo período de tempo, pode ser feita pelo déficit de escoamento. Na equação

$$P + R = Q + E + (R + \Delta R),$$

onde

$P =$ precipitação média anual sobre a bacia hidrográfica, em milímetros;

$Q =$ o volume de água escoado pela seção S, do curso de água, que recebe contribuição de toda a bacia, convertido em altura média anual de lâmina de água uniformemente distribuída sobre a área planimétrica da bacia, em milímetros;

$E =$ a evapotranspiração no período considerado, em milímetros;

$R =$ a reserva de água subterrânea no início do período;

$R + \Delta R =$ a reserva de água subterrânea no fim do período.

Chama-se déficit de escoamento à diferença $P - Q$.
Constata-se que

$$D = E = P - Q \quad \text{se} \quad \Delta R = O,$$

o que ocorre quando as reservas no início e no fim do período são iguais, ou quando ΔR é muito pequeno face aos valores de P e Q, caso em que o período de observação é muito longo.

Para a determinação do valor de D foram propostas diversas fórmulas empíricas.

66　　　　　　　　　　　　　　　　　　　　　　　　hidrologia básica

Fórmula de Coutagne

$$D = P - \lambda P^2,$$

onde

D = déficit de escoamento médio anual, em metros;
P = precipitação média anual, em metros;
$$\lambda = \frac{1}{0,8 + 0,14\,T};$$
T = temperatura média anual do ar, em graus Celsius.

Esta fórmula é aplicável entre os limites

$$\frac{1}{8\lambda} < P < \frac{1}{2\lambda}.$$

Fórmula de Turc

$$D = \frac{P}{\sqrt{0,9 + \dfrac{P^2}{L^2}}},$$

onde

D = déficit de escoamento médio anual, em milímetros;
P = precipitação média anual, em milímetros;
$L = 300 + 25\,T + 0,05\,T^3$;
T = temperatura média anual do ar, em graus Celsius.

ANÁLISE DOS DADOS – APRESENTAÇÃO DOS RESULTADOS

a) Tratamento estatístico preliminar dos dados recolhidos no campo.
b) Apresentação dos dados sob a forma de tabelas com a indicação dos medidores.
c) Os serviços encarregados de estudo da evaporação publicam mapas com o traçado de curvas de iguais perdas médias por evaporação: perdas diárias, mensais, sazonais e anuais.
d) Estimativa das perdas por evaporação que se esperam em um fixado intervalo de tempo. O problema é resolvido através da análise estatística da distribuição dos dados observados

bibliografia complementar

GARCEZ, L. N. — *Hidrologia*. Curso de Pós-Graduação da Escola Politécnica da Universidade de São Paulo
YASSUDA, E. R. — *Hidrologia*. Faculdade de Higiene e Saúde Pública da Universidade de São Paulo, 1958

CAPÍTULO **6**

águas subterrâneas

N. L. DE SOUSA PINTO

INTRODUÇÃO

As águas que atingem a superfície do solo a partir das precipitações, retidas nas depressões do terreno, ou escoando superficialmente ao longo dos talvegues, podem infiltrar-se por efeito das forças de gravidade e de capilaridade. O seu destino será função das características do subsolo, do relevo do terreno e da ação da vegetação, configurando o que se poderia denominar de fase subterrânea do ciclo hidrológico.

A distribuição das águas subterrâneas, seu deslocamento e eventual ressurgimento na superfície, natural ou artificialmente, envolvem problemas extremamente variados e complexos, nos domínios da geologia e da hidráulica do escoamento em meios porosos, constituindo um amplo campo de estudo especializado. O seu tratamento em um texto básico de Hidrologia, ainda que forçosamente limitado em extensão e profundidade, justifica-se, não só pela importância das águas subterrâneas, cujas reservas são dezenas de vezes superiores ao volume de água doce disponível na superfície, como pela sua estreita inter-relação com as águas superficiais.

Neste capítulo, o par de uma breve exposição sobre a distribuição das águas subterrâneas, procurar-se-á apresentar os princípios básicos do escoamento em meios porosos visando, principalmente, a solução de problemas ligados ao aproveitamento dos recursos hídricos subterrâneos.

DISTRIBUIÇÃO DAS ÁGUAS SUBTERRÂNEAS

A água, ao se infiltrar no solo, está sujeita, principalmente, às forças devidas à atração molecular ou adesão; à tensão superficial ou efeitos de capilaridade; e à atração gravitacional.

Abaixo da superfície, em função das ações dessas forças e da natureza do terreno, a água pode se encontrar na *zona de aeração* ou na *zona saturada*. Na primeira, os interstícios do solo são parcialmente ocupados pela água, enquanto o ar preenche os demais espaços livres, e na segunda, a água ocupa todos os vazios e se encontra sob pressão hidrostática (Fig. 6-1).

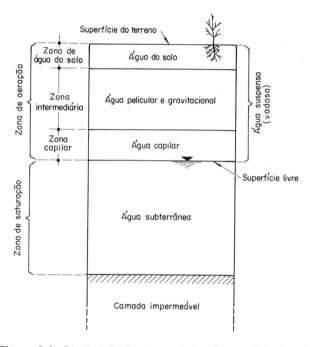

Figura 6-1. Distribuição das águas abaixo da superfície do solo

Na zona de aeração, próximo à superfície, a *água higroscópica*, absorvida do ar, é mantida em torno das partículas sólidas por adesão. A intensidade das forças moleculares não permite o aproveitamento dessa umidade pelas plantas. A *água capilar* existe nos vazios entre os grãos e é movimentada pela ação da tensão superficial, podendo ser aproveitada pela vegetação. A *água gravitacional* é a água que vence as ações moleculares e capilares e percola sob a influência da gravidade.

A máxima profundidade da qual a água pode retornar à superfície por capilaridade ou pelas raízes das plantas, define o limite da zona denominada de *solo*. Ao atingir a superfície, a água se perde na atmosfera por evaporação ou transpiração. A faixa de solo constitui a parte superior da zona de aeração.

De maneira geral, sua espessura é definida pelo comprimento médio das raízes, cujo efeito costuma ser preponderante sobre a profundidade atingida pela evaporação. Alguns valores característicos, aproximados, são apresentados a seguir.

águas subterrâneas 69

	Profundidade da raiz (m)
Árvores coníferas	0,5 a 1,5
Árvores decíduas	1,0 a 2,0 ou mais
Árvores permanentes (folhas largas)	1,0 a 2,0 ou mais
Arbustos permanentes	0,5 a 2 ou mais
Arbustos decíduos	0,5 a 2
Vegetação herbácea alta	0,5 a 1,5 ou mais
Vegetação herbácea baixa	0,2 a 0,5

A quantidade de água no solo é geralmente referida a duas situações características de umidade. A *reserva permanente*, que corresponde à água que não pode ser removida do solo por capilaridade, gravidade ou osmose, e é medida pelo teor de umidade no *ponto de murchamento permanente* (*PMP*), valor em geral constante para diversas plantas e um mesmo solo; e a *capacidade de campo*, que corresponde à umidade retida em um solo previamente saturado após sua drenagem natural por gravidade. Esta última inclui, naturalmente, a reserva permanente e uma certa quantidade de *umidade disponível*, mantida pela ação capilar. A ordem de grandeza dessas variáveis, expressa em mm de água por metro de profundidade de solo, pode ser observada no quadro a seguir.

	Capacidade de campo mm/m	PMP mm/m
Areia	100	25
Areia fina	115	30
Solo argilo-arenoso	160	50
Solo argilo-siltoso	280	115
Argila	325	210

Imediatamente acima da zona de saturação, estende-se a chamada *franja capilar*, cuja espessura é definida pela elevação capilar, função da textura e granulometria do terreno. A ordem de grandeza da elevação capilar pode ser avaliada da fórmula simples, aplicável a um tubo capilar de seção constante e diâmetro (*d*):

$$h_c = \frac{4\sigma \cos \alpha}{\gamma d}, \tag{1}$$

onde:

h_c = altura de ascensão capilar;

σ = coeficiente de tensão superficial;

α = ângulo de contato do menisco com a parede do tubo;

γ = peso específico do líquido.

Para a água, a uma temperatura de 20 °C:

$$h_c \simeq \frac{30}{d} \cos \alpha, \qquad (2)$$

onde (h_c) e (d) são expressos em mm. O ângulo α é nulo para o contato da água pura com o vidro absolutamente limpo e atinge valores de 20°, 40° ou mais nos solos, em função de suas características particulares. De modo geral, a ascensão capilar é da ordem de alguns decímetros nas areias e de alguns metros nos solos argilosos.

Entre a camada de solo e a zona capilar, pode existir uma *região intermediária*, em que a água ou fica retida pelas forças de adesão, *água pelicular*, ou está percolando, *água gravitacional*.

AQÜÍFEROS

A percolação da água varia de intensidade em função do tipo de terreno encontrado em seu caminho. Algumas formações apresentam vazios relativamente importantes e contínuos facilitando o fluxo descendente. Entretanto, se encontrar camadas menos permeáveis, a água será retardada e, eventualmente, preencherá todos os interstícios da região sobrejacente, formando zonas saturadas, que recebem a designação de *lençóis subterrâneos*. Quando um lençol subterrâneo é estabelecido em uma formação suficientemente porosa capaz de admitir uma quantidade considerável de água e permitir seu escoamento em condições favoráveis para utilização, recebe o nome de *aqüífero*. Na Fig. 6-2 são mostradas, de forma esquemática, as condições em que, mais comumente, se apresentam os aqüíferos.

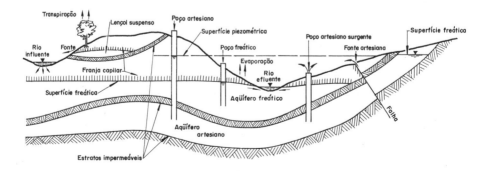

Figura 6-2. Formas de ocorrência da água subterrânea

águas subterrâneas

Quando o lençol subterrâneo apresenta uma superfície livre, recebe a designação de *lençol freático* e a superfície livre, onde reina a pressão atmosférica, é conhecida como superfície freática. Se se constituir entre camadas impermeáveis e for mantido sob pressão, denomina-se *lençol artesiano, confinado* ou *cativo*. Em certas circunstâncias, devido à existência de uma camada menos permeável de dimensões limitadas na zona de aeração, formam-se *lençóis suspensos*, em cota superior ao nível da superfície freática da região.

Os rios podem ser classificados como *influentes* ou *efluentes*, conforme contribuam para o lençol subterrâneo ou sejam por ele alimentados. Em muitas oportunidades, um mesmo curso de água poderá operar de uma ou outra maneira, em função das posições relativas do seu nível e do lençol.

O nível de água em um poço perfurado em um aqüífero freático indicará a posição da superfície freática naquele ponto. Um *poço artesiano* indicará o nível da *superfície piezométrica*, ou seja o nível correspondente à pressão reinante no aqüífero artesiano. A Fig. 2 indica ainda as possibilidades de ocorrência de *poços artesianos surgentes*, de *fontes*, que correspondem aos pontos de interseção do nível do lençol com a superfície do terreno e de *fontes artesianas*.

A quantidade de água acumulada na zona saturada pode ser medida pela porosidade do terreno (n), que exprime a relação entre o volume de vazios e o volume total do solo.

$$n = \frac{Vv}{V}.$$ (3)

A porosidade nas rochas é devida, essencialmente, às fissuras, falhas ou eventuais soluções, estas últimas comuns nas formações calcárias, podendo dar origem a volumes importantes e à formação de verdadeiros rios subterrâneos. Nos materiais sedimentares, a porosidade mede a porcentagem de vazios existentes entre os grãos sólidos.

Ao se retirar, por drenagem ou bombeamento, a água da zona saturada, parte do volume é retido pelas forças moleculares e pela tensão superficial. Este volume é geralmente expresso em porcentagem do volume de solo, sob o nome de *retenção específica* (R_e). Fisicamente, equivale à capacidade de campo, utilizada nos estudos da zona de aeração. A relação entre o volume cedido pelo solo e o seu volume total, em termos de porcentagem, recebe a denominação de *contribuição específica* (C_e). Evidentemente, a porosidade deve obedecer a relação:

$$n = R_e + C_e.$$ (4)

A ordem de grandeza da porosidade e da contribuição específica pode ser avaliada no quadro a seguir.

	n (%)	C_e (%)
Argila	45-55	3
Silte	40-50	3
Areia fina e média (mistura)	30-35	10
Pedregulho	30-40	25
Pedregulho e areia	20-35	20
Arenito	10-20	10
Folhelho	1-10	—
Calcário	1-10	—

Nos problemas que envolvem a exploração dos aqüíferos freáticos, costuma-se fazer referência à *contribuição específica média* ($\overline{C}_e$), que resulta da relação entre a variação do volume acumulado no estrato (ΔVa) e a variação do volume total do aqüífero (ΔV), indicada pela alteração do nível do lençol no tempo considerado:

$$\overline{C}_e = \frac{\Delta Va}{\Delta V}. \tag{5}$$

Os aqüíferos saturados artesianos não sofrem sensíveis alterações de volume em função da retirada ou alimentação de água. Nestes, a pressão hidrostática equilibra parcialmente as tensões devidas ao peso das camadas superiores do terreno. Quando a pressão for reduzida localmente, por bombeamento ou outros meios, a água retirada provirá em parte da compressão do estrato saturado e em parte da expansão do próprio líquido na zona de redução de pressão.

A contribuição do aqüífero é expressa em termos de um *coeficiente de acumulação, S*, definido pelo volume de água fornecido ou admitido, por unidade de área do aqüífero e por unidade de variação da carga hidrostática.

Os aqüíferos formam verdadeiros reservatórios de água subterrânea e raramente se encontram em condições de equilíbrio. As variações de volume podem ser acompanhadas com facilidade pela medida do nível do lençol em poços ou sondagens piezométricas. As condições de regime não-permanente do escoamento, aliadas aos fatores extremamente variáveis da própria constituição do subsolo, tornam o tratamento matemático do movimento das águas subterrâneas bastante difícil. Entretanto, a lentidão com que se processam as alterações de suas condições, permite, em muitos casos a introdução de hipóteses de permanência do regime, facilitando a resolução de muitos problemas de interesse prático.

PRINCÍPIOS BÁSICOS DO ESCOAMENTO EM MEIOS POROSOS

Devem-se ao hidráulico francês Henry Darcy as primeiras observações experimentais sobre o escoamento através de meios porosos.

Examinando as características do fluxo através de filtros de areia, ele concluiu que a vazão era diretamente proporcional à carga hidrostática e inversamente proporcional à espessura da camada. Essa conclusão, conhecida universalmente como lei de Darcy, pode ser expressa por

$$Q = KA\frac{H}{L} = KAJ, \qquad (6)$$

ou

$$V = \frac{Q}{A} = KJ, \qquad (7)$$

onde
Q = vazão;
A = área total da seção do escoamento (incluindo os sólidos);
K = coeficiente de proporcionalidade (permeabilidade);
$H/L = J$ = perda de carga unitária;
V = velocidade média, aparente.

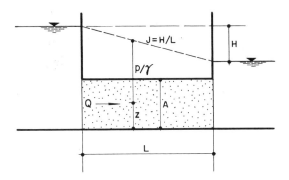

Figura 6-3. Croqui ilustrativo da perda de carga em um meio poroso

Como se observa na própria representação gráfica da Fig. 6-3, nos estudos de filtração, desprezam-se as alturas de velocidade, considerando-se as perdas de carga como equivalentes às variações do potencial piezométrico ($z + p/\gamma$). Na quase totalidade dos casos, o erro introduzido com essa simplificação é completamente desprezível. De fato, nos movimentos através de meios porosos, as velocidades de escoamento são geralmente muito baixas, havendo um predomínio acentuado da viscosidade sobre os efeitos de inércia. O escoamento é em geral laminar.

Por simples analogia com o escoamento em condutos, é fácil compreender que a lei de Darcy deve perder em precisão com o aumento relativo da velocidade do fluxo.

Deve-se, provavelmente, a Lindquist (1933), a primeira investigação sistemática procurando estabelecer essa influência. Inspirando-se na fórmula de Darcy-Weisbach para os encanamentos e observando experimentalmente o fluxo através de leitos de porosidade constante ($n = 0,38$), formados por partículas esféricas homogêneas, foi capaz de exprimir os resultados experimentais pela expressão:

$$J = f \frac{1}{d} \cdot \frac{V^2}{2g}, \qquad (8)$$

onde

J — perda de carga unitária;
d — diâmetro das partículas;
V — velocidade média do escoamento;
g — aceleração da gravidade;
f — coeficiente de resistência, para o qual foi definida experimentalmente a relação

$$f = 40 + \frac{2\,500}{R_e}; \qquad (9)$$

R_e — número de Reynolds, expresso em termos do diâmetro do material,

$$R_e = \frac{Vd}{v}. \qquad (10)$$

Essa conceituação foi confirmada pelos resultados de inúmeros investigadores, conforme se ilustra na Fig. (6-4), onde é nítida a influência do número de Reynolds sobre o coeficiente de resistência, segundo a tendência indicada pela expressão (9). Os resultados experimentais

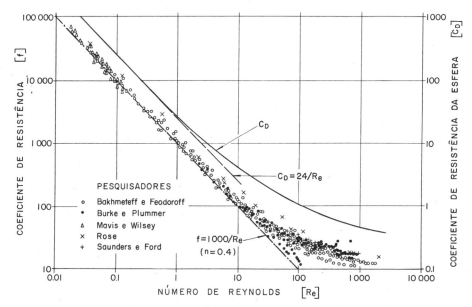

Figura 6-4. Relação entre o coeficiente de resistência e o número de Reynolds

águas subterrâneas 75

desviam-se gradualmente da reta que reflete no gráfico a lei de Darcy, a partir de números de Reynolds pouco superiores à unidade.

Na grande maioria dos problemas práticos relativos à exploração dos aqüíferos, as condições do escoamento se mantêm dentro do campo de validade da lei de Darcy. Entretanto, é útil conhecer alguns resultados de pesquisas orientadas para a definição de fórmulas de alcance mais amplo, principalmente para a melhor compreensão da natureza do coeficiente de permeabilidade K.

Qualquer tentativa de estabelecer uma expressão geral para o escoamento através de meios porosos, depara-se com a dificuldade, praticamente insuperável, da definição da configuração dos interstícios, para a representação correta de sua influência sobre o movimento de filtração. A maioria dos investigadores refere-se ao diâmetro nominal do material granular (d, diâmetro da esfera de mesmo volume); a um coeficiente de forma, que pode ser definido, por exemplo, pela relação entre a superfície da partícula e a superfície da esfera de mesmo volume (ϕ); e à porosidade do material (n).

Característica, é a expressão de Rose;

$$J = f \frac{1}{\phi d} \frac{1}{n^4} \cdot \frac{V^2}{g}, \tag{11}$$

onde

$$f = 1,067 C_D, \tag{12}$$

e C_D é o coeficiente de resistência da esfera imersa em um fluido em movimento (veja a Fig. 6-4), obtido a partir do número de Reynolds

$$R_e = \frac{V\phi d}{v} \cdot \tag{13}$$

Alguns valores representativos de ϕ, são apresentados a seguir

	ϕ
Vidro triturado	0,65
Carvão pulverizado	0,73
Lâminas de mica	0,28
Areia angular	0,73
Areia arredondada	0,82

Para um confronto com a fórmula de Darcy, pode-se utilizar a expressão de Stokes

$$C_D = \frac{24}{R_e}, \tag{14}$$

válida para números de Reynolds inferiores à unidade.

A combinação das expressões (11), (12), (13) e (14) fornece a relação:

$$V = 0,039 \frac{\gamma}{\mu} n^4 \cdot (\phi d)^2 \cdot J, \tag{15}$$

em que

$$\gamma = \rho g - \text{peso específico do fluído};$$
$$\mu = \rho v - \text{viscosidade dinâmica do fluido}.$$

O confronto das expressões (5) e (13) permite exprimir o valor do coeficiente de permeabilidade:

$$K = 0,039 \frac{\gamma}{\mu} n^4 (\phi d)^2. \tag{16}$$

É interessante observar que o coeficiente de permeabilidade, cujas dimensões são as de uma velocidade, depende não só das características do meio poroso, como do fluido em escoamento. Por essa razão, Muskat (1937) sugeriu a definição do coeficiente específico de permeabilidade

$$K_e = \frac{K\mu}{\gamma}, \tag{17}$$

como uma medida intrínseca da permeabilidade, também denominada de permeabilidade física.

Ao se considerar a expressão (16), deve-se atentar não só para as limitações decorrentes da utilização de um reduzido número de parâmetros, para a definição da grandeza e a forma do sistema irregular dos canalículos que, em última instância, definem as condições de resistência ao escoamento, como, igualmente, para as dificuldades de se conhecer, com um grau de precisão suficiente, as características físicas dos jazimentos naturais de materiais sedimentares ou a estrutura e configuração das fissuras responsáveis pela permeabilidade das formações rochosas. O quadro a seguir dá uma idéia da ordem de grandeza da permeabilidade encontrada em algumas formações naturais, destacando-se o grau de amplitude dos valores indicados:

	K^* (m/s)	K_{e**} (darcys)
Cascalho limpo	1 a 10^{-2}	10^5 a 10^3
Areia limpa, mistura de cascalho e areia	10^{-2} a 10^{-5}	10^3 a 1
Areia muito fina; silte; mistura de areia, silte e argila; argila estratificada	10^{-5} a 10^{-9}	1 a 10^{-4}
Argila não-perturbada	10^{-9} a 10^{-10}	10^{-4} a 10^{-5}

*à temperatura de 15 °C
**1 darcy = $0,987 \cdot 10^{-8}$ cm^2

No estudo dos aqüíferos, é comum se utilizar o coeficiente de transmissibilidade

$$T = K \cdot b, \tag{18}$$

águas subterrâneas

definido como o produto de permeabilidade pela espessura (b) da camada saturada.

Convém, finalmente, frisar que o coeficiente de permeabilidade K sofre uma influência sensível da temperatura, principalmente devido à variação da viscosidade, conforme indicam os valores a seguir:

t (°C)	μ– viscosidade dinâmica da água (kg · s · m^{-2})
10	$134 \cdot 10^{-6}$
20	$103 \cdot 10^{-6}$
30	$84 \cdot 10^{-6}$

razão pela qual os resultados de campo são, geralmente, referidos a uma temperatura padrão, por exemplo, 15 °C.

ESCOAMENTO EM REGIME PERMANENTE

Admitida a validade da lei de Darcy e a homogeneidade e isotropia dos meios porosos, é possível equacionar-se com simplicidade diversas situações particulares de escoamentos permanentes representativas dos problemas práticos mais comuns, verificados na exploração dos lençóis subterrâneos.

ESCOAMENTOS BIDIMENSIONAIS

No estudo dos escoamentos bidimensionais, a lei de Darcy pode ser expressa pela equação

$$v_s = -K \frac{dH}{ds}, \tag{19}$$

ou pelo par de equações

$$v_x = -K \frac{\partial H}{\partial x}, \tag{20}$$

$$v_z = -K \frac{\partial H}{\partial z}, \tag{21}$$

onde os índices representam as direções de referência das componentes da velocidade e o sinal negativo indica a ocorrência do fluxo no sentido dos valores decrescentes do potencial $H = z + p/\gamma$.

A natureza permanente do regime é representada pela expressão da continuidade

$$dq = 0, \tag{22}$$

e

$$\frac{\partial v_x}{\partial x} + \frac{\partial v_z}{\partial z} = 0. \tag{23}$$

A combinação das equações (20), (21) e (23) conduz ao Laplaciano nulo do potencial:

$$\frac{\partial^2 H}{\partial x^2} + \frac{\partial^2 H}{\partial z^2} = 0, \qquad (24)$$

que corresponde à condição de irrotacionalidade do movimento.

O escoamento em um aqüífero artesiano horizontal de espessura constante (Fig. 6-5) será definido pelas condições:

$$v_x = -K\frac{dH}{dx};$$
$$v_z = 0;$$
$$\frac{d^2 H}{dx^2} = 0.$$

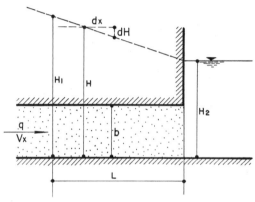

Figura 6-5. Escoamento em um aqüífero artesiano

A vazão por unidade de largura será igual a

$$q = -Kb\frac{dH}{dx}, \qquad (25)$$

e o gradiente de potencial será constante

$$\frac{dH}{dx} = \text{const} = \frac{H_2 - H_1}{L}. \qquad (26)$$

Na consideração de um aqüífero freático, como o ilustrado na Fig. 6-6, entre dois canais de cotas diferentes, admite-se, em geral, as hipóteses simplificadoras sugeridas por Dupuit (1863):

$\frac{dH}{ds} = \frac{dH}{dx}$ (admissível para variações lentas do potencial);

$\frac{dH}{dx} = \frac{dh}{dx}$ (correspondente a linhas de corrente horizontais e equipotenciais verticais).

águas subterrâneas

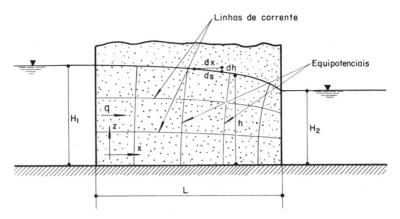

Figura 6-6. Escoamento em um aqüífero freático

As hipóteses de Dupuit são, normalmente, aceitáveis ao longo do escoamento, com exceção da região muito próxima ao ponto de efluxo onde a curvatura dos filetes é mais sensível.

A vazão pode, portanto, ser expressa por

$$q = -Kh\frac{dh}{dx}. \qquad (27)$$

A integração da expressão (27) para o caso particular ilustrado na Fig. 6-6, permite exprimir a vazão em função das condições nos limites:

$$q = K\frac{H_1^2 - H_2^2}{2L}. \qquad (28)$$

A resolução de problemas de escoamento bidimensional mais complexos pode ser efetuada, lançando-se mão do amplo arsenal matemático relativo aos escoamentos com potencial de velocidades, como a representação conforme, o método dos elementos finitos e os processos analógicos, entre outros. O seu tratamento neste texto ultrapassaria de longe os objetivos propostos. Entretanto, cabe, pela sua utilidade e facilidade de emprego, uma breve referência ao método gráfico das redes de corrente.

As redes de corrente são formadas por um sistema de linhas de corrente espaçadas de modo a dividir o escoamento em incrementos iguais de vazão Δq, ao qual se superpõe um sistema de linhas normais, equipotenciais, formando com o primeiro malhas o quanto possível quadradas. Dessa construção, cuja justificativa é encontrada na teoria dos movimentos irrotacionais, resultam constantes os intervalos de variação do potencial entre as linhas equipotenciais.

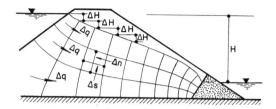

Figura 6-7. Rede de corrente do escoamento através de um dique de terra

Com vistas à Fig. 6-7, onde se ilustra o traçado da rede de corrente do escoamento através de um dique de terra homogêneo, são evidentes as relações:

$$v = \frac{\Delta q}{\Delta n} = \frac{\Delta q}{\Delta s}, \qquad (29)$$

$$v = K \frac{\Delta H}{\Delta s} = K \frac{\Delta H}{\Delta n}. \qquad (30)$$

Além de permitir verificar a distribuição das velocidades e das pressões ao longo do escoamento, as redes de corrente propiciam um meio simples e direto para a avaliação da vazão.

Sendo N_n o número de divisões entre as linhas de corrente ($q = N_n \cdot \Delta q$) e N_s, o número de divisões do potencial ($H = N_s \Delta H$), a vazão total por unidade de largura pode ser expressa simplesmente por:

$$q = N_n \cdot \Delta q = N_n v \Delta S = N_n K \Delta H$$

ou

$$q = \frac{K N_n H}{N_s}. \qquad (31)$$

No caso particular da Fig. 6.7, admitindo-se $K = 10^{-7}$ m/s e $H = 50$ m, obter-se-ia

$$q = \frac{10^{-7} \cdot 3 \cdot 50}{10} = 1,5 \cdot 10^{-6} \text{ m}^3/\text{s} \cdot \text{m}.$$

O traçado das redes de corrente deve respeitar as condições de contorno, definidas pelos planos de potencial constante, pelas superfícies impermeáveis que delimitam o fluxo e pela condição de pressão nula ao longo das superfícies livres, além do conceito das malhas quadradas. A sensibilidade e a prática do engenheiro são imprescindíveis para o êxito na aplicação do método, que exige, normalmente, diversas tentativas para a solução adequada.

Convém, finalmente, frisar que as redes de corrente pressupõem a homogeneidade do meio poroso. Nos depósitos sedimentares naturais,

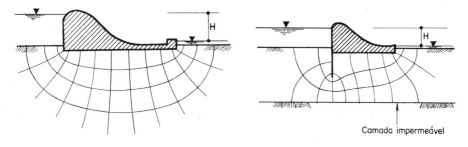

a) Camada permeável de espessura infinita   b) Camada permeável confinada

Figura 6-8. Exemplos de aplicação das redes de corrente

assim como nas obras de aterro compactado, o próprio mecanismo de formação das camadas provoca uma anisotropia, por vezes considerável, do terreno, resultando a permeabilidade segundo a vertical K_z inferior à permeabilidade horizontal K_h. Nesses casos, é ainda possível a aplicação do método, se, previamente, se efetuar uma distorção de escalas, reduzindo-se a escala horizontal na proporção de $\sqrt{K_z/K_h}$.

EXPLORAÇÃO DE POÇOS

Considerando-se um poço perfurado em um aqüífero confinado de espessura constante e extensão indefinida na direção horizontal, do qual se extrai uma vazão Q, em condições de regime permanente (Fig. 6-9), pode-se escrever:

$$Q = K \cdot 2\pi r b \frac{dH}{dr}. \tag{32}$$

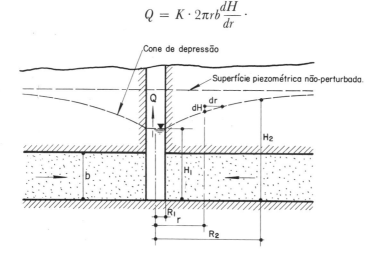

Figura 6-9. Poço em um aqüífero artesiano

Conhecidos o nível de água no poço e o nível da superfície piezométrica correspondente a um raio R_2, a integração da equação (32) fornece:

$$\frac{2\pi bK}{Q} \int_{H_1}^{H_2} dH = \int_{R_1}^{R_2} \frac{dr}{r}.$$

$$\frac{2\pi bK(H_2 - H_1)}{Q} = \ln\left(\frac{R_2}{R_1}\right).$$

$$Q = \frac{2\pi bK(H_2 - H_1)}{\ln\left(\dfrac{R_2}{R_1}\right)}. \tag{33}$$

O problema análogo, em um lençol freático, pode ser resolvido também com facilidade, desde que aceitas as hipóteses simplificadoras de Dupuit, ou seja desprezada a curvatura dos filetes e admitida a igualdade entre a declividade radial da superfície freática e o gradiente hidráulico.

Com vistas à Fig. 6-10, a vazão é expressa por

$$Q = K2\pi rh \frac{dh}{dr}. \tag{34}$$

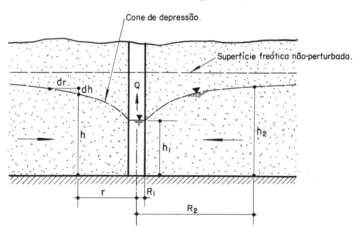

Figura 6-10. Poço em um aqüífero freático

A integração desta expressão entre duas seções conhecidas, fornece:

$$\frac{2\pi K}{Q} \int_{h_1}^{h_2} h\,dh = \int_{R_1}^{R_2} \frac{dr}{r};$$

$$\frac{\pi K(h_2^2 - h_1^2)}{Q} = \ln\frac{R_2}{R_1};$$

águas subterrâneas

$$Q = \frac{\pi K (h_2^2 - h_1^2)}{\ln \dfrac{R_2}{R_1}} \,. \tag{35}$$

As expressões (33) e (35) recebem, freqüentemente, a denominação de fórmulas de Dupuit.

As fórmulas de Dupuit propiciam, teoricamente, um instrumento ideal para a avaliação do coeficiente médio de permeabilidade de um aqüífero, por meio de testes de vazão, em poços explorados em regime permanente:

em aqüíferos artesianos:

$$K = \frac{Q \ln \dfrac{R_2}{R_1}}{2\pi b (H_2 - H_1)} \,; \tag{36}$$

em aqüíferos freáticos:

$$K = \frac{Q \ln \dfrac{R_2}{R_1}}{\pi (h_2^2 - h_1^2)} \,. \tag{37}$$

Para os aqüíferos artesianos, é costume se referir à capacidade específica do poço, definida como a relação entre a vazão e o rebaixamento do lençol no poço. Da fórmula (36) resulta:

$$\frac{Q}{H_2 - H_1} = \frac{2\pi b K}{\ln R_2/R_1} = \frac{2\pi T}{\ln R_2/R_1} \,, \tag{38}$$

em que H_2 corresponderia ao nível da superfície piezométrica não perturbada e R_2 ao raio de um contorno equipotencial equivalente, concêntrico ao poço. Como R_2 é, teoricamente, infinito, é comum se adotar um valor arbitrário, relativamente grande, da ordem de 150 a 300 m.

Nos ensaios de poços, baseados nas fórmulas de Dupuit, exige-se uma série de precauções para a correta avaliação da influência das condições naturais, geralmente, distintas das ideais utilizadas para a dedução das fórmulas. Deve-se levar em conta que os poços nem sempre penetram totalmente no aqüífero; os estratos não são horizontais e variam em espessura e permeabilidade; as superfícies freáticas ou piezométricas não-perturbadas raramente são horizontais; as condições de regime permanente são atingidas assintoticamente.

Por outro lado, o nível medido nos poços não corresponde, em geral, ao nível do lençol, definido pelas equações teóricas. Não só as condições do escoamento nas proximidades do poço podem deixar de obedecer a lei de Darcy, devido à elevação das velocidades, como

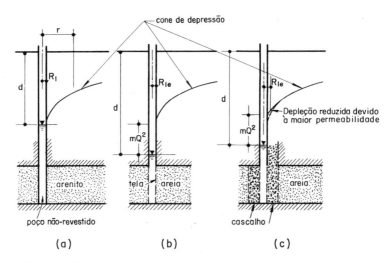

Figura 6-11. Situação do cone de depressão nas vizinhanças do poço

ocorrem perdas de carga relativamente importantes através das telas de revestimento e do próprio tubo de extração da água. A Fig. 6-11 ilustra as diferentes situações do lençol com relação ao nível de água no poço, conforme a influência do revestimento.

Se os cálculos forem efetuados com base no nível de água no interior do poço (ou nível de bombeamento), será necessário considerar, não só que a depleção está acrescida das perdas de carga localizadas (mQ^2), como substituir o raio do poço, R_1, pelo raio equivalente, R_{1e}, medido do eixo do poço até o ponto em que a curva teórica de depressão coincide com a superfície de depressão real.

A depleção observada no poço sendo igual a

$$d = H_2 - H_1 = \frac{Q}{2\pi T}\ln\frac{R_2}{R_{1e}} + mQ^2, \qquad (39)$$

a capacidade específica poderia ser expressa pela fórmula aproximada de Jacob:

$$\frac{Q}{d} \simeq \frac{1}{\frac{1}{2\pi T}\ln\frac{R_2}{R_{1e}} + mQ}. \qquad (40)$$

Os inconvenientes devidos às alterações do escoamento nas proximidades do poço seriam evitados se os níveis do lençol fossem referidos a dois poços de observação, situados a distâncias conhecidas, R_1 e R_2, do ponto de bombeamento.

As fórmulas de Dupuit, ao definirem a forma dos chamados cones de depressão, propiciam, ainda, um instrumento útil para a análise

águas subterrâneas

dos problemas de interferência de poços em operação em um mesmo aqüífero, bem como para a estimativa da influência de certas condições particulares de contorno.

Quando diversos poços operam em um mesmo aqüífero, a depleção da superfície freática (ou da superfície piezométrica) em qualquer ponto pode ser calculada pela soma das depleções que seriam causadas pelos poços, individualmente. Essa conceituação serve de base a diversas fórmulas práticas, encontradas na literatura especializada, abrangendo situações diversas de distribuição e número de poços e diferentes condições de vazão.

Duas expressões simples, entretanto, podem ser obtidas diretamente das equações de Dupuit.

Para um poço operando em um aqüífero artesiano a depleção vale:

$$H_2 - H_1 = \frac{Q}{2\pi bK} \ln R_2/R_1 \, , \tag{41}$$

com base nos princípios da superposição, obtém-se

$$H_0 - H = \sum_{i=1}^{n} \frac{Q_i}{2\pi bk} \ln \frac{R_{0i}}{R_i} \, , \tag{42}$$

onde

H_0 — nível da superfície piezométrica não-perturbada;

H — nível da superfície piezométrica no ponto em que se calcula a depleção;

Q_i — vazão bombeada do poço i;

R_{0i} — distância do poço i à região de depleção imperceptível (150 a 300 m);

R_i — distância do poço i ao ponto considerado.

Para os aqüíferos não-confinados, poderia ser escrita uma fórmula semelhante:

$$h_0^2 - h^2 \simeq \sum_{i=1}^{n} \frac{Q_i}{\pi K} \ln \frac{R_{0i}}{R_i} \, . \tag{43}$$

É evidente que a validade da expressão (43) é limitada pela hipótese $h_0^2 - h^2 = \Sigma(h_0^2 - h_i^2)$, aceitável quando os valores das depleções forem pequenos com relação à espessura do aqüífero.

Em todos os estudos do escoamento permanente, não se consideraram as fronteiras dos aqüíferos. Quando os poços estão situados relativamente longe de acidentes singulares que definem os contornos do lençol subterrâneo, como um rio, um lago ou uma barreira vertical impermeável, a hipótese da extensão horizontal indefinida não repercute desfavoravelmente nos resultados. Em certas oportunidades, porém, a área de influência do poço torna-se tão deformada, que a admissão de uma alimentação regularmente distribuída introduz sérios erros.

Nesses casos, pode-se lançar mão do método das imagens, que consiste em substituir, para fins de cálculo, o acidente por poços imaginários que produzam os mesmos efeitos. As Figs. 6-12 e 6-13 ilustram a aplicação do método para dois casos característicos. No primeiro, a influência de uma barreira impermeável é representada pela ação de um poço fictício de vazão igual à do poço considerado, situado simetricamente em relação ao plano impermeável.

A superfície freática resultante da interação dos dois poços é idêntica à provocada pela limitação física do aqüífero.

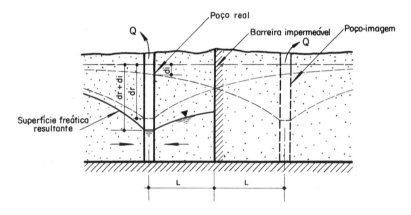

Figura 6-12. Representação do efeito de uma barreira impermeável por um poço fictício

Na Fig. 6-13, o efeito de um rio é simulado por um poço-imagem invertido, isto é um poço alimentador, de vazão igual à do poço investigado. A figura é auto-explicativa e sugere a potencialidade do método das imagens, para a solução das mais variadas condições de contorno.

POÇOS EM REGIME NÃO-PERMANENTE

No tratamento matemático dos movimentos permanentes, consideraram-se a água como um fluido incompressível e a estrutura do aqüífero como indeformável. Essas condições permitiram a dedução da fórmula (24), que para um aqüífero confinado horizontal ilimitado, de espessura e permeabilidade constantes, expressa em coordenadas polares, equivale a:

$$\frac{\partial^2 H}{\partial r^2} + \frac{1}{r}\frac{\partial H}{\partial r} = 0. \tag{44}$$

águas subterrâneas

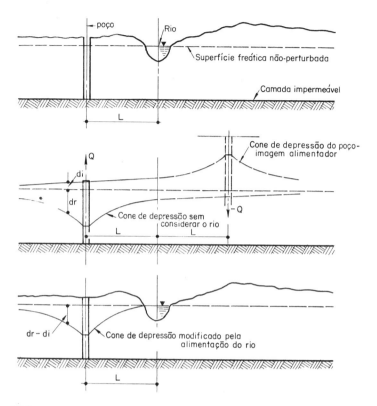

Figura 6-13. Representação de um poço alimentado por um rio. Aplicação do método das imagens

Na realidade, ao se iniciar a exploração de um aqüífero artesiano, uma parcela importante da alimentação do poço provém da descompressão da água na zona de redução de pressão e da compactação do estrato saturado. Essa ação atinge gradualmente as regiões mais afastadas do local de bombeamento na medida em que se prolonga no tempo o processo de extração da água. Em um aqüífero de extensão infinita, as condições de equilíbrio não poderão ser atingidas em um tempo finito, ainda que a intensidade do rebaixamento do lençol nas proximidades do poço tenda a zero, assintoticamente.

Para as condições de escoamento não-permanente, em um aqüífero compressível, a equação (44) tomaria a forma:

$$\frac{\partial^2 H}{\partial r^2} + \frac{1}{r}\frac{\partial H}{\partial r} = \frac{S}{T}\frac{\partial H}{\partial t}, \qquad (45)$$

onde S, é o coeficiente de acumulação e T a transmissibilidade do aqüífero. A integração da expressão (45) foi realizada por Jacob (1940),

88 hidrologia básica

confirmando os resultados anteriormente obtidos por Theis (1935), que estudara o fenômeno por analogia com problemas de transferência de calor. O resultado da integração, que exprime o rebaixamento da superfície piezométrica (d) em um poço de observação, situado a uma distância (r) do ponto de bombeamento, em função do tempo, é conhecido como a fórmula de Theis, e pode ser expresso por:

$$d = H_0 - H = \frac{Q}{4\pi T} \int_u^\infty \frac{e^{-u}du}{u},$$
(46)

onde

h_0 — nível da superfície piezométrica não-perturbada;

H — nível da superfície piezométrica no poço de observação, em um tempo (t) a partir do início do bombeamento;

u — limite inferior de integração, definido pela expressão

$$u = \frac{r^2 S}{4Tt}.$$
(47)

A função

$$W(u) = \int_u^\infty \frac{e^{-u}du}{u},$$
(48)

é denominada de *função de poço*, podendo ser avaliada pelo desenvolvimento em uma série convergente:

$$W(u) = -0,5772 - \ln u + u - \frac{u^2}{2 \times 2!} + \frac{u^3}{3 \times 3!} - \cdots$$
(49)

com base na qual foram calculados os valores do Quadro 6-1.

Quadro 6-1. Valores da função W(u)

u	1,0	2,0	3,0	4,0	5,0	6,0	7,0	8,0	9,0
$\times 1$	0,219	0,049	0,013	0,0038	0,0011	0,00036	0,00012	0,000038	0,000012
$\times 10^{-1}$	1,82	1,22	0,91	0,70	0,56	0,45	0,37	0,31	0,26
$\times 10^{-2}$	4,04	3,35	2,96	2,68	2,47	2,30	2,15	2,03	1,92
$\times 10^{-3}$	6,33	5,64	5,23	4,95	4,73	4,54	4,39	4,26	4,14
$\times 10^{-4}$	8,63	7,94	7,53	7,25	7,02	6,84	6,69	6,55	6,44
$\times 10^{-5}$	10,94	10,24	9,84	9,55	9,33	9,14	8,99	8,86	8,74
$\times 10^{-6}$	13,24	12,55	12,14	11,85	11,63	11,45	11,29	11,16	11,04
$\times 10^{-7}$	15,54	14,85	14,44	14,15	13,93	13,75	13,60	13,46	13,34
$\times 10^{-8}$	17,84	17,15	16,74	16,46	16,23	16,05	15,90	15,76	15,65
$\times 10^{-9}$	20,15	19,45	19,05	18,76	18,54	18,35	18,20	18,07	17,95
$\times 10^{-10}$	22,45	21,76	21,35	21,06	20,84	20,66	20,50	20,37	20,25
$\times 10^{-11}$	24,75	24,06	23,65	23,36	23,14	22,96	22,81	22,67	22,55
$\times 10^{-12}$	27,05	26,36	25,96	25,67	25,44	25,26	25,11	24,97	24,86
$\times 10^{-13}$	29,36	28,66	28,26	27,97	27,75	27,56	27,41	27,28	27,16
$\times 10^{-14}$	31,66	30,97	30,56	30,27	30,05	29,87	29,71	29,58	29,46
$\times 10^{-15}$	33,96	33,27	32,86	32,58	32,35	32,17	32,02	31,88	31,76

águas subterrâneas

Para um tempo suficientemente longo, a redução correspondente do valor de (u) permite desprezar os termos superiores da série e escrever:

$$W(u) \simeq -0{,}5772 - \ln u, \qquad (50)$$

que, substituída em (46) fornece:

$$d = \frac{Q}{4\pi T}\left(-0{,}5772 - \ln \frac{r^2 S}{4 T t}\right)$$

ou, ainda,

$$d = \frac{2{,}3 Q}{4\pi T}\log \frac{2{,}25 T t}{r^2 S}. \qquad (51)$$

A observação da fórmula (51) permite concluir que a derivada da depleção em relação ao logarítmo do tempo é constante e função da vazão de bombeamento e da transmissibilidade do aqüífero:

$$\frac{d(d)}{d(\log t)} = \frac{2{,}3\,Q}{4\pi T}. \qquad (52)$$

Esta característica fornece um meio prático para a determinação da transmissibilidade do aqüífero em testes de campo, onde se mantenha constante a vazão de bombeamento e se observe a evolução do nível piezométrico, em um poço de observação, em função do tempo.

Com vistas à Fig. 6-14, onde as depleções observadas são grafadas contra o tempo, medido em escala logarítmica, é evidente a relação:

$$\Delta d = \frac{\partial (d)}{\partial (\log t)},$$

se Δd for definido como a variação da depleção para um ciclo da escala logarítmica.

A transmissibilidade resulta da expressão (52):

$$T = \frac{2{,}3\,Q}{4\pi\Delta d}. \qquad (53)$$

Conhecido o valor de T, calcula-se o coeficiente de acumulação pela fórmula (51), fazendo $t = t_0$ para uma depleção nula (Fig. 6-14), donde resulta:

$$S = \frac{2{,}25\; T t_0}{r^2}. \qquad (54)$$

As fórmulas (53) e (54) são devidas a Jacob e constituem uma ferramenta muito útil para a determinação das características dos aqüíferos. Quando o tempo de duração do bombeamento é insuficiente para a definição da assíntota logarítmica, deve-se fazer uso da expressão geral (46). Para esta condição, Theis desenvolveu um método gráfico, baseado na proporcionalidade entre $W(u)$ e (d) e entre (u) e (r^2/t), que

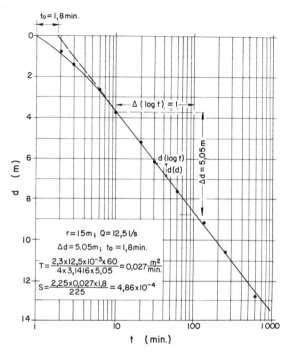

Figura 6-14. Resultados de um teste de campo

consiste em comparar a curva $W(u)$ *versus* u, traçada em um papel bilogarítmico, com a curva experimental (d) em função de (r^2/t), desenhada na mesma escala. Obtida a coincidência das curvas, extraem-se os valores de $W(u)$, u, d e r^2/t, de um ponto qualquer, comum aos dois gráficos, calculando-se T e S pelas fórmulas:

$$T = \frac{QW(u)}{4\pi d} \tag{55}$$

e

$$S = \frac{4Tu}{r^2/t}. \tag{56}$$

É conveniente notar que todas as relações acima exigem coerência nas unidades empregadas para a definição das diversas variáveis, conforme ilustra o exemplo numérico que acompanha a Fig. 6-14.

Os métodos de Theis e Jacob aplicam-se, a rigor, a aqüíferos artesianos. A sua utilização no caso de poços freáticos poderá fornecer valores aceitáveis se os rebaixamentos de nível forem pequenos relativamente à espessura do lençol. Convém, finalmente, frisar que as limitações impostas pelas diferenças das condições naturais com respeito às hipóteses simplificadoras utilizadas no desenvolvimento das diversas

águas subterrâneas

expressões, deverão ser objeto de atenção em cada caso particular de aplicação prática. O sucesso no emprego das fórmulas matemáticas será sempre condicionado ao grau de conhecimento das condições geológicas e à correta avaliação de seus efeitos.

bibliografia complementar

EAGLESON, PETER S. — *Dynamic Hydrology*, McGraw-Hill Book Co. Inc., 1970
TODD, DAVID K. — *Hidrologia de águas subterrâneas*, Editora Edgard Blücher Ltda., S. Paulo, 1959
RICH, LINVIL, G. — *Unit Operation of Sanitary Engineering*, John Wiley and Sons, Inc., 1961
VIESSMAN, WARREN Jr., TERENCE E. HARBAUGH, JOHN W. KNAPP — *Introduction to Hydrology*, Intext Educational Publishers, Nova York, 1972
WILSON, E. M. — *Engineering Hydrology*, The MacMillan Press Ltd., 1974
ROUSE, HUNTER, *Fluid Mechanics for Hydraulic Engineers*, McGraw-Hill Book Co. Inc., 1938
TAYLOR, DONALD W. — *Princípios Fundamentales de Mecânica de Suelos*, Co. Ed. Continental S.A., México, 1961
JACOB, C. E. — *Flow of Ground Water*, em Engineering Hydraulics, Ed. H. Rouse, John Wiley and Sons, Inc., 1950

CAPÍTULO **7**

o hidrograma unitário

N. L. DE SOUSA PINTO

O método do hidrograma unitário, apresentado por Le Roy K. Sherman em 1932 e aperfeiçoado mais tarde por Bernard e outros, baseia-se primariamente em determinadas propriedades do hidrograma de escoamento superficial.

O fluviograma de uma onda de cheia é formado pela superposição de dois tipos distintos de afluxo, provenientes um do escoamento superficial e outro da contribuição do lençol subterrâneo (Fig. 7-1). (Para as finalidades desse estudo, consideram-se englobadas no escoamento superficial a contribuição do escoamento subsuperficial e a vazão proveniente da precipitação sobre o próprio canal do rio.)

Esses dois componentes possuem propriedades sensivelmente diversas, notando-se que, enquanto as águas superficiais, pela sua maior velocidade de escoamento, preponderam na formação das enchentes, a contribuição subterrânea pouco se altera, e isso muito lentamente em conseqüência de grandes precipitações.

Essa distinção de comportamento torna conveniente o estudo em separado do fluviograma de escoamento superficial, que, por suas características próprias, melhor define o fenômeno das cheias.

A análise desses fluviogramas, levada a efeito sobre grande número de registros, referentes a diversas cheias em diferentes cursos de água, permitiu a Sherman observar uma certa regularidade na sucessão das vazões de enchente e traduzir, através de leis gerais, essencialmente empíricas, os princípios básicos que regem as variações do escoamento superficial, resultante de determinada precipitação pluvial.

Com vistas à Fig. 7-1, podem ser enunciadas como segue estas proposições básicas, em número de três, que se referem a chuvas de distribuição uniforme e intensidade constante sobre a bacia.

1) Em uma dada bacia hidrográfica, o tempo de duração do escoamento superficial é constante para chuvas de igual duração.
2) Duas chuvas de igual duração, produzindo volumes diferentes de escoamento superficial, dão lugar a fluviogramas em que as orde-

o hidrograma unitário

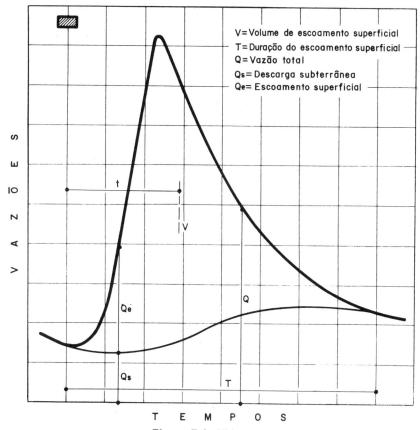

Figura 7-1. Hidrograma

nadas, em tempos correspondentes, são proporcionais aos volumes totais escoados.

3) A distribuição, no tempo, do escoamento superficial de determinada precipitação independe de precipitações anteriores.

A necessidade de se efetuarem estudos para diferentes situações de precipitação tornou ainda conveniente a definição do hidrograma unitário como o hidrograma resultante de um escoamento superficial de volume unitário. Como um corolário desses princípios enunciados, pode-se concluir que o hidrograma unitário é uma constante da bacia hidrográfica, refletindo suas características de escoamento na seção considerada. Para comodidade de cálculo, o volume é medido em altura de água sobre a bacia e pode ser fixado em 1 cm*; representa, pois, o escoamento superficial fictício de uma precipitação uniforme de 1 cm de altura, com um coeficiente de escoamento igual à unidade.

*A unidade adotada por autores americanos é 1 polegada

As leis estabelecidas anteriormente, já comprovadas em um grande número de casos reais e obedecidas pela grande maioria dos rios, permitem a obtenção do fluviograma resultante de determinadas condições de precipitação sobre a bacia, desde que sejam disponíveis registros de anteriores variações de vazão do mesmo rio e das precipitações que as provocaram. As diversas aplicações do método de Sherman podem ser melhor acompanhadas na própria resolução de um problema concreto, onde as particularidades do estudo aparecem com um significado mais real. Ainda que se trate de um exemplo específico, os diversos aspectos do problema serão analisados de forma ampla, mostrando os critérios e opções nas diversas fases da aplicação do método.

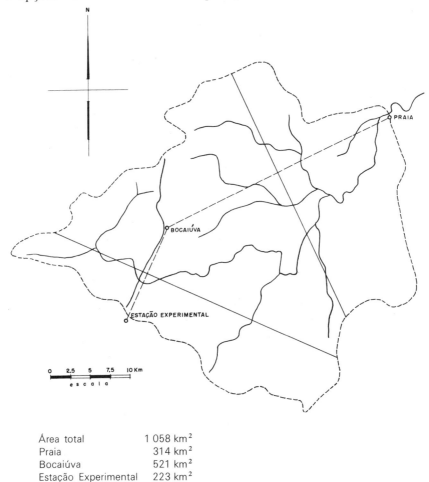

Área total   1 058 km²
Praia   314 km²
Bocaiúva   521 km²
Estação Experimental   223 km²

Figura 7-2. Bacia do rio Capivari

o hidrograma unitário

O rio Capivari, objeto deste estudo, drena até a seção localizada em Praia Grande, uma bacia hidrográfica de 1058 km² e teve seu regime observado, de 1931 a 1970, em um posto pluvio-fluviométrico, instalado pela Divisão de Águas do Ministério das Minas e Energia. Conforme é de praxe, a régua linimétrica era lida duas vezes ao dia, às 7 h e às 17 h. A média das leituras diárias era adotada para a determinação, através da curva da calibragem, da vazão média diária constante dos registros normais.

Permitindo o conhecimento das precipitações sobre a bacia, existem instalados pluviômetros em Praia Grande*, Bocaiúva e Estação Experimental do Trigo (Fig. 7-2), dos quais foi possível obter os totais de chuva diários, respectivamente para os períodos 1939-1956, 1953-1956 e 1950-1955.

A posição dos pluviômetros em relação à bacia não é ideal. Por outro lado, a densidade de 1 pluviômetro por 350 km² pode ser considerada bastante boa e superior às condições normalmente encontradas no Brasil. De um exame dos dados hidrométricos existentes, foram selecionados períodos abrangendo grandes precipitações, de preferência isoladas, com distribuição, o quanto possível, uniforme sobre a bacia.

Apresentaram condições mais favoráveis à análise os eventos relacionados a seguir:

As datas referem-se ao dia de coleta da água dos pluviômetros, o que se faz pela manhã, às 7 h, na estação de Praia Grande e Bocaiúva, e às 9 h na Estação Experimental do Trigo.

Quadro 7-1. Outubro de 1952

Local	Dia	Precipitação, mm
Praia Grande	14	21,5
Estação Experimental	12	4,1
	13	41,8

Quadro 7-2. Maio de 1953

Local	Dia	Precipitação, mm	
Praia Grande	25	0,5	
	26	35,6	
	27	7,2	
Bocaiúva	26	75	(período das 5 h às 17 h do dia 25)
Estação Experimental	25	14,6	
	26	51,0	

*Deixou de operar em 1970

96 hidrologia básica

Quadro 7-3. Janeiro-fevereiro de 1954

Local	Dia	Precipitação, mm	
	31	7,2	
	1	51,8	
Praia Grande	6	21,3	
	7	46,8	
	8	1,5	
	1	31,2	(período das 21 h às 24 h do dia 31)
Bocaiúva	7	47,0	(período das 15 h às 24 h do dia 6)
	8	37,2	(período das 9 h às 11 h do dia 7)
	31	5,1	
	1	15,6	
Estação Experimental	6	11,0	
	7	33,8	
	8	25,4	

Para a construção dos hidrogramas correspondentes aos períodos de chuva estudados, poderiam ser obtidas as vazões médias diárias regularmente registradas. Face, entretanto, à ordem de grandeza da bacia hidrográfica do rio Capivari, as vazões médias permitiriam apenas uma aproximação grosseira, podendo ficar mascarada a verdadeira forma dos fluviogramas.

Foram, assim, solicitadas à Divisão de Águas as leituras individuais da régua linimétrica, o que permitiu o conhecimento das vazões às 7 h e 17 h de cada dia e, com isso, a elaboração aproximada dos fluviogramas com os valores instantâneos de vazão (Fig. 7-3).

Conforme se deprende do segundo princípio anteriormente enunciado, os estudos comparativos entre diversos fluviogramas só poderão ser efetuados quando os mesmos derivem de precipitações de igual tempo de duração. Esse tempo, que é escolhido e conservado constante durante os estudos para a obtenção do hidrograma unitário, é denominado *período unitário* e sua escolha, função principalmente da ordem de grandeza da bacia hidrográfica, condiciona a maior ou menor precisão a ser esperada da análise.

Segundo as proposições fundamentais do método enunciadas para chuvas de intensidade constante, o período unitário deve ser o menor possível, de maneira que as variações de intensidade, que se apresentam normalmente no decorrer das precipitações, não provoquem efeitos sensíveis sobre o fluviograma, efeitos esses tanto maiores quanto menor a área da bacia drenada. Em bacias hidrográficas de grande extensão, a retenção natural das águas pluviais suaviza as conseqüências daquela variação, tornando desprezível sua influência sobre os hidrogramas.

A situação mais comum, em estudos hidrológicos no Brasil, da existência de registros de totais diários de precipitação, independen-

o hidrograma unitário

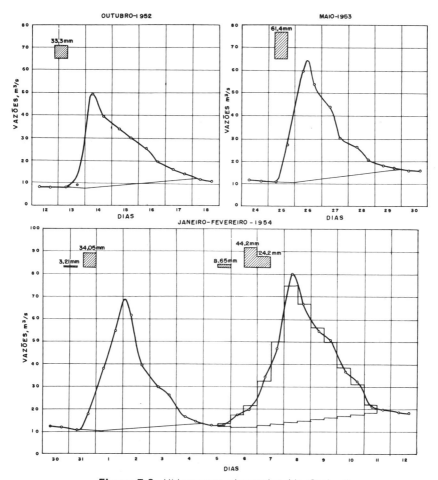

Figura 7-3. Hidrogramas observados (rio Capivari)

temente do tempo de duração real, condiciona um período unitário mínimo de 24 h, reduzindo, logicamente, o campo de aplicação do método.

Seguindo-se a indicação de Johnstone e Cross, o método de Sherman fica limitado a bacias hidrográficas com área superior a 2 500 km^2, quando existe conhecimento apenas de dados diários de precipitação e vazão.

Para cursos de água de menor vulto, devem ser adotados períodos unitários de 12 h, 6 h, ou ainda menores, reduzidos gradativamente em função da área de drenagem, o que é possível unicamente quando da existência de registros hidrométricos para os períodos de tempo correspondentes.

98 hidrologia básica

Os critérios para a escolha conveniente do período unitário devem ser calcados em resultados existentes das já numerosas aplicações do método de Sherman, que permitem a fixação de limites mais ou menos definidos em função da área da bacia hidrográfica.

Transcrevem-se no quadro a seguir, como indicação, os valores recomendados por Sherman.

Área da bacia hidrográfica, km^2	Período unitário, h
Superior a 2 600	12 a 24
260 a 2 600	6, 8 ou 12
50	2

Para áreas menores, o período unitário deve ser da ordem de 1/3 e 1/4 do tempo de concentração da bacia.

Já segundo Linsley-Kohler-Paulhus, o período unitário deve ser fixado em um valor ao redor da quarta parte do tempo de retardamento da bacia*, ou seja do intervalo de tempo medido, nas abscissas do hidrograma em estudo, entre os centros de massa do volume precipitado e do escoamento resultante, t (Fig. 7-1).

Na presente análise, o registro de Bocaiúva, com a indicação do horário das chuvas, permitiu o conhecimento aproximado da duração das precipitações e a conseqüente seleção de um período unitário de 12 h, o que vem a estar conforme com os critérios anteriormente expostos.

Conhecidos os elementos flúvio-pluviométricos e fixado o período unitário, inicia-se a análise dos fluviogramas selecionados, visando a obtenção do hidrograma unitário. Conforme os registros refiram-se a precipitações isoladas ou a um período de sucessivas precipitações, o hidrograma unitário será obtido segundo distintas marchas de cálculo.

HIDROGRAMA UNITÁRIO A PARTIR DE PRECIPITAÇÕES ISOLADAS

O processo de obtenção do hidrograma unitário, no caso de fluviogramas isolados, consiste em uma simples aplicação dos princípios gerais anteriormente citados, podendo suas diversas etapas ser ordenadas como segue.

1) Cálculo do volume de água precipitado sobre a bacia.
2) Separação do escoamento superficial.
3) Cálculo do volume escoado superficialmente.
4) Cálculo da precipitação efetiva.
5) Redução do hidrograma de escoamento superficial ao volume unitário.

*Denominado *basin lag,* na literatura inglesa

o hidrograma unitário

99

CÁLCULO DO VOLUME DE ÁGUA PRECIPITADO SOBRE A BACIA

A altura média de precipitação pode ser facilmente obtida pela média ponderada das alturas registradas nos diversos pluviômetros, sendo as respectivas áreas de influência consideradas conforme o critério de Thiessen. Esse foi o processo utilizado no presente estudo, já que a disposição dos pluviômetros não sugeria a simples adoção da média aritmética das alturas, bem como não permitia o traçado conveniente de um mapa de isoietas.

Observando-se a precipitação ocorrida em 25 de maio de 1953, que aparece analisada com mais detalhe neste trabalho, verifica-se, através do registro do Posto de Bocaiúva, ter o fenômeno se prolongado das 5 h às 17 h, com uma altura total de 75 mm nesse pluviômetro. Sendo assim, essa precipitação foi registrada nos dias 25 e 26, nos postos de Praia Grande e Estação Experimental, uma vez que a leitura dos pluviômetros é executada diariamente pela manhã. As alturas consideradas para o cálculo foram, portanto, respectivamente, 36,1 mm e 65,6 mm, conforme aparece no Quadro 7-4.

A precipitação registrada no pluviômetro de Praia Grande, no dia 27, por seu pequeno valor e pela própria situação do posto, no limite de bacia hidrográfica, foi considerada de influência reduzida e desprezada para efeito de cálculo.

A média, segundo o critério de Thiessen, resultou, assim, em 61,47 mm, o que corresponde a um volume precipitado sobre a bacia de $65\,035\,260\ \mathrm{m}^3$.

SEPARAÇÃO DO ESCOAMENTO SUPERFICIAL

Como foi observado no início, o método de Sherman baseia-se em leis referentes a hidrogramas de escoamento superficial; há, pois, necessidade, quando na análise de um caso real, de se estudar convenientemente a distinção entre esse hidrograma e o resultante da alimentação subterrânea.

Quando não mais se faz sentir o efeito do escoamento superficial provocado por determinada precipitação, a vazão de um rio é mantida pela contribuição exclusiva do lençol freático, tendo seu valor gradualmente diminuído, segundo uma lei típica que traduz as características de escoamento através do subsolo, próprias de cada região.

A existência de um certo número de registros fluviométricos torna possível, pela seleção de diversos períodos de seca, encontrar essa lei para diferentes estágios do regime do rio. Apontando em hidrogramas os resultados observados, pode-se obter, por uma justaposição conveniente, uma curva contínua representativa da variação da descarga proveniente do lençol subterrâneo e que leva o nome de curva normal de depleção.

Na análise de um fluviograma isolado, deve-se supor a vazão do rio, anterior ao período de precipitação, devida exclusivamente à água subterrânea, obedecendo, portanto, a essa curva normal.

Ao se iniciar a onda de cheia, os primeiros acréscimos sensíveis de vazão são devidos exclusivamente ao escoamento superficial, já que este sofre quase que de imediato os efeitos da precipitação e atinge rapidamente o talvegue do rio.

Por outro lado, o escoamento subterrâneo, pela própria natureza do fenômeno da filtração, tarda em receber a influência da água precipitada e é regido, nos primeiros instantes, pela própria curva de depleção. Somente após um certo intervalo de tempo, pela continuidade do processo de infiltração e conseqüente elevação do nível do lençol freático, sofre a descarga subterrânea uma intensificação, que apresenta naturalmente um desenvolvimento menos acentuado que aquele do escoamento superficial. Cessado o efeito da precipitação, novo período de depleção tem lugar, voltando a contribuição subterrânea a obedecer a sua lei normal de variação. Este raciocínio permite estabelecer aproximadamente a separação entre os dois componentes do hidrograma, segundo a curva $ABCD$ (Fig. 7-4), com uma concordância em BD, entre os dois ramos da curva normal de depleção.

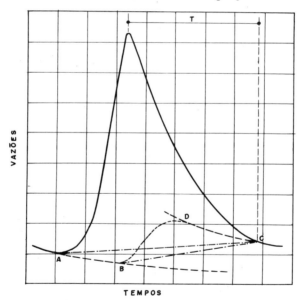

Figura 7-4. Separação da contribuição subterrânea

Entretanto a dificuldade existente em se conseguirem resultados precisos nessa estimativa da descarga subterrânea e a pequena parcela que a mesma representa normalmente perante as altas vazões de en-

o hidrograma unitário

chente permitem a adoção de processos mais rápidos e simples para utilização nas aplicações práticas. Podem-se observar na Fig. 7-4 dois métodos de separação do escoamento superficial, de uso corrente, a reta AC e a linha ABC. Nesses dois casos, a determinação do ponto C, ou seja, do momento em que cessa o escoamento superficial, é a questão que pode causar dúvidas e deve ser, portanto, melhor estudada.

Sendo possível lançar mão da curva normal de depleção, o ponto C tem sua situação bem definida por uma simples comparação entre essa curva e o trecho final do hidrograma focalizado.

Na ausência de dados que possibilitem um estudo dessa natureza, ou mesmo para controle dos valores observados, é útil a orientação de Linsley-Kohler-Paulhus, indicando, em relação à crista do hidrograma, a posição desse ponto como função da área da bacia hidrográfica.

Área da bacia, km²	T (Fig. 7-4), dias
260	2
1 300	3
5 200	4
13 000	5
26 000	6

Entretanto, sempre que perdure alguma dúvida quanto ao tempo exato do escoamento superficial, é interessante ter presente que a escolha de valores inferiores proporcionará resultados com maior grau de segurança. A extensão da base do fluviograma de escoamento superficial tem influência direta nas ordenadas do hidrograma unitário resultante, e um aumento da mesma provoca uma redução nas vazões de ponta desse último.

Ainda, para a divisão segundo a linha ABC, o ponto B na curva normal de depleção, pode ser localizado aproximadamente sob a crista do fluviograma ou, segundo indicação da Creager-Justin-Hinds, cerca de 12 h a 18 h após o início da onda de cheia. Nos diversos exemplos estudados neste trabalho, foi considerada a variação da descarga subterrânea segundo esse último critério (Fig. 7-3).

CÁLCULO DO VOLUME ESCOADO SUPERFICIALMENTE

Isolado o hidrograma de escoamento superficial, tem-se apenas de planimetrar a área compreendida pelo mesmo, para a obtenção do volume correspondente.

Outro processo, que resulta bastante cômodo e permite, no mais das vezes, a obtenção de valores suficientemente precisos, consiste em considerar as vazões instantâneas como médias dos períodos unitários correspondentes. O simples produto do tempo de um intervalo unitário pela soma das diversas ordenadas de vazão fornecerá assim o volume procurado.

Quadro 7-4. Maio de 1953

(1) Dia-Hora	(2) Q —	(3) Q_s —	(4) Q_e $(2) - (3)$	(5) Q_u $(4) \times 1{,}379$	Cálculos

Dia	Hora	Q	Q_s	Q_e	Q_u
1	0	11,1	11,1	0	0
	6	17,2	11,0	6,2	8,5
	12	28,0	10,0	17,2	23,7
	18	42,0	10,6	31,4	43,3
2	0	57,0	11,0	46,0	63,4
	6	64,5	11,3	53,2	73,3
	12	53,0	11,6	41,4	57,0
	18	48,6	12,0	36,6	50,4
3	0	44,4	12,4	32,0	44,0
	6	35,5	12,7	22,8	31,3
	12	29,9	13,0	16,9	23,2
	18	27,8	13,4	14,4	19,8
4	0	26,2	13,8	12,4	17,0
	6	23,2	14,1	9,1	12,4
	12	20,5	14,4	6,1	8,3
	18	19,2	14,8	4,4	6,0
5	0	18,3	15,2	3,1	4,2
	6	17,5	15,5	2,0	2,7
	12	16,8	15,8	1,0	1,3
	18	16,2	16,2	0	0

Cálculos

Precipitações

Estações	Estação Experimental	Bocaiúva	Praia	Média
Alturas, mm	65,6	75,0	36,1	61,47

Volume precipitado — $V_p = 0{,}06147 \times 1\,058 \cdot 10^6$

$\qquad\qquad\qquad V_p = 65\,035\,260 \text{ m}^3$

Volume escoado — $V_e = 7\,690\,000 \text{ m}^3$

Precipitação efetiva — $P_e = 7{,}27 \text{ mm}$

Coeficiente de escoamento $C = 0{,}118 \quad \dfrac{1}{C} = 8{,}475$

$Q_u = Q_e \times 8{,}475 \times \dfrac{1}{6{,}147} = Q_e \times 1{,}379$

Q = vazões observadas
Q_s = descarga subterrânea
Q_e = escoamento superficial
Q_u = hidrograma unitário

As vazões são expressas em m^3/s e representam valores instantâneos

Os dois itens seguintes, ou seja, o cálculo da precipitação efetiva e a redução do hidrograma de escoamento superficial ao volume unitário, são resolvidos de maneira puramente mecânica e as diversas operações podem ser acompanhadas no Quadro 7-4, onde é reproduzido o cálculo elaborado para o hidrograma verificado em maio de 1953, de maneira auto-explicativa.

Os resultados obtidos a partir dos três eventos isolados são ilustrados na Fig. 7-5. O hidrograma unitário finalmente adotado (Fig. 7-7) levou ainda em consideração a análise efetuada sobre o fluviograma registrado entre 6 e 12 de fevereiro de 1954, que será apresentado mais adiante.

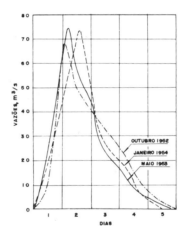

Figura 7-5. Hidrogramas unitários baseados em precipitações isoladas

HIDROGRAMA UNITÁRIO A PARTIR DE FLUVIOGRAMAS COMPLEXOS

Quando se conta com um período reduzido de observações, pode não ser viável a seleção de chuvas isoladas e hidrogramas simples para a análise, devendo o estudo ser executado sobre fluviogramas complexos resultantes de uma série de precipitações sucessivas.

Recordando-se o terceiro princípio fundamental do método de Sherman, verifica-se que é possível interpretar um fluviograma complexo como resultante da superposição de fluviogramas isolados correspondentes aos respectivos períodos de precipitação, observando-se ainda admitirem todos eles um mesmo hidrograma unitário. É essa a hipótese básica de uma série de processos para a análise de fluviogramas compostos, um dos quais é aplicado a seguir para o estudo da onda de cheia verificada em fevereiro de 1954 (Fig. -3).

104 hidrologia básica

O método adotado vem a ser uma resolução por aproximações sucessivas, pela qual se chega ao hidrograma unitário através uma série de tentativas, racionalmente organizadas, que permitem uma rápida convergência para os resultados finais.

Um hidrograma unitário, escolhido *a priori*, é aplicado às diversas precipitações pluviais verificadas, com exceção da maior. Subtraindo-se o fluviograma resultante do hidrograma total em estudo, obtêm-se as vazões, que se presumem originadas por efeito da precipitação omitida. Reduzindo-se esses valores a um volume unitário, obtém-se um hidrograma unitário, que é tanto mais semelhante ao inicialmente adotado quanto mais corretos são os valores arbitrados.

Em uma primeira operação, os resultados apresentarão, naturalmente, um contraste bastante sensível, frente aos adotados previamente, mas servirão de base à nova tentativa, orientando as correções necessárias. A repetição do processo por mais dois ou três ciclos permitirá encontrar, na grande maioria dos casos, o hidrograma unitário com a desejada aproximação.

As diversas etapas do processo podem ser enumeradas como segue, obedecendo-se à ordem em que são efetuadas as operações.

1) Cálculo do volume precipitado sobre a bacia.
2) Transformação do fluviograma de vazões instantâneas em um histograma, onde se tomam como constantes as descargas médias em cada período.
3) Separação da vazão subterrânea e cálculo do volume escoado superficialmente.
4) Cálculo do coeficiente médio de escoamento.
5) Adoção de coeficientes de escoamento para cada período de precipitação.
6) Adoção de um hidrograma unitário, também sob a forma de histograma.
7) Aplicação do hidrograma unitário às precipitações verificadas, com exceção da maior.
8) Subtração do fluviograma resultante do fluviograma total estudado.
9) Redução dessa subtração em termos de hidrograma unitário.

Os quatro primeiros itens conservam certa analogia com os cálculos anteriormente executados para fluviogramas isolados, não apresentando qualquer dificuldade. As diversas operações podem ser observadas no Quadro 7-5.

Convém notar que a colocação do hidrograma de escoamento superficial sob o aspecto de histograma tem como única finalidade tornar mais cômodo o cálculo, podendo ser dispensada a critério do calculista.

Conhecida a porcentagem do volume total de precipitação transformada em escoamento superficial, faz-se mister encontrar os valores

o hidrograma unitário

Quadro 7-5. Fevereiro de 1954

Dia-Hora		Q	Q_s	Q_e	Cálculos				
					Precipitações				
1	0-12	14,0	13,0	1,0					
	12-24	18,0	12,5	5,5	Estações	Estação Experimental	Bocaiúva	Praia	Média
2	0-12	22,0	12,5	9,5	Altura, mm	11,0	0	21,3	8,64
	12-24	33,0	13,2	19,8		33,8	47,0	46,8	44,16
						25,4	37,2	1,5	24,12
								Total	76,92
3	0-12	50,0	13,8	36,2	Volumes precipitados				
	12-24	75,0	14,5	60,5	$V_{p_1} = 9\,141\,120\ \text{m}^3$				
4	0-12	67,0	15,2	51,8	$V_{p_2} = 46\,721\,280\ \text{m}^3$ $V_{p_3} = 25\,518\,960\ \text{m}^3$				
	12-24	56,5	15,9	40,6	Volume total $V_p = 81\,381\,360\ \text{m}^3$ Volume escoado $V_e = 12\,850\,000\ \text{m}^3$				
5	0-12	50,0	16,5	33,5	Precipitação efetiva $P_e = 12,15\ \text{mm}$				
	12-24	39,0	17,2	21,8	$C_{med} = 0,158$				
6	0-12	31,5	17,9	13,6	Q = Vazões observadas				
	12-24	22,5	18,5	4,0	Q_s = Descarga subterrânea Q_e = Escoamento superficial				
7	0-12	19,7	19,2	0,5	As vazões são expressas em m³/s e representam valores médios de 12 horas				

correspondentes aos diversos períodos de precipitação. Essa determinação não pode ser executada com rigor e será estimada em função das condições particulares em que se verificarem as precipitações e das características próprias da bacia hidrográfica.

No estudo em foco, tendo sido levado em consideração o provável estado de umidade do solo devido a precipitações anteriores, foram adotados os seguintes valores, que resultaram aceitáveis, para os três períodos de chuva estudados:

$$C_1 = 0,150,$$
$$C_2 = 0,158,$$
$$C_3 = 0,162.$$

Deve-se notar, neste ponto, que o cálculo da precipitação efetiva a partir dos índices de infiltração ou com base na capacidade de infiltração do solo é preferível à pura aplicação de coeficientes de escoamento, que carecem de um significado físico mais palpável. Entretanto é evidente que o emprego desses últimos, desde que efetuado judiciosamente, conduz a resultados igualmente satisfatórios.

As operações relativas aos cinco itens restantes podem ser organizadas sob forma tabular, como é apresentado no Quadro 7-6, onde se encontram registrados os cálculos correspondentes à 1.ª tentativa para a determinação do hidrograma unitário, bem como um resumo dos demais resultados encontrados.

106

hidrologia básica

Quadro 7-6
1.ª Tentativa

(1)	(2)									(3)	(4)	(5)
	Hidrograma unitário adotado											
Q_e	7,6	29,6	50,3	51,2	34,3	30,6	22,5	13,0	5,8	Q	Q_e-Q	Q_u
1,0	1,0									1,0	0	—
5,5		3,8								3,8	1,7	—
9,5			6,5							6,5	3,0	4,3
19,8	3,0			6,6						9,6	10,2	14,6
36,2		11,6			4,4					16,0	20,2	28,9
60,5			19,6			4,0				23,6	36,9	52,9
51,8				20,0			2,9			22,9	28,9	41,4
40,6					13,4			1,7		15,1	25,5	36,5
33,5						12,0			0,8	12,8	20,7	29,7
21,8							8,8			8,8	13,0	18,6
13,6								5,1		5,1	8,5	12,2
4,0									2,3	2,3	1,7	2,4
0,5										0,5		

2.ª Tentativa

Valores adotados	5,9	22,3	39,7	52,6	37,8	33,6	26,4	15,7	9,0	1,9
Valores encontrados	6,1	15,4	32,4	58,3	39,9	34,3	27,0	16,2	10,8	0,8

3.ª Tentativa

Valores adotados	6,1	15,9	37,2	59,0	39,0	33,8	27,0	15,9	9,8	1,2
Valores encontrados	6,6	14,0	35,8	59,8	36,0	33,4	27,2	15,9	10,5	0,2
Valores finais adotados	6,4	15,4	37,0	59,8	37,2	34,3	27,2	15,9	10,5	1,2

Com vistas ao Quadro 7-6, observa-se na coluna 1 a disposição das vazões de escoamento superficial, anteriormente obtidas no Quadro 6-5. A seguir, na coluna (2), sob as ordenadas fixadas para o hidrograma unitário, encontram-se os valores resultantes da aplicação deste às duas chuvas, respectivamente de 8,64 mm e 24,12 mm, considerados os coeficientes de escoamento correspondentes de 0,150 e 0,162.

A coluna (3) resulta do somatório das vazões médias de cada intervalo de tempo, representando, pois, o hidrograma proveniente da superposição dos efeitos das duas precipitações consideradas. As ordenadas desse fluviograma, subtraídas dos respectivos valores do escoamento superficial, da coluna (1), fornecem na coluna (4) as vazões atribuídas à chuva de 44,16 mm, que fora omitida no cálculo.

Na coluna (5), encontram-se, finalmente, registradas as ordenadas resultantes da aplicação do fator

$$\frac{1}{4,416 \times 0,158},$$

aos valores da coluna (4), obtendo-se assim um hidrograma unitário que corresponderá à precipitação de 44,16 mm.

Um confronto entre o hidrograma unitário preliminarmente fixado a este assim obtido permitiu orientar a escolha de novos valores para a segunda tentativa, que, através de processo análogo, forneceu os elementos para uma terceira e última operação, da qual resultou um hidrograma unitário considerado suficientemente preciso para o estudo, visto o grau de aproximação alcançado, principalmente nas vazões de ponta.

Foram assim adotados, após ligeira adaptação, os valores representados no hidrograma da Fig. 7-6. A fim de permitir um confronto com os hidrogramas unitários obtidos de precipitações isoladas, foi revertido à forma de fluviograma de vazões instantâneas, como aparece na mesma figura. O cuidado nessa transformação consistiu em manter o volume unitário do hidrograma, o que se conseguiu mesmo graficamente. De posse dos diversos resultados, procedeu-se finalmente a um confronto geral, tratando-se de interpolar um hidrograma médio, eleito o mais representativo das condições de escoamento da bacia.

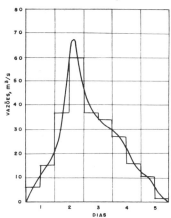

Figura 7-6. Hidrograma unitário baseado em pluviogramas complexos

Essa escolha do hidrograma unitário final não deve consistir em um simples cálculo das médias dos valores encontrados para cada instante; deve ser obtida graficamente, a sentimento, de modo a traduzir o hidrograma aparentemente mais provável e representativo face aos resultados existentes.

Outro processo consistiria em deslocar os diversos hidrogramas de maneira a fazê-los coincidir com o instante da vazão máxima, sendo então determinada sua ponta média e interpolados os dois ramos do hidrograma unitário.

Executada a análise do caso presente, encontrou-se o hidrograma unitário representado na Fig. 7-7, cujas ordenadas figuram no Quadro 7-7.

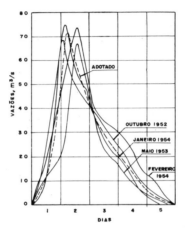

Figura 7-7. Obtenção de hidrograma unitário

Quadro 7-7

Dia	1				2			
Hora	0	6	12	18	0	6	12	18
Q_u (m³/s)	0	5,5	13,0	27,5	49,0	71,5	62,0	51,0

Dia	3				4			
Hora	0	6	12	18	0	6	12	18
Q_u (m³/s)	42,5	35,0	30,0	25,0	21,5	18,0	14,0	10,0

Dia	5				
Hora	0	6	12	18	24
Q_u (m³/s)	6,0	4,0	2,0	0,5	0

GRÁFICO DE DISTRIBUIÇÃO

O gráfico de distribuição consiste em um hidrograma desenhado na forma de um histograma em que as vazões médias dos intervalos são expressas em porcentagem do volume total do escoamento superficial.

Traçado o hidrograma sob a forma de histograma, basta transformar suas ordenadas em porcentagem do volume total escoado para obter o gráfico de distribuição. Essa representação, devida à Bernard (1935), pode ser utilizada com finalidade análoga à do hidrograma unitário. Entretanto, como a apresentação baseia-se em valores médios dos sucessivos intervalos, a precisão dos resultados é normalmente inferior.

Para o traçado do gráfico de distribuição, pode-se fazer uso das curvas de massa, que permitem uma rápida e simples obtenção dos valores médios de diversos fluviogramas (Fig. 7-8).

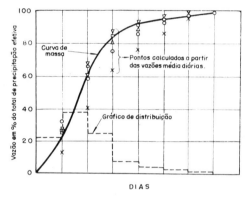

Figura 7-8. Obtenção do gráfico de distribuição com auxílio das curvas de massa

HIDROGRAMAS UNITÁRIOS SINTÉTICOS

Como foi visto anteriormente, o hidrograma unitário é uma constante da bacia hidrográfica, refletindo as suas propriedades com relação ao escoamento superficial.

As diversas características físicas da área drenada devem, em maior ou menor grau, influenciar as condições do escoamento e contribuir para a forma final do hidrograma unitário. Esse fato, aliado à freqüente necessidade de estabelecer relações hidrológicas em rios desprovidos de estações hidrométricas, sugeriu o estudo da síntese de hidrogramas, independentemente da existência de dados hidrológicos, e o desenvolvimento de métodos para a obtenção do chamado *hidrograma unitário sintético*.

Diversas são as características físicas das bacias hidrográficas, que, aparentemente, devem ter influência sobre o fluviograma resultante de uma dada precipitação; tais características acham-se relacionadas a seguir.

110 hidrologia básica

Área. É sem dúvida um fator importantíssimo. O volume escoado é diretamente proporcional à superfície drenada pela própria definição do hidrograma unitário.

Declividade. Podem-se considerar a declividade do canal principal do rio, a declividade média dos afluentes e, ainda, a declividade geral do terreno. De maneira geral, quanto maior a declividade, maior a velocidade de escoamento e relativamente mais altos os picos do hidrograma.

Dimensões e rugosidade do canal. Quanto mais largos os rios, maior o volume acumulado e, conseqüentemente, maior o efeito moderador sobre a onda de cheia. Canais de menor resistência devem conduzir a cheias mais rápidas e altas.

Densidade da rede de drenagem. Maior densidade parece sugerir um escoamento mais rápido; entretanto, este efeito poderia ser contrabalançado pelo aumento do volume represado temporariamente nos canais.

Forma. Uma bacia sensivelmente alongada condicionaria um hidrograma menos pronunciado do que outra em forma de leque, em que a drenagem poderia se dar mais rapidamente.

O recobrimento vegetal, o tipo de solo, a capacidade de acumulação temporária do volume escoado, são outros tantos fatores que podem influenciar de certo modo as características do escoamento superficial, condicionando a forma do hidrograma resultante.

A partir dos estudos de Sherman (1932) e Bernard (1934), numerosos investigadores enfrentaram o problema da obtenção de hidrogramas sintéticos. De maneira geral, os diversos estudos obedecem a uma sistemática mais ou menos análoga que pode ser definida como segue.

1) Seleção das características básicas da bacia hidrográfica a serem consideradas e definição quantitativa das mesmas.
2) Seleção de diversas bacias em que se podem definir aquelas características, abrangendo uma certa gama de variação.
3) Pesquisa de correlações entre as características físicas e a configuração das ondas de cheia observadas nas diversas bacias.
4) Seleção e representação gráfica ou matemática das correlações mais significativas, permitindo sua utilização para a predição do hidrograma unitário em bacias que não dispõem de medidas de vazão.

O número de métodos existentes é muito grande para que se possa incluir a sua totalidade em um livro desta natureza. Podem ser citados os estudos de Bernard, McCarthy, Snyder, Clark, Taylor e Schwarz, Commons, U.S. Soil Conservation Service, Mitchell, Getty e

o hidrograma unitário

McHughs, Dooge, Warnock, mesmo sem incluir a totalidade dos processos propostos nas últimas décadas.

Neste capítulo serão vistos o método de Snyder, um dos mais conhecidos, que bem ilustra a natureza e as características desse tipo de estudo; o de Commons, cuja simplicidade o torna bastante útil, mesmo considerando-se que depende do conhecimento prévio da vazão de ponta; e, finalmente, o de Getty e McHughs, dos mais recentes, o qual pode se constituir em uma complementação conveniente ao método de Commons.

MÉTODO DE SNYDER

Os estudos de Snyder datam de 1938 e baseiam-se em observações de rios na região montanhosa dos Apalaches, nos E.U.A. Para definir o hidrograma unitário, estabeleceu equações que fornecem o tempo de retardamento, a vazão de pico e a duração total do escoamento, ou seja, a base do hidrograma.

O tempo de retardamento (t_p), é definido como o tempo entre o centro de massa da precipitação efetiva e o pico do hidrograma (Fig. 7-9). É distinto, portanto, da noção apresentada no estudo do hidrograma unitário, em que se considerava o centro de massa do hidrograma em vez do ponto de máxima vazão.

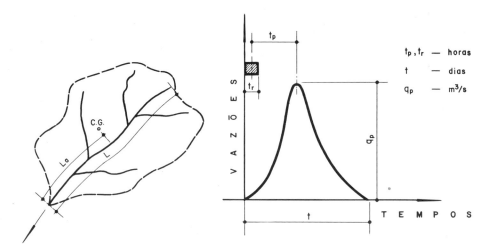

Figura 7-9. Método de Snyder. Representação gráfica das variáveis

Snyder obteve a seguinte expressão:

$$t_p = \frac{C_t}{1,33}(L \cdot L_a)^{0,3} \qquad (1)$$

112 hidrologia básica

onde

L = comprimento da bacia em km, medido ao longo do curso principal do rio, desde o ponto considerado até o divisor;

L_a = distância do centro de gravidade da bacia em km, medido ao longo do curso principal, desde a seção considerada até a projeção do centro de gravidade sobre o rio;

C_t = coeficiente numérico, variável entre 1,8 e 2,2. É interessante notar que Linsley, em estudo análogo para bacias da vertente oeste da Serra Nevada, na Califórnia, obteve valores entre 0,7 e 1,0;

t_p = tempo de retardamento da bacia, em horas.

O hidrograma sintético de Snyder considera que o tempo de duração da precipitação que o provoca (t_r) é igual a

$$t_r = \frac{t_p}{5,5}.$$ (2)

A vazão máxima (Q_p) é dada pela expressão

$$Q_p = \frac{2,76 C_p A *}{t_p},$$ (3)

sendo A a área da bacia em km^2 e C_p um coeficiente **numérico** variável entre 0,56 e 0,69. Para a Califórnia, Linsley constatou valores entre 0,35 e 0,50.

Quando se consideram precipitações de duração (t_R) superior ao tempo (t_r) dado na equação (2), o valor de t_p da equação (3) deve ser substituído por t'_p.

$$t'_p = t_p + \frac{t_R - t_r}{4}.$$ (4)

A expressão (4) é empírica e não foi completamente justificada pelo autor em seu trabalho. A base do hidrograma (t) é dada pela expressão

$$t = 3 + 3\left(\frac{t_p}{24}\right),$$ (5)

em que t é expresso em dias e t_p em horas. A fórmula (5) carece, igualmente, de maiores justificativas e deve ser encarada com reservas.

Pela combinação das equações (2) e (4) e levando-se em conta a definição de t_r, pode-se obter o tempo desde o início da precipitação até o momento da máxima vazão (t_P).

$$t_P = \frac{21 t_p}{22} + 0,75 t_r.$$ (6)

*A equação (3) foi transformada para o sistema métrico e a unidade do volume foi considerada 1 cm em vez de 1 pol

Obtidos os valores t_p, Q_p e t, o hidrograma unitário pode ser desenhado a sentimento, com o cuidado de se manter igual à unidade (1 cm) o volume sob a curva.

MÉTODO DE COMMONS

O método de Commons, ou do hidrograma básico, consiste simplesmente em um hidrograma adimensional, obtido por aquele autor, com base em observações de inúmeras cheias no Texas, que pretende dar uma aproximação satisfatória para hidrogramas de cheias em bacias de qualquer superfície (Fig. 7-10).

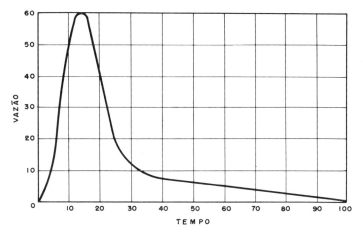

Figura 7-10. Hidrograma básico de Commons

A base do hidrograma é dividida em 100 unidades e sua maior altura em 60 unidades. A área sob a curva é de 1 196,5 unidades ao quadrado.

O hidrograma básico exige o conhecimento da vazão de ponta ou da escala dos tempos, fornecendo essencialmente a distribuição do volume do escoamento superficial ao longo do tempo. Apesar da simplicidade do método, Commons constatou ótimos resultados para bacias com áreas de drenagem variando de 920 a 525 000 km^2.

É fácil verificar que, se a máxima vazão for conhecida, a unidade da vazão será dada por

$$Q_u = \frac{Q_p}{60}.$$

Dividindo-se o volume total escoado (no caso, 1 cm sobre a área da bacia, 0,01 × A, expresso em m^3) por 1 196,5, obtém-se a unidade ao quadrado, que, dividida por Q_u, fornece o valor da unidade de tempo t_u.

De forma análoga, conhecendo-se t_p ou t e o volume total, pode-se obter Q_u e, portanto,

$$Q_p = Q_u \times 60.$$

Observa-se que não existe qualquer referência à precipitação que dá origem ao hidrograma. Pressupõe-se, com base nos conhecimentos advindos do estudo do hidrograma unitário, que a duração da precipitação a ser considerada não deve ultrapassar $t_p/4$; de maneira geral, pode ser admitida como entre 1/6 e 1/3 de t_p.

MÉTODO DE GETTY E McHUGHS

Baseado em observações de 42 estações hidrométricas em terrenos ondulados do Arkansas e Missouri, E.U.A., em bacias hidrográficas de 1,6 a 5 260 km², esse método relaciona a máxima vazão, expressa em termos de descarga específica (m³/s · km²), aos comprimentos L e L_a, já definidos para o método de Snyder, à área da bacia e, ainda, à declividade do rio principal (S). Para cada área, a vazão é expressa em função do parâmetro $\dfrac{L \cdot L_a}{\sqrt{S}}$.

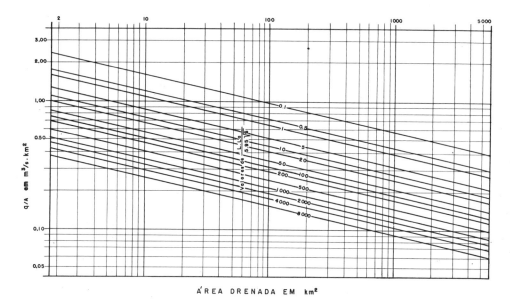

Figura 7-11. Descarga máxima do hidrograma unitário em função das características da bacia, segundo Getty e McHughs

o hidrograma unitário

Os resultados são apresentados de forma gráfica na Fig. 7-11, onde

q_p = vazão de ponta em $m^3/s \cdot km^2$;
L, L_a = em km (ver Fig. 7-9);
S = declividade efetiva da bacia em m/km;
A = área da bacia em km^2.

A declividade efetiva é definida com base no trabalho de Taylor e Schwartz, sendo calculada a partir da expressão

$$S = \left[\frac{n}{\sum \frac{1}{\sqrt{S_i}}} \right]^2 \times 1\,000,$$

onde S é a declividade efetiva em m/km; n, o número de incrementos iguais do curso de água mais longo; e S_i, a declividade de cada incremento de canal em m/m.

OBSERVAÇÕES

Os métodos vistos, como, em geral, quaisquer hidrogramas unitários sintéticos, são em princípio aplicáveis apenas às bacias hidrográficas para as quais foram estabelecidos. Somente para elas pode-se ter um conhecimento seguro do grau de precisão alcançado.

É de se esperar que sua aplicação a bacias de características diversas resulte em erros de difícil previsão. Um estudo comparativo realizado por Morgan e Johnson dos métodos de Snyder, Commons, Mitchell e do Soil Conservation Service relevou variações da máxima vazão entre 198% e 69% com relação aos picos realmente observados para doze bacias hidrográficas selecionadas. Não se constatou, entretanto, qualquer regularidade quanto a um sistemático excesso ou deficiência dos resultados encontrados por qualquer dos métodos, verificando-se maior variação de resultados para bacias de menor superfície.

Um fator importante na definição da forma do hidrograma é o tempo entre o início da precipitação e a ponta de vazão. No estudo referido, os resultados baseados em tempos de retardamento definidos a partir de dados hidrométricos existentes apresentavam muito melhor concordância com os valores medidos.

A aplicação dos diversos métodos de obtenção de hidrogramas sintéticos sempre deve ser feita com grande precaução. A utilização de poucos dados porventura existentes sobre o rio em estudo é um recurso da maior utilidade, podendo permitir um controle eficiente dos resultados obtidos.

APLICAÇÃO DO HIDROGRAMA UNITÁRIO

O hidrograma unitário é um instrumento poderoso para a síntese de hidrogramas, seja na complementação de falhas de registro, seja para o cálculo de enchentes de caráter excepcional.

Para ilustrar sua aplicação e permitir salientar as possibilidades e limitações do método, apresenta-se, em seguida, uma aplicação do hidrograma unitário do rio Capivari às condições pluviais verificadas em outubro e novembro de 1958, das quais resultou a maior descarga observada naquele rio, no período de 1931 a 1970.

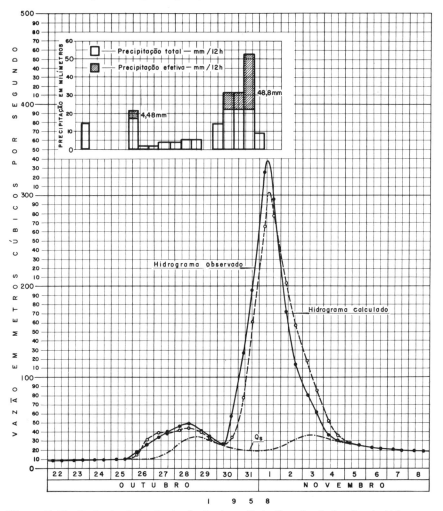

Figura 7-12. Onda de cheia do rio Capivari em Praia Grande. Aplicação do hidrograma unitário

o hidrograma unitário

117

As precipitações sobre a bacia, a intervalos de 12 h, computadas segundo o critério de Thiessen, e o hidrograma da enchente resultante são mostrados na Fig. 7-12.

A primeira providência para a aplicação do método é a determinação da precipitação efetiva sobre a bacia.

No exemplo apresentado, o volume total escoado superficialmente é obtido com facilidade do hidrograma da cheia, adotando-se um critério conveniente para a separação da contribuição subterrânea. O Quadro 7-8 resume as operações efetuadas com essa finalidade. Dividiu-se em dois o período, encontrando-se as alturas efetivas de precipitação de 4,48 mm e 48,79 mm, respectivamente, correspondentes a 9,8 % e 34,8 % dos volumes totais precipitados.

Quadro 7-8. Separação do escoamento superficial. Cálculo da precipitação efetiva

Dias, hora		$Q(\text{m}^3/\text{s})$	Q_s	Q_e	
24	7	9,7	9,7	0	$109,6 \times 12 \times 3\,600 = 4\,734\,720 \text{ m}^3$
	19	9,7	9,7	0	
25	7	9,7	9,7	0	$A = 1\,058 \text{ km}^2$
	19	10,0	10,0	0	
26	7	17,9	10,0	7,9	$h_e = \dfrac{4\,734\,720}{1\,058 \cdot 10^6}$
	19	27,0	10,0	17,0	
27	7	33,0	12,0	21,0	$h_e = 4,48 \text{ mm}$
	19	41,0	18,0	23,0	$h = 45,75 \text{ mm}$
28	7	44,3	28,0	16,3	$c = 0,098$
	19	49,0	34,5	14,5	
29	7	39,9	34,0	5,9	
	19	33,0	30,0	3,0	
30	7	27,0	26,0	1,0	109,6
	19	66,0	22,0	44,0	$1\,194,9 \times 12 \times 3\,600 =$
31	7	126,1	20,0	106,1	$= 51\,619\,680 \text{ m}^3$
	19	216,0	18,5	197,5	
1	7	325,5	20,0	305,5	$h_e = \dfrac{51\,619\,680}{1\,058 \cdot 10^6}$
	19	274,0	22,0	252,0	
2	7	172,1	26,0	146,1	$h_e = 48,79 \text{ mm}$
	19	105,0	32,0	73,0	$h = 104,09$
3	7	79,5	35,0	44,5	$c = 0,348$
	19	56,0	35,0	21,0	
4	7	35,7	31,5	4,2	
	19	30,0	29,0	1,0	119,49
5	7	26,5	26,5	0	
	19	24,5	24,5	0	
6	7	22,5	22,5	0	
	19	21,0	21,0	0	

Para definir a distribuição da precipitação efetiva no tempo, adotou-se o conceito de índice de infiltração, que corresponde à intensidade de chuva acima da qual o volume de precipitação iguala-se ao volume escoado superficialmente. Segundo essa linha de raciocínio, somente os quatro intervalos de 12 h de maior precipitação teriam produzido escoamento superficial, admitindo-se, em conseqüência, que nos demais intervalos a intensidade de precipitação tivesse sido inferior à capacidade de infiltração do solo.

O critério adotado é forçosamente uma simplificação, pois a capacidade de infiltração diminui ao longo do período da chuva, tendendo para um valor mínimo limite, e as perdas são devidas ainda à intercepção e à retenção nas depressões do terreno. A adoção de um índice constante deve-se tanto à carência de dados mais completos sobre a capacidade de infiltração na região em estudo, como ao fato de esse critério ser comumente adotado no estudo de cheias excepcionais, servindo assim, como referência às considerações desenvolvidas no capítulo seguinte desta obra.

Parece evidente, ainda, que a utilização do conceito de intensidade de infiltração, nesse caso, é superior ao do coeficiente de escoamento superficial, a ser aplicado indistintamente às diversas alturas de precipitação ao longo de todo o período de chuvas, pois, durante os intervalos de baixa intensidade de precipitação, o escoamento superficial é praticamente nulo. Convém observar que esses conceitos pressupõem uma intensidade constante de precipitação sobre toda a bacia hidrográfica, em cada intervalo de tempo (12 h). Variações locais de intensidade podem ser responsáveis por escoamentos superficiais de parte da área drenada, falseando essa interpretação.

Definida a precipitação efetiva, o hidrograma do escoamento superficial é obtido pelo simples produto das ordenadas do hidrograma unitário pelas respectivas alturas de precipitação, em cada intervalo unitário, e pela soma das ordenadas dos hidrogramas resultantes, convenientemente decalados no tempo de acordo com a distribuição temporal das chuvas.

Adicionando-se, em seguida, a vazão devida à contribuição subterrânea, obtém-se o hidrograma resultante da precipitação.

O Quadro 7-9 resume, de forma auto-explicativa, os cálculos efetuados, cujo resultado é confrontado com as vazões observadas (Fig. 7-12).

O hidrograma calculado reproduz com precisão razoável o realmente observado. Contudo as discrepâncias não são totalmente desprezíveis e sua análise permite esclarecer certas particularidades e limitações do método.

O critério de separação do escoamento devido à alimentação do lençol freático tem pequena influência na definição do hidrograma correspondente à segunda fase das precipitações, em que prepondera

o hidrograma unitário

Quadro 7-9

Dia—Hora		Q_u	× 0,448	× 0,912	× 0,912	× 3,056	Q_s	Q_T
25	19	0	0				10,0	
26	7	13,0	5,8				10,0	15,8
	19	49,0	21,9				10,0	31,9
27	7	62,0	27,8				12,0	39,8
	19	42,5	19,0				18,0	37,0
28	7	30,0	13,4				28,0	41,4
	19	21,5	9,6				34,5	44,1
29	7	14,0	6,3				34,0	40,3
	19	6,0	2,7				30,0	32,7
30	7	2,0	0,9	0			26,0	26,9
	19	0		11,8	0		22,0	33,8
31	7			44,7	11,8	0	20,0	76,5
	19			56,5	44,7	39,7	18,5	159,4
1	7			38,8	56,5	149,7	20,0	265,0
	19			27,4	38,8	189,5	22,0	277,7
2	7			19,6	27,4	129,9	26,0	202,9
	19			12,8	19,6	91,7	32,0	156,1
3	7			5,5	12,8	65,7	35,0	119,1
	19			1,8	5,5	42,8	35,0	85,1
4	7				1,8	18,3	31,5	51,6
	19					6,1	29,0	35,1
5	7						26,5	26,5
	19						24,5	24,5
6	7						22,5	22,5

o escoamento superficial, mas sua repercussão é bastante sensível no período inicial, em que as precipitações, em geral de pequena intensidade, alimentam, principalmente, o lençol subterrâneo. Os resultados, nesse caso, dependem, em grau elevado, da correta interpretação da alimentação subterrânea. Verifica-se, do exame da figura, que uma pequena alteração da linha de separação dos dois escoamentos poderia aproximar ainda mais os valores computados às vazões observadas.

O hidrograma calculado para a cheia principal apresenta uma ponta de vazão inferior ao valor observado, além de configurar uma maior lentidão de resposta tanto no trecho ascencional como no de recessão das águas. Tal fato prende-se, muito provavelmente, à maior eficiência hidráulica dos vales para os maiores valores de vazão. O hidrograma unitário, tendo sido obtido a partir de ondas de cheia bem menores (50 a 80 m^3/s), não traduz com propriedade as características de escoamento da bacia quando se trata de um evento de dimensões sensivelmente superiores, presumindo-se que, para a ordem de grandeza das vazões observadas (300 m^3/s), a proporcionalidade das ordenadas do hidrograma ao volume total escoado deixa de ser respeitada, tudo se passando como se o hidrograma unitário sofresse uma redução do seu tempo de retardamento e uma elevação da sua vazão de ponta.

120　　　　　　　　　　　　　　　　　　　　hidrologia básica

A essas observações de caráter geral, deve-se acrescentar que os resultados dos estudos dessa natureza dependem em alto grau, da precisão dos dados de campo. No caso particular, a ausência de dados mais precisos sobre a distribuição temporal e espacial das precipitações, bem como o próprio conhecimento das vazões realmente verificadas, obtidas por extrapolação da curva-chave, cuja vazão máxima medida é da ordem de $100\,m^3/s$, podem por si só responder por uma parcela ponderável das discrepâncias observadas. Os resultados obtidos, entretanto, em que pesem as limitações dos dados, refletem a potencialidade do método do hidrograma unitário, em cuja aplicação nunca devem estar ausentes o espírito crítico e a sensibilidade do hidrologista.

bibliografia complementar

SHERMAN, Leroy K. — The Unit Hydrograph Method, in Meinzer. *Hydrology.* Nova York, Dover, 1942

CREAGER, JUSTIN e HINDS — *Engineering for Dams.* Nova York, John Wiley and Sons, 1945

MEAD, D. W. — *Hydrology.* Nova York, McGraw-Hill Book Co., Inc., 1950

MORGAN, P. E. e JOHNSON, S. M. — Analysis of Synthetic Unit-Graph Methods. *ASCE, Journal Hydraulics Division,* HY 5, setembro de 1962

GETTY, H. C. e McHUGHS, J. H. — Synthetic Peak Discharges for Design Criteria. *ASCE, Journal Hydraulics Division,* HY 5, setembro de 1962

BENSON, M. A. — Factors Influencing the Ocurrence of Floods in a Humid Region of Diverse Terrain. *Geological Survey Water-Supply,* paper 1 580-B, 1962

SNYDER, F. F. — Synthetic Unit Graphs, *Transactions of American Geophysical Union,* Vol. 19, 1938

COMMONS, G. — Flood Hydrographs. *Civil Engineering,* Vol. 12, 1942

MITCHELL, W. D. — Unit Hydrographs in Illinois, State of Illinois. *Div. J. Waterways,* Springfield, 1 II, 1948

BERNARD, M. M. — An Approach to Determinate Stream Flow. *ASCE, Proceedings,* janeiro de 1934. *Transactions,* 1935

CLARK, C. O. — Storage and the Unit Hydrograph. *ASCE Transactions,* 1945

SOUSA PINTO, N. L. de — *Estabelecimento do Hidrograma Unitário para uma Bacia Hidrográfica.* Centro de Estudos e Pesquisas de Hidráulica e Hidrologia, Escola de Engenharia da Universidade Federal do Paraná, 1959

CAPÍTULO **8**

vazões de enchentes

A. C. TATIT HOLTZ
N. L. DE SOUSA PINTO

A Hidrologia, que se desenvolveu consideravelmente nestas últimas décadas, colocou à disposição dos projetistas uma série de métodos para a estimativa de cheias de cursos de água. Poder-se-ia, de um modo geral, classificá-los em quatro grupos, que são: fórmulas empíricas; métodos estatísticos; método racional; métodos hidrometeorológicos. Os diversos métodos serão expostos rapidamente a seguir, procurando-se salientar seus princípios básicos.

É da própria essência do problema de definição das vazões de enchente a relatividade dos resultados. Todos os métodos existentes fornecem valores mais ou menos aceitáveis, dependendo sempre do senso de julgamento e da experiência do projetista a aplicação correta dos resultados obtidos.

FÓRMULAS EMPÍRICAS

Na tentativa de determinar a vazão de pico de cheias, muitas fórmulas empíricas têm sido estabelecidas, em que a vazão é apresentada como função de características físicas da bacia, fatores climáticos, etc. Colocam-se em destaque, a seguir, alguns exemplos característicos.

VAZÃO EM FUNÇÃO DA ÁREA DA BACIA

a) $Q = KA^n$.

Creager desenvolveu uma fórmula desse tipo, em que o expoente n é também uma função da área.

$$Q = 1,30K' \left(\frac{A}{2,59} \right)^{0,936\,A^{-0,048}}$$

onde Q é a vazão em m^3/s; K', o coeficiente que depende das características fisiográficas da bacia; A, a área drenada em km^2.

Além dessa, podem ser relacionadas as de Ryves Cooley, Gray, Fanning e da Tidewater Railway, onde n vale, respectivamente, $\frac{2}{3}, \frac{3}{4}, \frac{5}{6}$ e 0,7.

b) $Q = \dfrac{a}{b + \sqrt{A}}$,

onde a e b são coeficientes determinados em cada caso.

Desse tipo são as fórmulas de Ganguillet, Kutter e Kresnik.

c) $Q = \left(a + \dfrac{b}{c + A} \right) A$,

onde a, b e c são coeficientes.

Podem ser citadas nesse grupo as fórmulas de Kuichling, de Murph e outras, como a de Scimemi:

$$Q = \left(\frac{600}{A + 10} + 1 \right) A, \text{ para } A \text{ inferior a } 1\,000 \text{ km}^2.$$

FÓRMULAS QUE LEVAM EM CONTA A PRECIPITAÇÃO

a) $Q = \dfrac{KmhA}{1\,000}$ (Fórmula de Iszkowski),

onde

Q = vazão em m^3/s;
K = coeficiente que depende da morfologia da bacia;
m = coeficiente que depende da área da bacia;
h = precipitação média anual em mm;
A = área da bacia em km^2.

Quadro 8-1. Valores de m

A (km^2)	m	A (km^2)	m
1	10	500	5,90
10	9	1 000	4,70
40	8,23	2 000	3,77
70	7,60	10 000	3,02
100	7,40	30 000	2,80

Especificam-se a seguir as características das quatro categorias encontradas no Quadro 8-2.

vazões de enchentes 123

Quadro 8-2. Valores do coeficiente K

Orografia da bacia	Valores de K			
	I	II	III	IV
Zona pantanosa	0,017	0,030	—	—
Zona plana e levemente ondulada	0,025	0,040	—	—
Zona em parte plana e em parte com colinas	0,030	0,055	—	—
Zona com colinas não muito íngremes	0,035	0,070	—	—
Zona com montes altos, segundo a declividade	0,060	0,160	0,360	0,600
	0,070	0,185	0,460	0,700
	0,080	0,210	0,600	0,800

Categoria I. Terreno muito permeável com vegetação normal e terreno de média permeabilidade com vegetação densa.

Categoria II. Terreno de colina ou montanha com vegetação normal; terreno plano levemente ondulado, mas pouco permeável.

Categoria III. Terreno impermeável com vegetação normal em colina íngreme ou montanhoso.

Categoria IV. Terreno impermeável com escassa ou nenhuma vegetação em colina íngreme ou montanhoso.

b) $Q = Kh \dfrac{A^n}{L^m}.$

Desse tipo é a fórmula de Pettis.

$$Q = Kh \frac{A^{1,25}}{L^{1,25}},$$

onde K varia de 310, em áreas úmidas, a 40, em desérticas; h é a precipitação de 1 dia com período de recorrência de 100 anos (em polegadas); Q é a vazão com mesmo tempo de retorno.

FÓRMULAS BASEADAS NO MÉTODO RACIONAL

Essas fórmulas são do tipo geral $Q = CiA$, onde C é a relação entre o pico máximo de vazão por unidade de área e a intensidade média da precipitação que a provoca (i). Em cada caso particular, foram obtidos valores ou expressões para C e i, como nos exemplos a seguir.

a) $Q = \dfrac{C\varphi A i_m}{3,60},$

onde

Q = vazão em m^3/s;
i_m = intensidade da chuva em mm/hora;

C = coeficiente de escoamento superficial (tabelado, variando, em geral, de 0,05 até 0,90);
φ = coeficiente de retardo (menor que um);
A = área da bacia em km^2.

O valor de φ pode ser expresso de duas maneiras.

$$\varphi = \frac{1}{\sqrt[n]{100A}},$$

onde n é igual a 4 (Burkli-Ziegler) para bacias de declividade inferior a 5/1 000; igual a 5 (McMath) para declividade até 1/100; e, por último, igual a 6 (Brix) para declividades fortes (maiores que 1/100).

$$\varphi = \frac{1}{\sqrt[n]{10L}},$$

onde L é o comprimento da bacia em km, sendo n igual a 3,5 para declividades fortes, a 3,0 para declividades médias e a 2,5 para declividades fracas.

b) Exemplos brasileiros

Alguns exemplos brasileiros, em que o valor de C e i já aparecem expressos em função de características locais, são apresentados a seguir.

i) Fórmula de George Ribeiro.

$$Q = \frac{3,2AK\sqrt{h}}{\sqrt[6]{(0,025t+1)^5}\left(1 + \frac{1}{6}\sqrt{\frac{A}{2\,590}}\right)},$$

onde

Q = vazão de cheia em m^3/s;
K = coeficiente variável para cada região;
h = altura de precipitação média em mm/ano;
t = duração do evento em minutos;
A = área da bacia em km^2.

ii) Fórmula de Francisco de Aguiar

$$Q = \frac{1\,150A}{\sqrt{C \cdot L(120 + aCL)}},$$

onde

Q = vazão em m^3/s;
A = área da bacia em km^2;
L = linha de fundo do talvegue em km;
a = coeficiente de velocidade (tabelado);
C = coeficiente de deflúvio superficial.

vazões de enchentes 125

iii) Fórmula de Inácio Marques Dias

$$Q = \frac{75}{75 + \dfrac{A}{1\,000}} \cdot \frac{150}{C' + \dfrac{5}{L}} \cdot \frac{A}{L} \sqrt{\frac{h}{1\,146}},$$

onde

Q = vazão em m^3/s;
A = área em km^2;
L = comprimento do álveo em km;
h = altura média anual das chuvas (mm);
C' = coeficiente de velocidade (tabelado).

O método racional, em que se baseiam essas fórmulas, será tratado de modo pormenorizado mais adiante.

Fórmulas que levam em conta o período de recorrência

a) Fórmula de Fuller

$$Q = 0{,}013KA^{0{,}8}(1 + a \log T_r)(1 + 2{,}66A^{-0{,}3}),$$

onde

Q = vazão em m^3/s;
A = área da bacia contribuinte em km^2;
T_r = tempo de recorrência em anos;
K = coeficiente variável para cada bacia e dependente de suas características;
a = coeficiente que Fuller fez igual a 0,8 para rios do leste dos E.U.A.; Lane o encontrou igual a 0,69 para rios de New England.

b) Fórmula de Horton

$$Q = Q_{max}(1 - e^{-a}T_r^b),$$

onde

$Q_{máx}$ = máximo valor possível da vazão (deve ser assumido);
Q = descarga com tempo de recorrência T_r em anos;
a, b = dependem da localidade e devem ser determinados a partir de dados observados.

A validade das fórmulas empíricas é limitada, a rigor, aos locais para os quais foram obtidas. Para a sua utilização em outras regiões, seria necessário verificar se os fatores climáticos e os índices fluvio-morfológicos referentes à bacia em estudo são comparáveis aos das utilizadas no estabelecimento das fórmulas. Esse confronto exige não só a capacidade de execução de cálculos numéricos mas também a aplicação de conhecimentos que dependem de uma grande experiência no ramo da Hidrologia.

126 hidrologia básica

O estudo das características físicas e funcionais das bacias nem sempre tem levado a índices facilmente incorporáveis às fórmulas de deflúvio. Basta lembrar a necessidade de que os parâmetros numéricos utilizados levem em conta todos os fatores que influem no deflúvio superficial, para perceber a dificuldade de condensar em uma fórmula simples um fenômeno que é, na realidade, bastante complexo.

Outro defeito comum a quase todas as fórmulas empíricas é a impossibilidade de se levar em conta o período de recorrência da cheia em estudo, obtendo-se o que se denomina comumente de máxima vazão possível, de significado bastante duvidoso.

Finalmente, é necessário destacar que a maioria das fórmulas foram obtidas a partir de um número reduzido de dados de vazão, pois datam, em boa parte, dos fins do século passado ou do início deste.

MÉTODOS ESTATÍSTICOS

A destruição de um trecho de estrada ou sua inundação, durante um certo período de tempo, por insuficiência das obras de drenagem correntes, deve ser vista como um risco admissível, pois não acarreta, em geral, perdas de vidas humanas ou não provoca repercussões econômicas excepcionais. Assim sendo, o dimensionamento de um bueiro deve ser baseado em considerações distintas das que regem, por exemplo, o projeto do vertedor de uma grande barragem. Não é justificável projetá-lo para resistir à máxima vazão possível.

Torna-se importante conhecer o montante dos danos que podem ser provocados por enchentes maiores que a de projeto, uma vez que se deve aceitar a probabilidade de sua ocorrência durante a vida útil da obra. Esse prejuízo deve ser comparado às despesas adicionais advindas da construção de uma estrutura de drenagem de maiores dimensões que permita reduzir a probabilidade de ocorrência dos danos. Esse raciocínio é comum a diversas obras de Engenharia.

Analisados os aspectos de caráter econômico, pode-se estabelecer o montante do prejuízo devido ao colapso da estrutura, provocado por uma determinada vazão superior à cheia de projeto.

Cumpre estabelecer em seguida a correspondência entre a magnitude da cheia e a sua freqüência, de modo a relacioná-la às conseqüências de ordem econômica.

O *período de recorrência* (T_r), ou *tempo de recorrência*, ou *período de retorno*, é definido como sendo o intervalo médio de anos dentro do qual ocorre ou é superada uma dada cheia de magnitude Q. Se P é a probabilidade de esse evento ocorrer ou ser superado em um ano qualquer, tem-se a relação $T_r = \dfrac{1}{P}$.

Como em geral não se pode conhecer a probabilidade teórica P, faz-se uma estimativa a partir da freqüência (F) de vazões de enchente

vazões de enchentes

127

observadas. Tomando-se, por exemplo, N anos de observação de um determinado rio e selecionando-se a maior vazão ocorrida em cada ano, obtém-se o que se chama de *série anual* de valores. Ordenando-os em ordem decrescente com um número de ordem M que varia de 1 a N, pode-se calcular a freqüência com que o valor (Q) de ordem M é igualado ou superado no rol de N anos como sendo $F = \dfrac{M}{N + 1}$ (critério de Kimball).

Quando N é muito grande, o valor de F é bastante próximo do valor de P, mas para poucas observações pode haver grandes afastamentos.

Muitos pesquisadores tentaram estabelecer as leis teóricas de probabilidade que se ajustassem melhor a essas amostras de N elementos de modo a poderem estimar, para cada vazão de cheia (Q), a sua probabilidade teórica de ocorrer ou ser ultrapassada (P).

Entre essas leis, a dos valores extremos é a que encontra atualmente maior emprego. Esses extremos seriam as vazões estudadas anteriormente, uma vez que cada uma é o máximo entre os 365 valores diários constituintes do ano. Para aplicar essa lei, deve-se ter em mente que existem N amostras, cada uma constituída de 365 elementos, do universo de população infinita da variável aleatória que é a vazão diária. De acordo com a lei dos extremos (Fisher, Tippett, Gumbel, Fréchet), a lei de distribuição estatística da série de N termos constituída pelos maiores valores de cada amostra tende assintoticamente para uma lei simples de probabilidade, que é independente da que rege a variável aleatória nas diferentes amostras e no próprio universo de população infinita.

Essa é a base do método de Gumbel, já explicado no Cap. 2, em que se calcula P pela relação

$$P = 1 - e^{-e^{-y}},$$

onde

$$y = \frac{1}{0,7797\sigma}(Q - \overline{Q} + 0,45\sigma);$$

$\overline{Q}$ = média das N vazões máximas;
P = probabilidade de a máxima vazão média diária de um ano qualquer ser maior ou igual a Q;
σ = desvio-padrão das N vazões máximas.

A expressão de y mostra que existe uma relação linear entre ele e o valor Q. Pode-se grafar essa reta conhecendo-se

$$Q = \frac{\displaystyle\sum_{1}^{N} Q_i}{N}$$

e

$$\sigma = \sqrt{\frac{\sum_{1}^{N}(Q_i - \overline{Q})^2}{N-1}}.$$

O eixo onde estão marcados os valores de y pode ser graduado em tempos de recorrência através da relação $T_r = \dfrac{1}{P} = \dfrac{1}{1 - e^{-e^{-y}}}$ e, dessa maneira, a cada enchente corresponde um período de retorno. Esse é o chamado *papel de Gumbel* (Fig. 8-1).

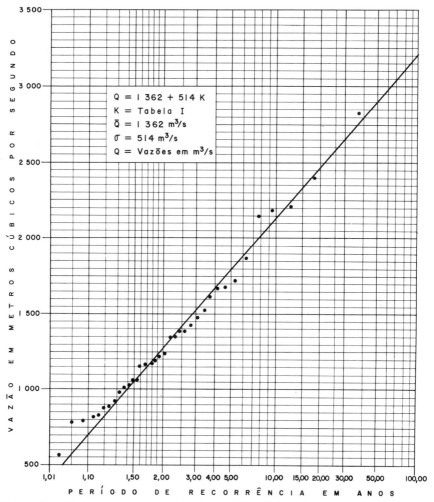

Figura 8-1. Cheias do rio Iguaçu em União da Vitória. Calculadas pelo método de Gumbel

vazões de enchentes 129

A relação obtida por Gumbel supõe que existam infinitos elementos. Na prática, pode-se levar em conta o número real de anos de observação utilizando-se a fórmula geral devida a Ven Te Chow $Q = \overline{Q} + K\sigma$, onde Q é a vazão de enchente com certo período de recorrência e K depende do número de amostras tomadas e desse período de recorrência [K foi tabelado por Weise e por Reid (Tab. 8-1)].

Tabela 8-1. Gumbel. Fatores de frequência (K)

	Período de Recorrência (T_r, anos)						
N/Tr	5,00	10,0	15,0	20,0	25,0	50,0	100
10	1.058	1.848	2.289	2.606	2.847	3.588	4.323
11	1.034	1.809	2.242	2.553	2.789	3.516	4.238
12	1.013	1.777	2.202	2.509	2.741	3.456	4.166
13	0.996	1.748	2.168	2.470	2.699	3.405	4.105
14	0.981	1.724	2.138	2.437	2.663	3.360	4.052
15	0.967	1.703	2.112	2.410	2.632	3.321	4.005
16	0.955	1.682	2.087	2.379	2.601	3.283	3.959
17	0.943	1.664	2.066	2.355	2.575	3.250	3.921
18	0.934	1.649	2.047	2.335	2.552	3.223	3.888
19	0.926	1.636	2.032	2.317	2.533	3.199	3.860
20	0.919	1.625	2.018	2.302	2.517	3.179	3.836
21	0.911	1.613	2.004	2.286	2.500	3.157	3.810
22	0.905	1.603	1.992	2.272	2.484	3.138	3.787
23	0.899	1.593	1.980	2.259	2.470	3.121	3.766
24	0.893	1.584	1.969	2.247	2.457	3.104	3.747
25	0.888	1.575	1.958	2.235	2.444	3.088	3.729
26	0.883	1.568	1.949	2.224	2.432	3.074	3.711
27	0.879	1.560	1.941	2.215	2.422	3.061	3.696
28	0.874	1.553	1.932	2.205	2.412	3.048	3.681
29	0.870	1.547	1.924	2.196	2.402	3.037	3.667
30	0.866	1.541	1.917	2.188	2.393	3.026	3.653
31	0.863	1.535	1.910	2.180	2.385	3.015	3.641
32	0.860	1.530	1.904	2.173	2.377	3.005	3.629
33	0.856	1.525	1.897	2.166	2.369	2.996	3.618
34	0.853	1.520	1.892	2.160	2.362	2.987	3.608
35	0.851	1.516	1.886	2.152	2.354	2.979	3.598
36	0.848	1.511	1.881	2.147	2.349	2.971	3.588
37	0.845	1.507	1.876	2.142	2.344	2.963	3.579
38	0.843	1.503	1.871	2.137	2.338	2.957	3.571
39	0.840	1.499	1.867	2.131	2.331	2.950	3.563
40	0.838	1.495	1.862	2.126	2.326	2.943	3.554
41	0.836	1.492	1.858	2.121	2.321	2.936	3.547
42	0.834	1.489	1.854	2.117	2.316	2.930	3.539
43	0.832	1.485	1.850	2.112	2.311	2.924	3.532
44	0.830	1.482	1.846	2.108	2.307	2.919	3.526
45	0.828	1.478	1.842	2.104	2.303	2.913	3.519
46	0.826	1.476	1.839	2.100	2.298	2.903	3.513
47	0.824	1.474	1.836	2.096	2.291	2.903	3.507
48	0.823	1.471	1.832	2.093	2.290	2.893	3.501
49	0.821	1.469	1.830	2.090	2.287	2.894	3.496
50	0.820	1.466	1.827	2.086	2.283	2.889	3.490
51	0.818	1.464	1.824	2.083	2.280	2.885	3.486
52	0.817	1.462	1.821	2.080	2.276	2.881	3.481
53	0.815	1.459	1.818	2.077	2.273	2.875	3.474
54	0.814	1.457	1.816	2.074	2.270	2.873	3.471
55	0.813	1.455	1.813	2.071	2.267	2.869	3.467
56	0.812	1.453	1.811	2.069	2.264	2.865	3.462
57	0.810	1.451	1.809	2.066	2.261	2.862	3.458
58	0.809	1.449	1.806	2.064	2.258	2.858	3.454
59	0.808	1.448	1.804	2.061	2.256	2.855	3.450
60	0.807	1.446	1.802	2.059	2.253	2.852	3.446

*Calculado por M. D. Reid em novembro de 1942, sendo T_r o período de recorrência e N o número de eventos considerados

130 hidrologia básica

Como essa tabela só considera períodos de recorrência até 100 anos, pode-se calcular o valor da descarga para 1 000 anos, por exemplo, a partir de

onde
$$Q_{1\,000} = Q_{100} + (Q_{100} - Q_{10}),$$
$$Q_{100} = \overline{Q} + K_{100} \cdot \sigma,$$
e
$$Q_{10} = \overline{Q} + K_{10} \cdot \sigma.$$

Aqui, também serão explicados os métodos de Hazen, de Foster, de Ven Te Chow e de Gibrat. Em todos eles são utilizadas as descargas médias diárias máximas de cada ano (séries anuais).

O método de Gumbel, de fácil aplicação, baseia-se apenas em dois parâmetros, a média e o desvio-padrão, enquanto que o de Hazen, o de Foster e o de Ven Te Chow dependem destes e do coeficiente de assimetria.

O método de Hazen leva em consideração o coeficiente de assimetria ajustado em função do número de observações, segundo a seguinte fórmula, também usada por Foster:

$$C_{sa} = C_s \left(1 + \frac{8,5}{n} \right),$$

onde n é o número de anos de observação; C_s, o coeficiente de assimetria avaliado por

$$C_s = \frac{\Sigma (Q - \overline{Q})^3}{(n-1) \cdot \sigma^3} \, ;$$

e C_{sa}, o coeficiente de assimetria ajustado.

Os valores de K encontram-se tabelados (Tab. 8-2) em função do coeficiente de assimetria ajustado e do período de recorrência. Essa tabela é devida a Hazen e foi desenvolvida baseando-se na suposição de que os logaritmos das vazões máximas anuais se distribuem, aproximadamente, segundo a lei normal (Gauss). Os números da última coluna mostram os valores do coeficiente de variação que, em conecção com o coeficiente de assimetria mostrado na primeira coluna, produzem o alinhamento segundo uma reta dos pares *logaritmos das vazões-probabilidades* no papel de Hazen.

Foster preconizou o emprego da lei de Pearson tipo III para representar a distribuição dos máximos anuais e pode-se obter K a partir da obliqüidade (metade da assimetria), ajustada conforme se mostrou anteriormente, e do período de recorrência numa tabela daquela lei.

vazões de enchentes

131

Tabela 8-2. Hazen. Fatores de freqüência (K). Probabilidade logarítmica aproximada*

Coeficiente de assimetria	Têrmos acima da média (%)	Período de Recorrência $(T_r,\ \text{ancs})$									Coeficiente de variação correspondente
		1,01 −	1,05 −	1,25 −	2,00 −	5,00 +	20,0 +	100 +	1000 +	10000 +	
0.0	50.0	2.32	1.64	0.84	0.00	0.84	1.64	2.32	3.09	3.72	0.00
0.1	49.4	2.25	1.62	0.85	0.02	0.84	1.67	2.40	3.24	3.96	0.03
0.2	48.7	2.18	1.59	0.85	0.03	0.83	1.71	2.48	3.39	4.20	0.06
0.3	48.1	2.12	1.56	0.85	0.05	0.83	1.74	2.56	3.55	4.45	0.10
0.4	47.5	2.05	1.53	0.85	0.06	0.82	1.76	2.64	3.72	4.72	0.13
0.5	46.9	1.99	1.50	0.85	0.08	0.82	1.79	2.72	3.90	5.00	0.16
0.6	46.3	1.92	1.47	0.85	0.09	0.81	1.81	2.80	4.08	5.30	0.20
0.7	45.6	1.86	1.44	0.85	0.11	0.80	1.84	2.89	4.28	5.64	0.23
0.8	45.0	1.80	1.41	0.85	0.12	0.79	1.86	2.97	4.48	6.00	0.27
0.9	44.4	1.73	1.38	0.85	0.14	0.77	1.88	3.06	4.69	6.37	0.30
1.0	43.7	1.68	1.34	0.84	0.15	0.76	1.90	3.15	4.92	6.77	0.33
1.1	43.1	1.62	1.31	0.84	0.17	0.75	1.92	3.24	5.16	7.23	0.37
1.2	42.5	1.56	1.28	0.83	0.18	0.74	1.94	3.33	5.40	7.66	0.41
1.3	41.9	1.51	1.25	0.83	0.19	0.72	1.96	3.41	5.64	8.16	0.44
1.4	41.3	1.46	1.22	0.82	0.20	0.71	1.98	3.50	5.91	8.66	0.48
1.5	40.7	1.41	1.19	0.81	0.22	0.69	1.99	3.59	6.18	9.16	0.51
1.6	40.1	1.36	1.16	0.81	0.23	0.67	2.01	3.69	6.48	9.79	0.55
1.7	39.5	1.32	1.13	0.80	0.24	0.66	2.02	3.78	6.77	10.40	0.59
1.8	38.9	1.27	1.10	0.79	0.25	0.64	2.03	3.88	7.09	11.07	0.62
1.9	38.3	1.23	1.07	0.78	0.26	0.62	2.04	3.98	7.42	11.83	0.66
2.0	37.7	1.19	1.05	0.77	0.27	0.61	2.05	4.07	7.78	12.60	0.70
2.1	37.1	1.15	1.02	0.76	0.28	0.59	2.06	4.17	8.13	13.35	0.74
2.2	36.5	1.11	0.99	0.75	0.29	0.57	2.07	4.27	8.54	14.30	0.78
2.3	35.9	1.07	0.96	0.74	0.30	0.55	2.07	4.37	8.95	15.25	0.82
2.4	35.3	1.03	0.94	0.73	0.31	0.53	2.08	4.48	9.35		0.86
2.5	34.7	1.00	0.91	0.72	0.31	0.51	2.08	4.58	9.75		0.90
2.6	34.1	0.97	0.89	0.71	0.32	0.49	2.09	4.68	10.15		0.94
2.7	33.5	0.94	0.86	0.69	0.33	0.47	2.09	4.78	10.65		0.98
2.8	32.9	0.91	0.84	0.68	0.33	0.45	2.09	4.89	11.20		1.03
2.9	31.3	0.87	0.82	0.67	0.34	0.43	2.09	5.01	11.75		1.08
3.0	31.8	0.84	0.79	0.66	0.34	0.41	2.08	5.11	12.30		1.12
3.2	30.6	0.78	0.74	0.64	0.35	0.37	2.06	5.35	13.50		1.22
3.4	29.4	0.73	0.69	0.61	0.36	0.32	2.04	5.58			1.33
3.6	28.2	0.67	0.65	0.58	0.36	0.28	2.02	5.80			1.44
3.8	27.0	0.62	0.61	0.55	0.36	0.23	1.98	6.10			1.57
4.0	25.7	0.58	0.56	0.52	0.36	0.19	1.95	6.50			1.70
4.5	22.1	0.48	0.47	0.45	0.35	0.10	1.79	7.30			2.10
5.0	19.2	0.40	0.40	0.39	0.34	0.00	1.60	8.20			2.50

*Fonte: Proceedings ASCE. Vol. 80, separata n.º 536, novembro de 1954

**Assimetria ajustada = assimetria calculada $1 + \dfrac{8,5}{N}$

Ven Te Chow apresenta o K (fator de freqüência), calculado teoricamente (Tab. 8-3), para os diversos períodos de recorrência em função do coeficiente de assimetria, que é ajustado de acordo com o número (n) de observações pela fórmula:

$$C_{sa} = C_s(1 + F_s).$$

O fator F_s (fator de correção para o coeficiente de assimetria) encontra-se num ábaco devido a esse autor (Fig. 8-2).

132

hidrologia básica

Tabela 8-3. Ven Te Chow. Fatores de frequência (K). Probabilidade logarítmica teórica*

Coeficiente de assimetria	Probabilidade na média	Período de Recorrência (T, anos)									Coeficiente de variação correspondente
		1,01 −	1,05 −	1,25 −	2,00 −	5,00 +	20,0 +	100 +	1000 +	10000 +	
0.0	50.0	2.33	1.65	0.84	0.00	0.84	1.64	2.33	3.09	3.72	0.000
0.1	49.3	2.25	1.62	0.85	0.02	0.84	1.67	2.40	3.22	3.95	0.033
0.2	48.7	2.18	1.59	0.85	0.04	0.83	1.70	2.47	3.39	4.18	0.067
0.3	48.0	2.11	1.56	0.85	0.06	0.82	1.72	2.55	3.56	4.42	0.100
0.4	47.3	2.04	1.53	0.85	0.07	0.81	1.75	2.62	3.72	4.70	0.136
0.5	46.7	1.98	1.49	0.86	0.09	0.80	1.77	2.70	3.88	4.96	0.166
0.6	46.1	1.91	1.46	0.85	0.10	0.79	1.79	2.77	4.05	5.24	0.197
0.7	45.5	1.85	1.43	0.85	0.11	0.78	1.81	2.84	4.21	5.52	0.230
0.8	44.9	1.79	1.40	0.84	0.13	0.77	1.82	2.90	4.37	5.81	0.262
0.9	44.2	1.74	1.37	0.84	0.14	0.76	1.84	2.97	4.55	6.11	0.292
1.0	43.7	1.68	1.34	0.84	0.15	0.75	1.85	3.03	4.72	6.40	0.324
1.1	43.2	1.63	1.31	0.83	0.16	0.73	1.86	3.09	4.87	6.71	0.351
1.2	42.7	1.58	1.29	0.82	0.17	0.72	1.87	3.15	5.04	7.02	0.381
1.3	42.2	1.54	1.26	0.82	0.18	0.71	1.88	3.21	5.19	7.31	0.409
1.4	41.7	1.49	1.23	0.81	0.19	0.69	1.88	3.26	5.35	7.62	0.436
1.5	41.3	1.45	1.21	0.81	0.20	0.68	1.89	3.31	5.51	7.92	0.462
1.6	40.8	1.41	1.18	0.80	0.21	0.67	1.89	3.36	5.66	8.26	0.490
1.7	40.4	1.38	1.16	0.79	0.22	0.65	1.89	3.40	5.80	8.58	0.517
1.8	40.0	1.34	1.14	0.78	0.22	0.64	1.89	3.44	5.96	8.88	0.544
1.9	39.6	1.31	1.12	0.78	0.23	0.63	1.89	3.48	6.10	9.20	0.570
2.0	39.2	1.28	1.10	0.77	0.24	0.61	1.89	3.52	6.25	9.51	0.596
2.1	38.8	1.25	1.08	0.76	0.24	0.60	1.89	3.55	6.39	9.79	0.620
2.2	38.4	1.22	1.06	0.76	0.25	0.59	1.89	3.59	6.51	10.12	0.643
2.3	38.1	1.20	1.04	0.75	0.25	0.58	1.88	3.62	6.65	10.43	0.667
2.4	37.7	1.17	1.02	0.74	0.26	0.57	1.88	3.65	6.77	10.72	0.691
2.5	37.4	1.15	1.00	0.74	0.26	0.56	1.88	3.67	6.90	10.95	0.713
2.6	37.1	1.12	0.99	0.73	0.26	0.55	1.87	3.70	7.02	11.25	0.734
2.7	36.8	1.10	0.97	0.72	0.27	0.54	1.87	3.72	7.13	11.55	0.755
2.8	36.6	1.08	0.96	0.72	0.27	0.53	1.86	3.74	7.25	11.80	0.776
2.9	36.3	1.06	0.95	0.71	0.27	0.52	1.86	3.76	7.36	12.10	0.796
3.0	36.0	1.04	0.93	0.71	0.28	0.51	1.85	3.78	7.47	12.36	0.818
3.2	35.5	1.01	0.90	0.69	0.28	0.49	1.84	3.81	7.65	12.85	0.857
3.4	35.1	0.98	0.88	0.68	0.29	0.47	1.83	3.84	7.84	13.26	0.895
3.6	34.7	0.95	0.86	0.67	0.29	0.46	1.81	3.87	8.00	13.83	0.930
3.8	34.2	0.92	0.84	0.66	0.29	0.44	1.80	3.89	8.16	14.23	0.966
4.0	33.9	0.90	0.82	0.65	0.29	0.42	1.78	3.91	8.30	14.70	1.000
4.5	33.0	0.84	0.78	0.63	0.30	0.39	1.75	3.93	8.60	15.62	1.081
5.0	32.3	0.80	0.74	0.62	0.30	0.37	1.71	3.95	8.86	16.45	1.155

*Fonte: *Proceedings, ASCE.* Vol. 80, separata n.º 536, novembro de 1954

**Assimetria ajustada = assimetria calculada $(1 + F_s)$

Quanto ao método de Gibrat, esse adapta uma curva normal de probabilidades à distribuição assimétrica das vazões por meio de uma anamorfose.

Gibrat estabeleceu as equações:

$$\frac{t}{T} = \frac{1}{\sqrt{\pi}} \int_{-\infty}^{Z} e^{-z^2} \cdot dZ,$$

$$Z = a \log(Q - Q_0) + b,$$

onde t é o número de vezes que a descarga foi menor ou igual a Q no intervalo total T; Z, a função de Q; Q, a vazão; Q_0, a e b, parâmetros.

vazões de enchentes

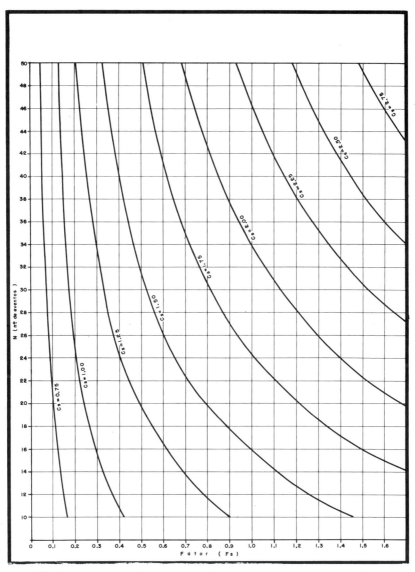

Figura 8-2. Fatores de correção para o coeficiente de assimetria (Ven Te Chow). $C_{sa} = C_s(1 + F_s)$. (Fonte: *Proceedings, ASCE,* **81**, 18, separata n.º 709, junho de 1955)

Calculadas as freqüências relativas acumuladas, $\frac{t}{T}$, e admitidas iguais às probabilidades teóricas, o próximo passo seria calcular $Z/\sqrt{2}$, antes de entrar nas tabelas clássicas da curva normal. Por isso prefere-se a distribuição do mesmo tipo (Gibrat-Gauss-Galton), que tem por equação

$$P = \frac{1}{\sqrt{2\pi}} \int_{-\infty}^{u} e^{-u^2/2} \cdot du,$$

onde P é a probabilidade de ocorrer uma cheia anual menor do que Q, sendo $u = a \log (Q - Q_0) + b$.

Grafando-se os valores de u em função de $\log (Q - Q_0)$, obtém-se uma reta. A cada Q, corresponderá um u que, por sua vez, corresponderá a uma probabilidade, ou seja, a um período de recorrência. As vazões máximas são colocadas em ordem decrescente e classificadas com o número de ordem m (variando de 1 a n). Computa-se a freqüência acumulada como sendo

$$f = \frac{m}{n + 1},$$

(n = número de·anos considerados; critério de Kimbal).

Essa é, aproximadamente, a probabilidade de uma cheia anual Q ser igualada ou ultrapassada. Para se passar às probabilidades de ocorrência, faz-se $P = (1,00 - f)$. Como

$$\frac{1}{\sqrt{2\pi}} \int_{-\infty}^{u} e^{-u^2/2} \, du = \frac{1}{\sqrt{2\pi}} \int_{0}^{u} e^{-u^2/2} \, du + \frac{1}{\sqrt{2\pi}} \int_{-\infty}^{0} e^{-u^2/2} \, du,$$

$$\frac{1}{\sqrt{2\pi}} \int_{-\infty}^{0} e^{-u^2/2} \, du = 0,50,$$

resulta

$$\frac{1}{\sqrt{2\pi}} \int_{-\infty}^{u} e^{-u^2/2} \, du = 0,50 + \frac{1}{\sqrt{2\pi}} \int_{0}^{u} e^{-u^2/2} \, du,$$

ou seja,

$$P = 0,50 + P'.$$

Calcula-se, então, $P' = P - 0,50$, pois só a integral

$$\frac{1}{\sqrt{2\pi}} \int_{0}^{u} e^{-u^2/2} \, du,$$

é que se encontra comumente tabelada.

Para cada valor da máxima descarga anual (Q), ter-se-á então um P' e, em conseqüência, um u. Coloca-se num gráfico monologaritmico u (eixo aritmético) contra Q (eixo logarítmico) e avalia-se Q_0 de

vazões de enchentes

forma a se obter a reta $u = a \log (Q - Q_0) + b$. Os tempos de recorrência serão dados por

$$T_r = \frac{1}{1,00 - P} = \frac{1}{0,50 - P'} \cdot$$

Em vez de se obterem graficamente os parâmetros a e b, poderão ser usadas as fórmulas seguintes, determinadas por Roche, baseando-se no cálculo da média, da variança (desvio-padrão) e do momento central de 3.ª ordem:

$$a = \frac{1,517}{\sqrt{\log\left[1 + \dfrac{\sigma^2}{(\overline{Q} - Q_0)^2}\right]}},$$

e

$$b = \frac{1,1513}{a} - a \log (\overline{Q} - Q_0),$$

onde σ, $\overline{Q}$ e Q_0 têm os significados já vistos.

Os métodos baseados nos momentos de 3.ª ordem (Ven Te Chow, Hazen e Foster) têm a desvantagem de que, se os dados de partida forem imprecisos, o cálculo desse momento de ordem elevada terá grande margem de erro. Esses métodos estatísticos são aplicáveis apenas às observações de um posto hidrométrico. Quando se tem de estudar um aproveitamento num local de um rio que não coincide com nenhum dos postos, pode-se, por exemplo, avaliar a cheia a ser esperada com uma probabilidade dada, em cada uma das estações, pelos diversos métodos, grafar os valores obtidos contra as respectivas áreas de drenagem e, depois, obter uma curva de $Q = f(A)$. Com tal curva, pode-se saber, a partir da área drenada nos pontos dos vários aproveitamentos, a cheia provável de ocorrer com o período de recorrência considerado.

ESCOLHA DA FREQÜÊNCIA DA CHEIA DE PROJETO

A probabilidade de uma determinada cheia ocorrer ou ser ultrapassada num ano qualquer é o inverso do tempo de recorrência $P = \dfrac{1}{T_r}$ e a de não acontecer é $p = 1 - P$. Então, $J = 1 - p^n$ é a probabilidade de ocorrer pelo menos uma cheia que se iguale (ou exceda) àquela de período de recorrência T_r, num intervalo de n anos qualquer.

Pode-se, dessa maneira, escolher qual o período de recorrência da cheia a ser utilizado no projeto de uma obra hidráulica, sabendo-se a vida provável da estrutura e escolhendo-se o risco que se pode correr de que ela venha a falhar. Linsley, Kohler e Paulhus apresentam a seguinte tabela, calculada a partir da fórmula acima*:

*Linsley, Kohler e Paulhus, *Hydrology for Engineers*

Risco a ser	Vida provável da estrutura em anos				
assumido	1	10	25	50	100
0,01	100	910	2 440	5 260	9 100
0,10	10	95	238	460	940
0,25	4	35	87	175	345
0,50	2	15	37	72	145
0,75	1,3	8	18	37	72
0,99	1,01	2,7	6	11	22

Para o projeto de um vertedor de descarga de enchentes de uma barragem para o qual só se pode correr um risco de vir a falhar de 10% (assumido por considerações econômicas) e que terá vida provável de 50 anos, deve-se adotar, por exemplo, a cheia de tempo de retorno igual a 460 anos.

DIFICULDADES NA APLICAÇÃO DOS MÉTODOS ESTATÍSTICOS

Obras hidráulicas em pequenos rios ou córregos levam em consideração, geralmente, a probabilidade de ocorrência das vazões de dimensionamento. Entretanto, ao estudo da freqüência das vazões contrapõe-se uma dificuldade, praticamente insuperável, constituída pela carência quase total de dados hidrológicos em pequenas áreas de drenagem. De 388 postos fluviométricos existentes na Região Sul do País (Paraná, Santa Catarina, Rio Grande do Sul), apenas 6 correspondem a áreas de drenagem inferiores a 50 km^2.

Essa limitação é ainda mais severa porque o problema não tem qualquer probabilidade de vir a ser resolvido a curto ou médio prazo. Realmente, o interesse maior do conhecimento do regime dos rios concentra-se nos cursos de água de grande porte, ligados que estão aos projetos de repercussão econômica mais significativa, como os de aproveitamentos hidrelétricos, abastecimento urbano, irrigação, etc. Por outro lado, é exatamente para os pequenos rios ou riachos que se necessitam os equipamentos de medição mais dispendiosos, pois torna-se, nesses casos, praticamente imprescindível a instalação de aparelhagem registradora.

A alternativa, para levar em conta os problemas de freqüência no caso de pequenas bacias, é lançar mão dos dados de precipitação pluvial. Registros de chuvas são abundantes entre nós, destacando-se para a finalidade em pauta a publicação de O. Pfafstetter, *Chuvas Intensas no Brasil*, onde são analisados e catalogados, em função da duração e período de recorrência, registros de 98 postos pluviográficos de todo o Brasil.

Estabelecida a precipitação com dado período de recorrência, o problema passa a ser o cálculo da vazão decorrente dessa precipitação.

vazões de enchentes 137

Deve-se observar que o período de recorrência da vazão resultante não é, na realidade, o mesmo da chuva que o provocou, pois aquela depende ainda da capacidade de infiltração do solo, que pode variar e cujo valor tem uma probabilidade independente. Na impossibilidade de estabelecer a ordem de grandeza dessa probabilidade, a vazão obtida de uma certa precipitação é simplesmente considerada de mesma freqüência.

MÉTODO RACIONAL

O método racional para a estimativa do pico de cheia resume-se fundamentalmente no emprego da chamada *"fórmula racional"*,

$$Q = \frac{Ci_m A}{3,6},$$

onde

Q = pico de vazão em m^3/s;
i_m = intensidade média da precipitação sobre toda a área drenada, de duração igual ao tempo de concentração, em mm/hora;
A = área drenada em km^2;
C = coeficiente de deflúvio, definido como a relação entre o pico de vazão por unidade de área e a intensidade média de chuva i_m.

Embora a denominação de racional dê uma impressão de segurança, a fórmula deve ser manejada com extrema cautela, pois envolve diversas simplificações e coeficientes cuja compreensão e avaliação têm muito de subjetivo.

A expressão $Q = Ci_m A$ traduz a concepção básica de que a máxima vazão, provocada por uma chuva de intensidade uniforme, ocorre quando todas as partes da bacia passam a contribuir para a seção de drenagem. O tempo necessário para que isto aconteça, medido a partir do início da chuva, é o que se denomina de *tempo de concentração* da bacia (Fig. ʹ-3).

Neste raciocínio ignora-se a complexidade real do processamento do deflúvio, não se considerando, em especial, o armazenamento de água na bacia e as variações da intensidade e do coeficiente de deflúvio durante o transcorrer do período de precipitação.

A imprecisão no emprego do método será tanto mais significativa quanto maior for a área da bacia, porque as hipóteses anteriores tornam-se cada vez mais improváveis. Segundo Linsley e Franzini, não deveria ser usado, a rigor, para áreas acima de $5 \, km^2$. Entretanto a simplicidade de sua aplicação e a facilidade do conhecimento e controle dos fatores a serem considerados tornam-na de uso bastante difundido no estudo das cheias em pequenas bacias hidrográficas.

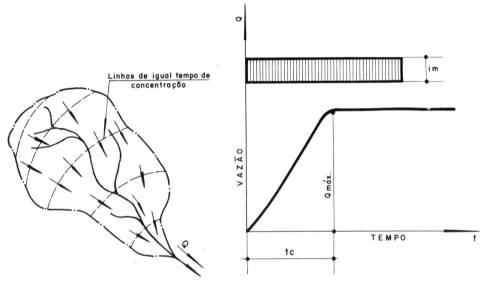

Figura 8-3. Ilustração do significado do tempo de concentração

Serão examinados a seguir, em detalhe, cada um desses fatores, salientando-se a sua importância e os cuidados a tomar na escolha dos respectivos valores.

ÁREA DRENADA (A)

A área é o elemento que se determina mais precisamente, pois a única limitação é de ordem econômica. Pode-se a qualquer instante efetuar um levantamento preciso e obter a superfície desejada. Normalmente, utilizam-se mapas ou fotografias aéreas para essa finalidade, com suficiente grau de aproximação.

INTENSIDADE MÉDIA DA PRECIPITAÇÃO PLUVIAL

Considerações gerais

A intensidade (i_m) considerada no método racional é um valor médio no tempo e no espaço.

A intensidade instantânea de uma precipitação sobre um determinado pluviógrafo (i), definida como a relação entre o acréscimo de precipitação e o lapso de tempo em que ocorre, é extremamente variável no decorrer do tempo. A intensidade a ser considerada para a aplicação do método é a máxima média observada num certo intervalo de tempo para o período de recorrência fixado. O intervalo de tempo que corresponde à situação crítica, ou seja, à duração da chuva a considerar, será igual ao tempo de concentração da bacia.

vazões de enchentes

O estudo da variação da intensidade de precipitação (i) com a duração, a freqüência e a área, apresentado no Cap. 2, é suficiente para elucidar melhor a natureza do fator i_m da fórmula racional.

Valores a adotar

Período de recorrência. A intensidade média da precipitação, quer seja obtida diretamente da análise estatística de chuvas em áreas, quer de valores puntuais, eventualmente corrigidos por um coeficiente de abatimento, vai depender da freqüência do **evento considerado**. As relações entre as freqüências e as magnitudes da intensidade média já foram abordadas anteriormente. Agora resta lembrar que a precipitação pluvial é utilizada com a finalidade de obter uma estimativa do pico de vazão no escoadouro de uma determinada bacia.

Assim sendo, a escolha do período de recorrência deve ser feita de maneira idêntica à vista no item que trata das vazões de enchente, admitindo-se que o tempo de retorno da precipitação seja o mesmo da cheia que ela provoca. Como já se comentou, isso não é exatamente verdadeiro, pois a ocorrência de uma grande cheia não depende apenas da ocorrência de uma grande precipitação, mas também das condições em que se encontra a bacia durante o fenômeno no que diz respeito ao escoamento superficial. Aceita-se, portanto, que a probabilidade de ocorrer a precipitação é P (menor que 1,00) e a de que a bacia esteja em condições propícias a uma cheia é igual a 1,00, para que resulte igual a P a probabilidade da vazão calculada.

Duração. Tempo de concentração. O tempo de duração da chuva deve ser feito igual ao tempo de concentração da bacia, ou seja, ao tempo necessário para que toda a área de drenagem passe a contribuir para a vazão na seção estudada.

Considera-se a chuva de projeto com intensidade constante ao longo do tempo, sabendo que seu valor varia inversamente com a duração.

Sendo q a vazão por unidade de área da bacia, pode-se escrever, em termos de descarga específica, $q = c i_m$ (m^3/s $\cdot$ km^2). A vazão total é $Q = qA$. q será tanto maior quanto maior for i_m' isto é, quanto menor for a duração t da chuva, mas o pico da cheia Q será maior quanto maior for a área contribuinte A, isto é, quanto maior for o valor de t. Para atender a essas duas condições, que se opõem, fixa-se a duração da chuva em um valor igual ao tempo de concentração da bacia.

Exceção a essa regra, apresentam as bacias muito alongadas, em que o máximo pode ocorrer sem que toda a área esteja contribuindo. Nesse caso, elimina-se a área supérflua, na aplicação do método racional, e efetuam-se os cálculos com a nova superfície.

De maneira geral, o tempo de concentração de uma bacia qualquer depende dos seguintes parâmetros:

140

hidrologia básica

a) área da bacia;
b) comprimento e declividade do canal mais longo (principal);
c) comprimento ao longo do curso principal, desde o centro da bacia até a seção de saída considerada;
d) forma da bacia;
e) declividade média do terreno;
f) declividade e comprimento dos afluentes;
g) rugosidade do canal;
h) tipo de recobrimento vegetal;
i) distância entre o fim do canal e o espigão.

Segundos estudos de Taylor e Schwarz, as características fisiográficas que influem principalmente no tempo de concentração são as três primeiras enumeradas acima.

O tempo de concentração não é constante para uma dada área, mas varia com o estado de recobrimento vegetal e a altura e distribuição da chuva sobre a bacia. Mas, para períodos de reçorrência superiores a 10 anos, a influência da vegetação parece ser desprezível.

Existem fórmulas empíricas e ábacos que fornecem o valor desse tempo em função das características físicas da bacia. São apresentadas a seguir algumas delas; as características mais freqüentemente utilizadas são o comprimento e a declividade do curso principal.

a) Fórmula de Picking

$$t_c = 5,3 \left(\frac{L^2}{I}\right)^{1/3},$$

onde t_c é o tempo de concentração em minutos; L, a distância horizontal do álveo, em quilômetros; I, a declividade média da linha de fundo.

b) Fórmula de Ven Te Chow

$$t_c = 25,20 \left(\frac{L}{I}\right),$$

onde t_c é o tempo de concentração, em minutos; L, o comprimento do talvegue, em quilômetros; I, a declividade média do talvegue.

c) Fórmula do California Culverts Practice, California Highways and Public Works

$$t_c = 57 \left(\frac{L^3}{H}\right)^{0,385},$$

onde t_c é o tempo de concentração, em minutos; L, a extensão do talvegue, em quilômetros; H, a diferença de nível entre o ponto mais afastado da bacia e o ponto considerado, em metros.

vazões de enchentes

141

Para pequenas faixas de terreno, sem canais definidos, há a fórmula de Izzard.

$$t_c = \frac{5\,248,8\,bL^{1/3}}{(Ci_m)^{2/3}}, \qquad b = \frac{0,0000276\,i_m + C_r}{I^{1/3}},$$

onde

t_c = tempo de concentração em minutos;
L = comprimento do trecho de escoamento superficial em km;
i_m = intensidade média em mm/hora;
I = declividade média da superfície;
C_r = coeficiente de retardo que tem os seguintes valores:

superfície asfáltica lisa	0,007
pavimento de concreto	0,012
pavimento de cascalho-betume	0,017
gramado aparado	0,046
leivas de grama densa	0,060

Essa expressão somente tem validade para o produto $i_m \cdot L_0 < 500$.

É difícil dizer, *a priori*, qual a expressão que dará melhores resultados em uma determinada bacia, pois todas foram obtidas para condições particulares. Entretanto um confronto entre as diversas fórmulas ressaltou uma razoável concordância entre as fórmulas de Picking, Ven Te Chow e do California Highways and Public Roads, indicando, de certa forma, um grau de generalização superior para as expressões desse tipo.

É sempre interessante ter em mente que o erro na estimativa do tempo de concentração será tanto mais grave quanto menor a duração a ser considerada, uma vez que é maior a variação da intensidade com o tempo. Já para as grandes durações, as variações da intensidade com incrementos iguais de tempo são bem menos importantes.

COEFICIENTE DE ESCOAMENTO C

Do volume precipitado sobre a bacia, apenas uma parcela atinge a seção de vazão, sob a forma de escoamento superficial. Isso porque parte é interceptada ou umedece o solo ou preenche as depressões ou se infiltra rumo aos depósitos subterrâneos. O volume escoado é, então, um resíduo do volume precipitado e a relação entre os dois é o que se denomina, geralmente, *coeficiente de deflúvio* ou *de escoamento*.

As perdas podem variar sensivelmente de uma para outra precipitação, variando conseqüentemente o coeficiente de deflúvio. Em particular, a porcentagem da chuva que aparece como escoamento superficial aumenta com a intensidade e a duração de precipitação.

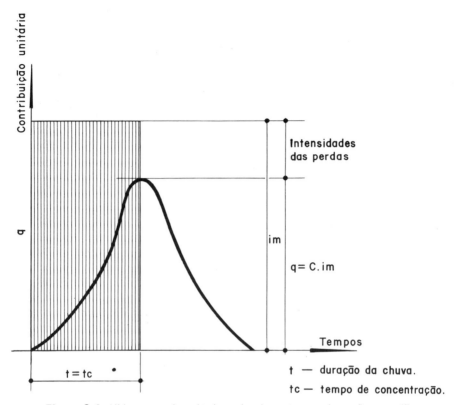

Figura 8-4. Hidrograma do método racional em termos de vazão específica

No método racional utiliza-se um coeficiente C, que, multiplicado pela intensidade da precipitação de projeto, fornece o pico da cheia considerada por unidade de área. Portanto não se trata de uma relação de volumes escoado e precipitado, mas o coeficiente de deflúvio, nesse caso, está indicando a relação entre a vazão máxima escoada e a intensidade da precipitação.

O coeficiente de deflúvio depende da distribuição da chuva na bacia, da direção do deslocamento da tempestade em relação ao sistema de drenagem, da precipitação antecedente, das condições de umidade do solo no início da precipitação, do tipo do solo, da utilização que se faz da terra, da rede de drenagem existente, da duração e intensidade da chuva. O valor de C, por se tratar de uma relação de vazões, além de levar em conta todos esses fatores, deve considerar, ainda, o efeito do armazenamento e da retenção superficial sobre a descarga.

As experiências de W. W. Horner e F. L. Flynt mostram que C é muito variável de chuva para chuva, mas, que, se a precipitação e o deflúvio forem considerados como eventos independentes, o valor de C

permanecerá razoavelmente constante, para várias freqüências, quando for definido como a relação entre o pico de vazão de certa freqüência e a intensidade média de chuva de mesma freqüência.

John Schaake Jr., John Geyer e John W. Knapp, da Universidade Johns Hopkins em Baltimore, E.U.A., estudando experimentalmente bacias urbanas (áreas menores que 60 ha), observaram que o valor de C depende do valor escolhido para o tempo de concentração e que não é constante para qualquer intensidade. Ao contrário, ele cresce com o crescer da intensidade (com o tempo de recorrência), isto é, para as chuvas mais raras. Consideraram, no entanto, que, para os casos estudados, a variação não era significativa (tempos de recorrência menores que 10 anos). Confirmaram os resultados obtidos por Horner e Flynt, concluindo que a freqüência de ocorrência do pico de cheias por unidade de área (q) pode ser suposta "aproximadamente" igual à freqüência da intensidade considerada no projeto, para intervalos de período de recorrência não muito grandes. Isso equivale a supor que C é a relação entre a distribuição de freqüência da vazão unitária de pico e a da precipitação.

Em resumo, o coeficiente de deflúvio C, utilizado no método racional, não traduz simplesmente o resultado da ação do terreno sobre a precipitação, da qual resulta a descarga superficial, mas é mais completamente definido como a relação entre a vazão de enchente de certa freqüência e a intensidade média da precipitação de igual freqüência.

Muitas expressões têm sido propostas para C por pesquisadores que procuram levar em conta alguns dos fatores anteriormente apontados, além de outros, como a temperatura e a precipitação média anual. Uma relação de fórmulas é apresentada a seguir.

a) Fórmula de Gregory

$$C = 0,175 t^{1/3},$$

onde t é a duração da chuva em minutos.

b) Fórmula de Bernard

$$C = C_{max} \left(\frac{T_r}{100} \right)^n,$$

onde C_{max} é o valor de C correspondente a um período de recorrência de 100 anos; T_r, o período de recorrência; n, um expoente numérico.

c) Fórmula de Horner

$$C = 0,364 \log t + 0,0042 r - 0,145,$$

onde r é a percentagem impermeabilizada da área; t, a duração da chuva, em minutos.

Também podem ser encontradas informações em forma de ábacos sobre o valor de C.

144 hidrologia básica

a) Ábaco de Fantoli

Apresenta os valores de C em função da impermeabilização r e do produto $i_m \cdot t$, da intensidade pela duração da chuva.

b) Ábaco da associação de cimento *portland*

Contido no *Handbook of Concrete Culvert Pipe Hidraulics*, dá C em função da intensidade da chuva, da topografia do terreno, do tipo deste, etc.

c) Ábaco do Colorado Highway Department

Limita-se, como alguns outros, a tabelar os valores de C em função das características da bacia.

Características da bacia	C em %
Superfícies impermeáveis	90-95
Terreno estéril montanhoso	80-90
Terreno estéril ondulado	60-80
Terreno estéril plano	50-70
Prados, campinas, terreno ondulado	40-65
Matas decíduas, folhagem caduca	35-60
Matas coníferas, folhagem permanente	25-50
Pomares	15-40
Terrenos cultivados em zonas altas	15-40
Terrenos cultivados em vales	10-30

EXEMPLO DE UTILIZAÇÃO

Como ilustração, apresenta-se a seguir um método para a avaliação da vazão de dimensionamento de bueiros, efetuado por Sousa Pinto e outros, baseado na aplicação do método racional e válido para as Regiões Centro e Sul do Brasil.

O processo apresentado é essencialmente uma aplicação do método racional aliado ao conceito de freqüência das precipitações. Dessa forma, deve permitir, por um lado, estabelecer a intensidade da chuva em função de sua duração (igual ao tempo de concentração da bacia) e, por outro, considerar a variação da intensidade com o período de recorrência do evento.

Em resumo, as variáveis a considerar são as seguintes:

a) intensidade da precipitação em função do período de recorrência e da duração;
b) tempo de concentração da bacia;
c) área da bacia;
d) coeficiente de escoamento da bacia.

vazões de enchentes

Optaram os autores pela solução gráfica do problema, em que os dados relativos às chuvas exigiram, naturalmente, um tratamento específico, que se constituiu na característica própria do método.

A freqüência das precipitações é considerada em três mapas, onde se mostram as isoietas para chuvas de 30 minutos de duração e períodos de recorrência, respectivamente, de 10, 25 e 50 anos, abrangendo a área tomada pelos Estados do Rio Grande do Sul, Santa Catarina, Paraná, São Paulo, Rio de Janeiro, Guanabara, parte de Minas Gerais e Mato Grosso, Goiás e Espírito Santo, calcadas em registros de 55 postos pluviográficos.

A variação da intensidade da precipitação com a duração, definida a partir de uma análise de todos os postos existentes na região, o tempo de concentração da bacia e a própria resolução da expressão $Q = Ci_m A$ foram reunidos em um único ábaco, permitindo uma rápida manipulação dos dados e o cálculo expedito da vazão de dimensionamento.

O traçado das isoietas foi baseado em valores de precipitação apresentados por O. Pfastetter para os postos indicados nos mapas. As alturas de precipitação com um período de recorrência de 50 anos e, em alguns casos, as de 25 anos foram obtidas por extrapolação linear em papel log-log, já que os períodos de observação não superavam 30 anos.

É de se notar que condições particulares locais, especialmente em regiões montanhosas, podem influenciar sensivelmente a freqüência das precipitações intensas. Nesses casos, os valores indicados pelas isoietas não são necessariamente corretos, sendo recomendável a utilização de dados locais ou de postos em condições semelhantes. O tracejado das curvas chama a atenção para as zonas de relevo mais pronunciado.

Os três períodos de recorrência foram selecionados mais ou menos arbitrariamente, mas de maneira a permitir o estabelecimento de critérios racionais de dimensionamento. Cabe aos órgãos responsáveis pelos projetos de estradas o estabelecimento das normas a adotar em função da classe da estrada e de sua importância econômica.

A orientação seguida pelo Departamento de Estradas de Rodagem do Estado do Colorado, E.U.A., resumida a seguir, é um exemplo da regulamentação que deve ser estabelecida.

Em rodovias secundárias e rodovias de via única, com duas pistas, o bueiro deve permitir:

a) a passagem da cheia de $T_r = 10$ anos sem afogamento da entrada;
b) a passagem da cheia de $T_r = 25$ anos com uma carga sobre a cabeça do bueiro, normalmente não-superior a duas vezes o diâmetro do tubo, acima de sua geratriz superior.

Em rodovias de vias múltiplas e interestaduais, o bueiro deve permitir:

146   hidrologia básica

a) a passagem da cheia de $T_r = 10$ anos sem afogamento da entrada;
b) a passagem da cheia de $T_r = 50$ anos com carga sobre a cabeça do bueiro, geralmente não superior, a duas vezes o diâmetro do tubo, acima de sua geratriz superior.

A variação da intensidade da precipitação com a duração foi objeto de um estudo especial em que se procurou estabelecer uma relação única, válida para qualquer período de recorrência, de forma a simplificar a aplicação do método.

A expressão $h = 0,264 h_{30} t_c^{0,392}$, satisfez as condições almejadas, não se apresentando em nenhum caso erro, para menos, superior a 20%. Nessa expressão, h é a altura da precipitação, em milímetros; h_{30}, a altura da precipitação para a duração de 30 minutos, em milímetros; t_c, o tempo de concentração, em minutos.

Essa equação permitiu o traçado das escalas t_c, h_{30} e i_{t_c} do ábaco. Conhecida a precipitação de 30 minutos (obtida dos mapas de isoietas em função do período de recorrência), encontra-se facilmente a precipitação com uma duração qualquer t_c (igual ao tempo de concentração da bacia, para a aplicação do método racional).

Tratando-se de estruturas de maior responsabilidade, é preferível utilizar a Tab. 8-4, em que são apresentados os valores das precipitações, para diversas durações, nos postos considerados.

O tempo de concentração é indicado, no ábaco, na escala t_c, sendo obtido a partir do desnível entre o ponto mais alto nas cabeceiras e a seção de drenagem (H) e o comprimento ao longo do curso de água (L).

A resolução gráfica foi baseada na fórmula

$$t_c = 57 \left(\frac{L^3}{H} \right)^{0,385},$$

que, além de ser indicada pelo Departamento de Estradas da Califórnia e pelo Bureau of Reclamation, é confirmada por outras expressões, como as de Ven Te Chow e Picking e depende de fatores de fácil obtenção.

Conhecidos a precipitação com duração de 30 minutos e o tempo de concentração da bacia, obtém-se do ábaco (linha 3-4-5 do exemplo ilustrativo) o valor da intensidade da precipitação com duração igual a t_c. O problema agora resume-se ao cálculo da vazão decorrente dessa precipitação sobre a área drenada.

VAZÃO

A vazão é obtida pelo produto da intensidade pela área e pelo coeficiente de escoamento, $Q = C i_m A$, que se realiza graficamente no ábaco através das escalas A, Q_t e C.

Tabela 8-4. Totais de precipitação pluvial em mm

Nº	POSTO	TEMPO DE RECORRÊNCIA – 10 ANOS DURAÇÃO EM MINUTOS					TEMPO DE RECORRÊNCIA – 25 ANOS DURAÇÃO EM MINUTOS					TEMPO DE RECORRÊNCIA – 50 ANOS DURAÇÃO EM MINUTOS				
		15	30	60	120	240	15	30	60	120	240	15	30	60	120	240
1	Santa Vitória do Palmar	33	42	67	90	116	40	53	91	124	168	46	63	116	161	219
2	Rio Grande	33	48	66	79	96	40	61	88	102	127	47	74	108	128	155
3	Bagé	28	36	49	66	83	34	44	60	84	108	38	50	70	100	130
4	Encruzilhada do Sul	27	37	47	56	74	32	44	60	67	87	36	50	70	76	100
5	Viamão	25	34	38	48	62	29	39	44	56	74	32	44	49	63	84
6	Porto Alegre	31	42	50	70	86	38	53	64	93	115	44	64	77	115	141
7	Alegrete	40	54	65	85	118	50	66	77	101	142	58	77	88	118	170
8	Uruguaiana	35	47	60	75	105	41	56	70	90	131	47	64	80	102	158
9	Santa Maria	34	43	63	85	110	41	51	78	109	140	48	60	90	130	170
10	Caxias do Sul	30	41	56	68	82	37	51	71	87	108	43	60	86	105	128
11	Cruz Alta	41	55	70	76	94	50	69	84	89	109	58	81	97	100	120
12	São Luiz Gonzaga	36	51	64	77	90	43	62	78	92	110	50	73	91	106	128
13	Passo Fundo	27	36	43	54	70	33	44	52	66	85	38	51	59	77	100
14	Florianópolis	30	49	75	93	109	36	62	101	128	148	41	74	129	160	185
15	Iraí	31	39	57	82	104	38	45	68	104	132	43	50	78	125	160
16	Blumenau	31	50	72	80	81	37	65	97	106	101	42	79	121	131	141
17	São Francisco do Sul	35	47	73	97	113	43	59	94	130	152	51	70	113	165	192
18	Paranaguá	36	51	70	94	122	44	61	86	116	156	52	70	100	139	190
19	Curitiba	36	50	67	71	77	44	63	85	93	95	51	74	98	102	112
20	Ponta Grossa	31	47	56	63	87	38	61	71	78	118	44	74	86	93	144
21	Santos	39	63	95	119	135	48	83	129	159	178	58	101	162	200	220
22	São Paulo	34	39	46	51	56	41	52	54	59	62	49	50	60	66	70
23	Ubatuba	40	60	76	119	209	52	78	90	142	290	66	96	100	168	370
24	Jacarezinho	33	48	58	74	77	39	59	71	92	95	44	69	81	109	112
25	Taubaté	29	49	60	68	100	35	65	78	83	140	40	80	94	98	176
26	Avaré	32	54	65	84	90	39	69	83	115	116	45	82	100	140	148
27	Cabo Frio	28	43	54	65	78	34	56	71	84	105	40	68	86	102	130
28	Niteroi	34	50	65	88	102	42	64	83	118	135	48	76	100	142	168
29	Santa Cruz	30	45	60	80	110	35	54	73	101	150	40	62	85	122	189
30	Campos do Jordão	37	53	75	101	128	43	62	94	135	168	49	70	110	168	208
31	Piracicaba	32	50	62	68	72	38	62	74	85	88	44	74	90	100	110
32	Petrópolis	34	50	83	102	112	41	62	108	138	145	47	70	133	169	170
33	Volta Redonda	39	58	75	85	110	47	71	93	108	145	54	73	110	129	180
34	Rezende	38	56	75	86	96	45	65	91	106	120	50	73	106	125	140
35	Terezópolis	29	44	62	87	112	35	54	76	110	149	40	63	89	131	182
36	Vassouras	34	48	58	66	83	41	58	69	77	108	47	68	79	87	128
37	Baurú	34	54	66	77	83	42	70	87	98	108	49	85	108	120	130
38	Passa Quatro	26	37	46	53	64	30	45	56	65	78	34	52	64	74	90
39	Santa Madalena	31	39	43	58	75	37	46	48	68	90	42	52	55	77	108
40	São Carlos	36	47	76	109	116	44	57	96	118	130	51	65	114	138	151
41	Campos	35	50	57	73	88	42	62	68	88	108	49	72	78	101	130
42	Lins	27	40	54	55	62	34	53	72	74	76	41	66	75	80	90
43	São Simão	27	41	51	71	92	32	47	59	86	115	35	52	66	100	138
44	Barbacena	35	49	60	66	79	43	61	73	84	97	51	73	85	90	112
45	Bom Sucesso	36	46	54	56	63	44	55	60	64	73	51	64	74	76	81
46	Vitória	30	41	58	80	96	36	50	70	100	120	42	58	80	119	144
47	Ouro Preto	37	44	58	73	75	48	55	75	90	92	60	66	90	108	110
48	Belo Horizonte	38	53	63	64	70	48	69	79	89	95	57	83	92	102	110
49	Sete Lagoas	32	46	58	64	80	38	56	69	75	95	45	65	79	85	111
50	Corumbá	42	70	87	98	128	52	95	118	130	170	65	121	146	161	210
51	Catalão	30	46	60	70	91	34	52	71	81	112	37	60	80	92	133
52	Teófilo Otoni	33	41	55	60	65	42	49	70	80	90	50	57	83	96	108
53	Paracatú	37	50	70	84	112	42	60	84	97	120	52	68	97	109	148
54	Goiânia	39	54	76	95	110	48	66	92	121	140	56	76	109	148	170
55	Cuiabá	36	55	68	80	107	42	64	81	93	133	48	73	92	102	160

148   hidrologia básica

O coeficiente de deflúvio C, cuja natureza já foi amplamente discutida, deve ser selecionado pelo projetista em função das características do terreno. A tabela anexa ao ábaco e a descrição mais detalhada apresentada a seguir servem de orientação para essa escolha, que não pode deixar de ser, em grande parte, altamente subjetiva.

Terreno estéril montanhoso. Material rochoso ou geralmente não-poroso, com reduzida ou nenhuma vegetação e altas declividades; $C = 80$ a 90.

Terreno estéril ondulado. Material rochoso ou geralmente não-poroso, com reduzida ou nenhuma vegetação em relevo ondulado e com declividades moderadas; $C = 60$ a 80.

Terreno estéril plano. Material rochoso ou geralmente não-poroso, com reduzida ou nenhuma vegetação e baixas declividades; $C = 50$ a 70.

Prados, campinas, terreno ondulado. Áreas de declividades moderadas, grandes porções de gramados, flores silvestres ou bosques, sobre um manto fino de material poroso que cobre o material não-poroso; $C = 40$ a 65.

Matas decíduas apresentando folhagem caduca. Matas e florestas de árvores decíduas em terreno de declividades variadas; $C = 35$ a 60.

Matas coníferas apresentando folhagem permanente. Florestas e matas de árvores de folhagem permanente em terreno de declividades variadas; $C = 25$ a 50.

Pomares. Plantações de árvores frutíferas com áreas abertas cultivadas ou livres de qualquer planta, a não ser gramas; $C = 15$ a 40.

Terrenos cultivados em zonas altas. Terrenos cultivados em plantações de cereais ou legumes, fora de zonas baixas e várzeas; $C = 15$ a 40.

Fazendas em vales. Terrenos cultivados em plantações de cereais ou legumes, localizadas em zonas baixas e várzeas; $C = 10$ a 30.

O método proposto destina-se exclusivamente ao cálculo das vazões de dimensionamento de obras de arte correntes na acepção própria do termo, isto é, estruturas de pequenas dimensões cujas características e responsabilidade não imponham estudos hidrológicos específicos e mais detalhados.

Trata-se de um método aproximado, que contém, entretanto, o essencial para um tratamento racional do problema de dimensionamento de bueiros, especialmente nas regiões em que não se dispõe de dados específicos e informações hidrológicas mais completas. Convém frisar que é preferível utilizar os registros de precipitação ou descarga locais, sempre que existentes, nada impedindo o emprego do método proposto a partir dessas informações.

Procuraram os autores dar ênfase especial ao aspecto econômico do dimensionamento, que está ligado à noção de freqüência da des-

vazões de enchentes

149

carga do projeto, bem como estruturar um método em torno de informações hidrológicas e meteorológicas próprias, de forma a libertar o problema das soluções importadas, cuja adaptação carece, em geral, de uma melhor justificativa técnica.

A necessidade de um contínuo aperfeiçoamento dos métodos de dimensionamento é indiscutível. Somente com um trabalho sistemático de verificação de obras existentes; de confronto de suas dimensões com as resultantes da utilização deste ou de outros métodos; de registro sistemático do desempenho das estruturas, sua ruína parcial ou total e suas causas, será possível estabelecer critérios de projeto mais satisfatórios, cujo resultado econômico será, sem dúvida, altamente compensador. Essas considerações são válidas para outras estruturas hidráulicas de importância equivalente.

MÉTODOS HIDROMETEOROLÓGICOS

Os métodos de estudo de freqüência das vazões de enchente constituem-se em uma ferramenta importante para o estabelecimento de critérios de dimensionamento de obras hidráulicas cujo colapso não implique perdas de vida humana ou acarrete danos econômicos excepcionais. O conhecimento da freqüência com que determinado evento pode ocorrer permite o confronto econômico entre as possíveis conseqüências e o montante necessário para tornar as estruturas suficientemente resistentes à sua ação, propiciando os elementos necessários à definição ótima do projeto.

Entretanto, nos casos em que estão em jogo vidas humanas ou as conseqüências econômicas de um desastre não são admissíveis, há necessidade de um critério que assegure o dimensionamento da obra face às mais críticas condições de vazão a que possa estar sujeita.

Os estudos de freqüência, em geral, ignoram a existência de um limite à máxima vazão que pode ocorrer em determinado rio. Entretanto é indiscutível a existência de um limite físico, imposto pelas próprias dimensões da área drenada, pois não se pode admitir que enchentes observadas, por exemplo, na foz do rio Iguaçu (área da bacia de 70 800 km^2), venham a ser igualadas ou ultrapassadas em riachos com bacia de drenagem na ordem de algumas poucas centenas de quilômetros quadrados. Os métodos hidrometeorológicos procuram, exatamente, definir esse valor-limite a partir da avaliação da máxima precipitação, fisicamente possível sobre a bacia, calcado nas informações climáticas disponíveis e nos princípios da Meteorologia. Consistem, basicamente, na avaliação da chamada máxima precipitação provável, que é um trabalho essencialmente afeto aos meteorologistas, e na obtenção do hidrograma resultante, através da aplicação dos princípios

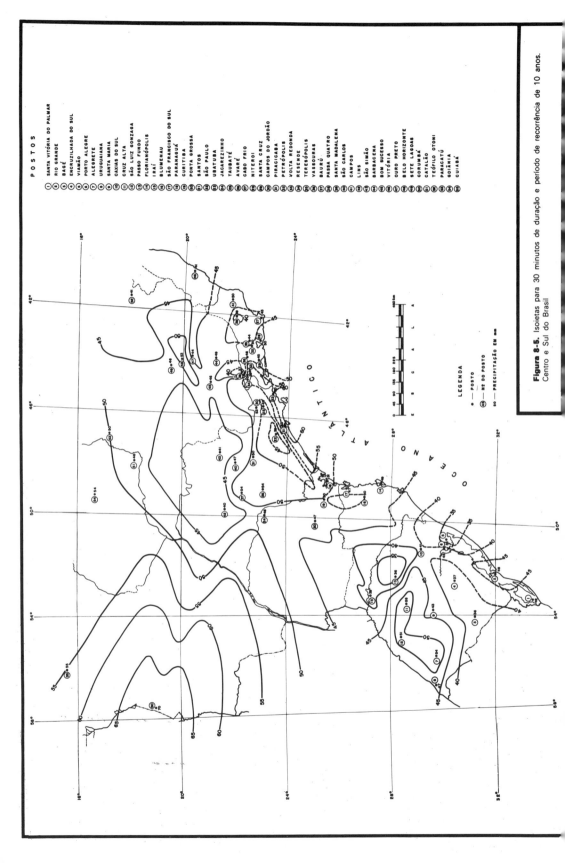

Figura 8-5. Isoietas para 30 minutos de duração e período de recorrência de 10 anos. Centro e Sul do Brasil

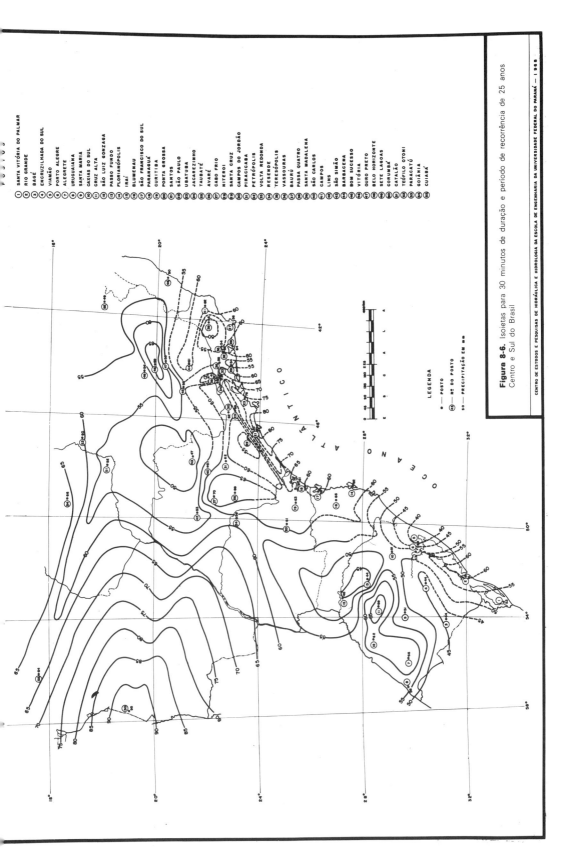

Figura 8-6. Isoietas para 30 minutos de duração e período de recorrência de 25 anos Centro e Sul do Brasil

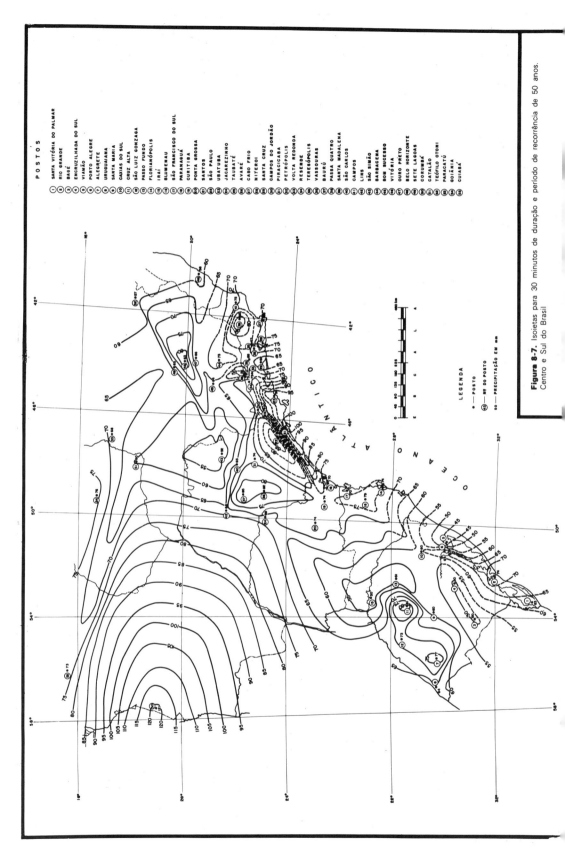

Figura 8-7. Isoietas para 30 minutos de duração e período de recorrência de 50 anos. Centro e Sul do Brasil

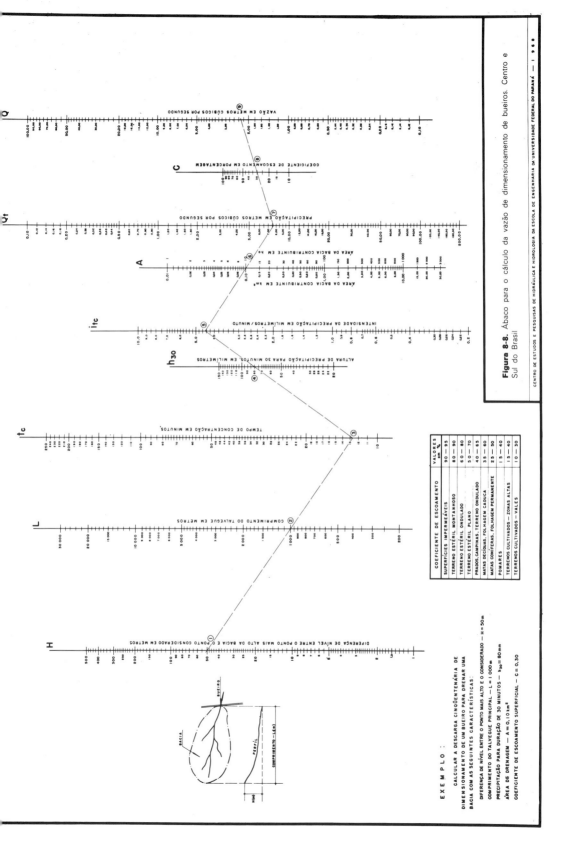

Figura 8-8. Ábaco para o cálculo da vazão de dimensionamento de bueiros. Centro e Sul do Brasil

150 hidrologia básica

do hidrograma unitário e da consideração das características da área drenada (capacidade de infiltração, etc.), já nos domínios da Hidrologia propriamente dita.

Os métodos hidrometeorológicos exigem, para sua correta aplicação, um número considerável de dados hidrológicos e meteorológicos, raramente disponíveis em países como o nosso, em que o valor da observação e registro sistemático dos fenômenos naturais só recentemente vêm sendo corretamente apreciados. Esse fato, entretanto, não reduz a importância de seu estudo entre nós, seja para a sua aplicação ainda que em condições imperfeitas, seja para ressaltar a importância dos dados básicos e orientar a política a seguir no melhoramento e adensamento dos postos de medição e estações meteorológicas do País.

AVALIAÇÃO DA MÁXIMA PRECIPITAÇÃO PROVÁVEL (MPP)

A *máxima precipitação provável* pode ser considerada como uma chuva fictícia capaz de produzir os máximos valores prováveis (ou possíveis) de precipitação, para qualquer duração, sobre uma dada área. Na realidade, seus valores são obtidos através da análise de diversos eventos independentes, por vezes de natureza diversa (chuvas frontais, convectivas ou orográficas), representando as condições críticas para cada duração, mas não significando necessariamente um fenômeno único.

A expressão *máxima precipitação possível* é utilizada algumas vezes no lugar de máxima precipitação provável, representando talvez melhor a intenção de se avaliar realmente o limite físico da precipitação. Entretanto o termo provável traduz melhor a natureza relativa dos resultados que se podem obter no estágio atual dos conhecimentos no campo da Meteorologia, da qual não se pode fugir nos estudos e previsões das vazões de enchente.

As etapas do estudo para a determinação da MPP, de acordo com a sistemática mais usual, são resumidos a seguir. Adiante, serão comentadas rapidamente as particularidades de cada etapa.

1) Seleção das maiores precipitações ocorridas na área ou que poderiam ter ocorrido sob condições meteorológicas um pouco diferentes.
2) Maximização dessas precipitações em função de condições meteorológicas críticas que poderiam ocorrer na região.
3) Transposição de precipitações observadas em regiões meteorologicamente homogêneas, levando em conta as características topográficas e as modificações resultantes, tendo em vista os princípios meteorológicos.
4) Com base nos valores encontrados, cálculo dos valores críticos altura--duração, definindo a MPP para uma certa área.

vazões de enchentes

SELEÇÃO DAS MAIORES PRECIPITAÇÕES

Os maiores eventos registrados na região ou em zonas de características meteorológicas semelhantes devem ser catalogados na forma de quadros ou gráficos, relacionando os valores máximos de altura de precipitação para cada duração (dados de máxima altura-duração). O traçado de isoietas, a aplicação do critério de Thiessen ou o emprego das curvas de massas serão provavelmente necessários nessa fase do estudo, em que não será tarefa menor a própria pesquisa dos dados básicos.

MAXIMIZAÇÃO

Por maximização de uma dada chuva entendem-se os ajustes que são efetuados para avaliar o total de precipitação que poderia ter propiciado esse evento em condições meteorológicas críticas, passíveis de ocorrência na região para a mesma época do ano.

Ainda que a eficiência de uma chuva, medida em termos de capacidade de transformar a umidade atmosférica em precipitação, dependa de fatores ainda não completamente conhecidos, admite-se nos estudos hidrometeorológicos que o volume precipitado é diretamente proporcional à umidade. Assim, o ajuste referido no parágrafo anterior, consiste simplesmente no produto da altura de precipitação pela relação entre a máxima umidade atmosférica observada na região, para aquela época do ano, e a umidade registrada por ocasião da precipitação analisada.

Na ausência de dados relativos à umidade nas camadas mais altas da atmosfera, costuma-se utilizar o ponto de orvalho na superfície como um índice representativo, já que, considerando-se a atmosfera saturada e pseudo-adiabática, a quantidade de umidade é uma função única da altitude do terreno e do ponto de orvalho na superfície.

Como ponto de orvalho representativo das condições reinantes por ocasião da precipitação, toma-se o mínimo valor observado durante o período de 12 h de máxima precipitação.

O máximo valor do ponto de orvalho para fins de maximização é o maior valor abaixo do qual o ponto de orvalho não desce durante um período igualmente de 12 h. Os valores do ponto de orvalho são geralmente reduzidos pseudo-adiabaticamente ao nível de pressão de 1 000 mb.

O ajuste pode ser efetuado com base na relação do volume de água precipitável, contido entre o nível do terreno e o correspondente à pressão de 200 mb, para os pontos de orvalho máximo e o ponto de orvalho persistente durante a precipitação.

Assim, se uma chuva de 100 mm em 24 h for observada sobre um planalto cuja altitude é 300 m, quando o ponto de orvalho representativo for 22°C, e o máximo valor deste puder alcançar 25°C, o coeficiente de ajuste será dado pela relação (Fig. 8-9),

$$C = \frac{\text{volume de água precipitável } (25°)}{\text{volume de água precipitável } (22°)} = \frac{2,96''}{2,27''} = 1,3.$$

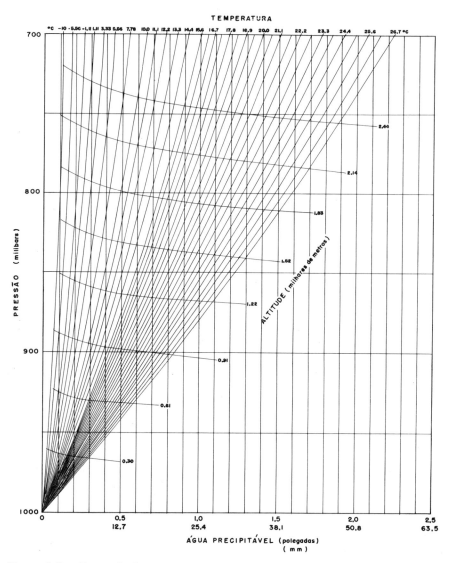

Figura 8-9a. Alturas de água precipitável em uma coluna de ar de dada altura acima de 1 000 mb. Considera-se a saturação com um lapso pseudo adiabático para as temperaturas na superfície indicadas (Fonte: Bureau of Reclamation)

vazões de enchentes

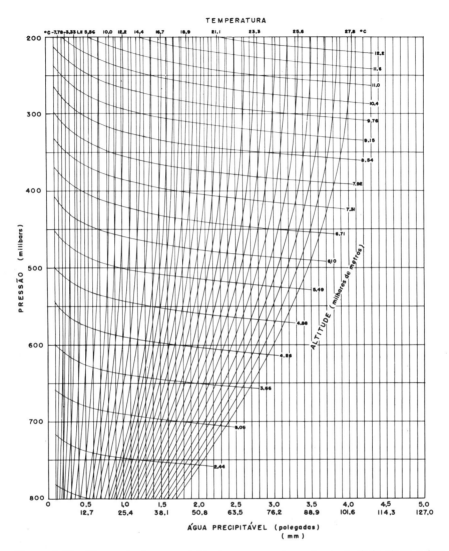

Figura 8-9b. Alturas de água precipitável em uma coluna de ar de dada altura acima de 1 000 mb. Considera-se a saturação com um lapso pseudo adiabático para as temperaturas na superfície indicadas (Fonte: Bureau of Reclamation)

Tivesse a precipitação ocorrido em condições críticas, o seu valor teria chegado a 130 mm.

Para o ajuste de umidade, é ainda empregado o chamado modelo de Schowalter e Solot. Os resultados obtidos são muito próximos dos alcançados pelo método descrito, não se julgando necessário abordá-lo

154 hidrologia básica

neste capítulo, que, longe de pretender esgotar um assunto específico da Meteorologia, procura apenas informar sobre a existência e a essência dos métodos hidrometeorológicos.

TRANSPOSIÇÃO

Nos casos mais freqüentes, as precipitações analisadas não ocorrem exatamente sobre a região em estudo e há necessidade de se considerarem os efeitos do deslocamento do fenômeno até a bacia hidrográfica. Naturalmente, a transposição só se pode efetuar entre regiões homogêneas sob o ponto de vista da Meteorologia. Assim, uma precipitação frontal ocorrida, por exemplo, no Estado de Santa Catarina poderia ser transposta para o norte e considerada sobre uma bacia na região centro-leste do Paraná. Dificilmente poderia justificar-se um deslocamento do mesmo evento para a região noroeste do Estado de São Paulo, pouco sujeita àquelas precipitações frontais.

A transposição compreende, em geral, quatro formas de ajuste.

a) Maximização da precipitação na própria região de ocorrência, na forma descrita anteriormente.

b) Ajuste para levar em consideração a variação de quantidade de umidade disponível, indicada pela variação do ponto de orvalho máximo persistente por 12 h entre a região original de ocorrência e a zona estudada. Esse ajuste pode redundar em um aumento ou redução da precipitação.

c) Um terceiro ajuste deve ser efetuado em função da diferença de altitude entre as duas regiões. Se a bacia em estudo tiver maior altitude, haverá uma redução do volume de água precipitável quando a massa de ar transpuser a barreira. O coeficiente de ajuste será a relação entre o volume de água precipitável entre o nível do terreno em estudo e o nível 200 mb, para o máximo ponto de orvalho, e o volume disponível na região da ocorrência original, para o mesmo ponto de orvalho.

d) Além das transformações acima indicadas, deve-se levar em consideração a configuração das isoietas da precipitação no que diz respeito à sua orientação com relação à bacia hidrográfica. Em geral, uma rotação de até $20°$ é permitida no sentido de se obter um maior volume de chuva sobre a área de drenagem.

DEFINIÇÃO DA MPP

Os valores que definem a MPP são obtidos graficamente. As diversas precipitações transpostas e maximizadas são representadas sob a forma de curvas altura-duração (Fig. 8-10). Uma curva envoltória ajustada aos dados fornecerá os valores máximos da altura média de chuva sobre a área considerada.

vazões de enchentes

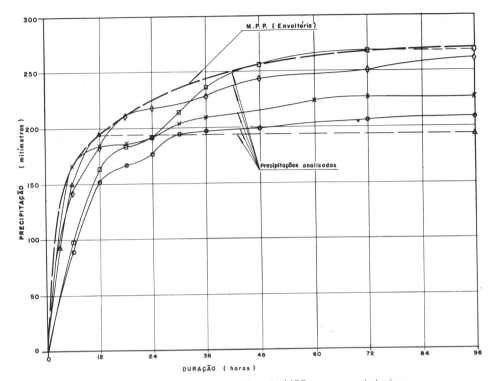

Figura 8-10. Definição gráfica da MPP para uma dada área

Os pontos de controle da curva envoltória podem corresponder a chuvas distintas, conforme ilustrado na Fig. 8-10. Em certos casos, as precipitações de controle são tão diferentes dinamicamente que se torna necessário considerar chuvas envoltórias em separado, no estudo das cheias resultantes.

A MPP obtida segundo tal sistemática, ou através de métodos análogos, aproxima-se do limite físico que se procura definir para a precipitação sobre uma bacia hidrográfica. Naturalmente, o valor e o grau de confiança dos resultados são função, por um lado, do número e da qualidade dos dados básicos (possibilidade de analisar um número razoável de eventos de grande magnitude) e, por outro, do conhecimento imprescindível das características meteorológicas da região e das leis da Meteorologia em geral (exigência quase obrigatória da participação de um meteorologista).

HIDROGRAMA DE ENCHENTE

Estabelecida a MPP, o hidrograma unitário é utilizado para a avaliação da enchente, permitindo não só o cálculo da máxima vazão resultante, como também o da própria onda de cheia. Os princípios

156 hidrologia básica

básicos do método foram já definidos no Cap. 7, restando apenas apresentar aqui os critérios para sua aplicação ao se tratar de uma enchente excepcional, em que as condições de escoamento devem ser consideradas críticas.

HIDROGRAMA UNITÁRIO

O hidrograma unitário deve, de preferência, englobar toda a bacia hidrográfica a montante da seção considerada. Em bacias de grandes dimensões ou que apresentem regiões de características climáticas bastante distintas, onde seja improvável a ocorrência de precipitações regularmente distribuídas, pode ser conveniente dividir a bacia em áreas parciais, definindo-se os hidrogramas para as respectivas áreas e calculando-se a propagação das cheias até o local de implantação da obra. Tal processo é, em princípio, menos recomendável, devido à possibilidade de introdução de erros no desenvolvimento dos cálculos de propagação das enchentes, a não ser que se disponha de dados de boa qualidade sobre a topografia e as características hidráulicas do vale.

Quando a bacia hidrográfica abrange regiões de características muito distintas quanto à natureza do solo, da vegetação ou do relevo, torna-se em geral mais conveniente definir os hidrogramas para as áreas parciais, impondo-se o emprego dos métodos de propagação das enchentes para a composição do hidrograma final na seção de projeto.

No caso de vazões excepcionais, a elevação considerável do nível das águas pode ocasionar uma redução no tempo de concentração da bacia e condições de escoamento mais favoráveis do que as constatadas para as ondas de cheia utilizadas na determinação do hidrograma unitário. Para levar em conta esse efeito, é comum considerar um aumento das vazões de pico do hidrograma unitário da ordem de 25% a 50%, principalmente em bacias de declividade acentuada e vales relativamente estreitos. A própria existência do reservatório contribui para esse aumento da eficiência hidráulica da bacia, principalmente quando a área inundada é de grande extensão, com relação à bacia drenada. Realmente, o reservatório substitui os trechos de rio inundados por uma única via de grandes dimensões, em que a resposta aos influxos de vazão é praticamente instantânea. Estudos efetuados para o rio Negro, no Uruguai, revelaram que as pontas de vazão, nas grandes cheias, sofreram aumentos da ordem de 25%, após a existência do reservatório, cujo volume é de $14 \cdot 10^9 \, m^3$ e cuja extensão representa a terça parte do comprimento total do talvegue principal. Convém observar que esse efeito desfavorável diz respeito às vazões afluentes e não deve ser confundido com a ação moderadora do reservatório sobre as descargas efluentes, provocada pela acumulação das águas no lago.

vazões de enchentes 157

PRECIPITAÇÃO EFETIVA

A curva envoltória da Fig. 8-10, que define a MPP, não traduz a evolução da precipitação no tempo. É necessário dividir a duração total da chuva em intervalos de tempo iguais ao período unitário do hidrograma unitário utilizado, calcular os incrementos de precipitação em cada intervalo e rearranjá-los no tempo de maneira a se obter um histograma de precipitações, do qual resulte o máximo volume de escoamento superficial.

O Quadro 8-3 ilustra a sistemática a adotar para a redistribuição dos incrementos de precipitação, com vistas à curva da Fig. 8-10, admitindo-se a utilização do hidrograma unitário estabelecido no Cap. 7.

Os incrementos de precipitação são distribuídos no tempo, colocando-se os maiores valores em correspondência com as maiores ordenadas do hidrograma unitário (coluna 5), invertendo-se, em seguida, esta ordem (coluna 6) para se obter o arranjo a adotar nos cálculos.

Quadro 8-3. Precipitação efetiva P_e

(1)	(2)	(3)	(4)	(5)	(6)	(7)	(8)
t, horas	Hidrograma unitário	MPP mm	Incrementos			Perdas. mm	P_e. mm
			MPP, mm	Pré-arranjo, mm	Arranjo, mm		
0	0						
12	13,0	196	196	2	0,5	12	
24	49,0	226	30	30	1	12	
36	62,0	245	19	196	4	12	
48	42,5	258	13	19	6	12	
60	30,0	264	6	13	13	12	1
72	21,5	268	4	6	19	12	7
84	14,0	270	2	4	196	12	184
96	6,0	271	1	1	30	12	18
108	2,0	271,5	0,5	0,5	2	12	
120	0						

Subtraindo-se das alturas de chuva as perdas estimadas, obtêm-se os valores da precipitação efetiva. A sistemática adotada conduz ao maior valor possível para a vazão de ponta pois esta será o resultado do somatório dos produtos das maiores alturas de precipitação pelos maiores valores do hidrograma unitário.

Para as precipitações de características excepcionais, pode-se considerar que as perdas são devidas quase que exclusivamente à capacidade de infiltração do solo, que decresce com o tempo ao longo da chuva, até um limite razoavelmente definido, função das características do solo. Como se procura estabelecer condições críticas de escoamento, é aceitável utilizar um índice constante de infiltração, que se confunde em

158   hidrologia básica

geral com a capacidade última de infiltração do terreno. Este limite é
obtido da análise dos valores observados para as maiores enchentes registradas, em que se procura caracterizar o valor mínimo das perdas,
passível de ocorrer na bacia, levando-se em conta, inclusive, a influência de precipitações anteriores, que tendem a provocar uma redução
da capacidade inicial de infiltração do solo.

As perdas são subtraídas dos incrementos de precipitação, definindo a precipitação efetiva, cujo volume será igual, naturalmente, ao
volume do escoamento superficial.

VAZÃO DE BASE

No estudo de vazões da ordem de grandeza da provocada pela
MPP, a influência da parcela correspondente à alimentação subterrânea
é geralmente pequena. O valor a adotar para o início da onda de
cheia será função da possibilidade de ocorrência de cheias de menor
magnitude, anteriores ao evento crítico, sendo que sua variação ao
longo do período de duração da enchente pode, na maioria dos casos,
ser considerada linear.

PROPAGAÇÃO DAS CHEIAS

O hidrograma de uma onda de cheia representa a variação da
vazão em uma dada seção do rio, refletindo, portanto, os efeitos da
bacia hidrográfica a montante da seção sobre a distribuição temporal
da precipitação. Em muitas oportunidades, existe o interesse de se
conhecer a alteração que sofre essa onda ao passar através de um
reservatório ou ao se deslocar para jusante ao longo do próprio vale
do rio. Este assunto é tratado em Hidrologia sob o título de *propagação
de cheias*.

Conhecido o hidrograma das vazões afluentes (Q_a) ao reservatório
ou à extremidade de montante de um certo trecho do rio, o problema
resume-se à determinação do correspondente hidrograma de vazões
efluentes (Q_e), através dos órgãos de descarga da barragem ou da seção
de jusante do trecho de rio considerado.

O fenômeno é descrito pela equação da continuidade.

$$Q_a = Q_e + \frac{dV}{dt},\qquad (1)$$

em que dV representa a variação do volume acumulado no reservatório
ou no próprio rio, devido à sua variação de nível, no intervalo elementar
de tempo dt.

A resolução da equação (1) é bastante simples para o caso dos
reservatórios, tendo em vista que os efeitos dinâmicos são desprezíveis
e que as variáveis Q_e e V são funções, exclusivamente, do nível das
águas represadas, ou seja, das condições existentes a montante. (Para
as barragens com órgãos de descarga dotados de comportas, a vazão

Q_e será, naturalmente, função ainda do grau de abertura desses dispositivos de controle.)

Existem diversas maneiras para resolver a equação (1) por acréscimos finitos, seja numérica seja graficamente, desde que se considerem intervalos de tempo (Δt) suficientemente pequenos para permitir a consideração de uma variação linear das vazões nesses intervalos.

Como ilustração, descreve-se a seguir um dos processos freqüentemente empregados, recomendando-se a bibliografia complementar como referência a quem se interesse pelas demais alternativas de solução.

A equação (1), escrita para intervalos de tempo Δt, suficientemente pequenos, toma a forma

$$\frac{Q_{a1}+Q_{a2}}{2}=\frac{Q_{e1}+Q_{e2}}{2}+\frac{V_2-V_1}{t}, \qquad (2)$$

que pode ser escrita, ainda,

$$\frac{Q_{a1}+Q_{a2}}{2}+\left(\frac{V_1}{t}-\frac{Q_{e1}}{2}\right)=\frac{V_2}{t}+\frac{Q_{e2}}{2}, \qquad (3)$$

onde os índices 1 e 2 indicam valores no início e fim de cada intervalo de tempo Δt.

Considerando conhecidas as condições existentes no início do período (V_1 e Q_{e1}), a equação (3) contém duas variáveis desconhecidas e para sua solução necessita-se de mais uma condição, como a relação entre Q_e e V, representada pela curva (1) da Fig. 8-11, função da to-

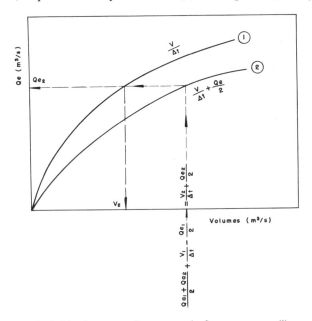

Figura 8-11. Curvas vazão × acumulação e curva auxiliar

pografia do reservatório e das características hidráulicas dos órgãos de descarga da barragem.

Para facilitar a solução da equação, eliminando-se as tentativas, acrescenta-se ao gráfico a curva 2, de $\left(\dfrac{V}{\Delta t} + \dfrac{Q_e}{2}\right)$ em função da vazão Q_e.

A obtenção de Q_e ao fim de cada período Δt se faz a partir dos valores de V e Q_e no início do período. Conforme indicado na Fig. 8-11, conhecido $\left(\dfrac{Q_{a1} + Q_{a2}}{2} + \dfrac{V_1}{\Delta t} - \dfrac{Q_{e1}}{2}\right)$, obtém-se das curvas (2) e (1) os valores de Q_{e2} e V_2. Estes são os valores da vazão efluente e do volume do reservatório correspondentes à condição inicial do período Δt seguinte. Prossegue-se de forma análoga para os demais intervalos de tempo.

O hidrograma das vazões efluentes é assim definido completamente, observando-se que o máximo valor da descarga, sempre inferior à vazão máxima afluente e deslocado no tempo, corresponde ao ponto de interseção dos hidrogramas (Fig. 8-12), quando a descarga através da barragem é função, exclusivamente, do nível das águas no reservatório.

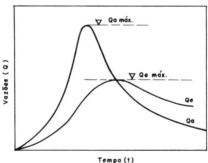

Figura 8-12. Hidrograma das vazões afluentes e efluentes em um reservatório. Órgãos de descarga sem comportas

No caso de barragens dotadas de comportas, a evolução das vazões efluentes no tempo dependerá naturalmente da programação da abertura das comportas. Estabelecida sua seqüência de operação, a sistemática de cálculo pode ser desenvolvida de forma análoga à apresentada anteriormente, introduzindo-se no gráfico da Fig. 8-11, tantas curvas $\dfrac{V}{\Delta t} = f(Q_e)$ e $\dfrac{V}{\Delta t} + \dfrac{Q_e}{2} = f(Q_e)$, quantas forem as condições de aberturas parciais das válvulas e comportas a considerar ao longo do decorrer do fenômeno.

O estudo da propagação das ondas de cheia ao longo dos vales dos rios apresenta, em geral, maiores dificuldades, principalmente devido ao fato de o volume acumulado no trecho não ser uma função unívoca da vazão na extremidade de jusante. O escoamento não sendo permanente, o perfil da linha de água pode assumir posições diversas para uma mesma descarga Q_e, resultando valores distintos para o volume acumulado no vale.

A acumulação ao longo do rio produz efeitos semelhantes aos de um reservatório, conforme se verifica no exemplo da Fig. 8-13, onde foram registrados os hidrogramas das vazões observadas nas seções A e E, por ocasião da passagem de uma onda de cheia. A máxima descarga Q_e é sempre inferior ao maior valor de Q_a e ocorre com um certo atraso de tempo.

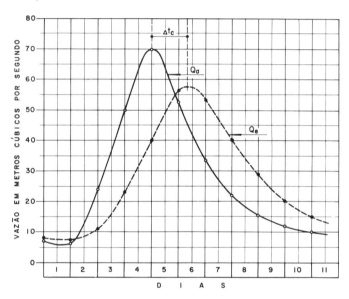

Figura 8-13. Propagação da onda de cheia

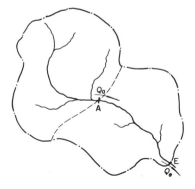

Admitindo-se como desprezível, neste exemplo, a contribuição natural da bacia entre as duas seções, a alteração observada no hidrograma efluente Q_e, com relação à distribuição das descargas afluentes Q_a, é atribuível, exclusivamente, aos efeitos de acumulação no vale do rio.

O cálculo desses volumes acumulados, com base em dados de topografia e nas curvas de remanso ao longo do trecho, é de realização difícil e em geral muito dispendiosa. São necessários levantamentos topográficos bastante detalhados para permitir um conhecimento razoável das características hidráulicas do vale. Por outro lado, o cálculo das curvas de remanso deverá abranger um grande número de situações, tendo em vista que o regime de escoamento não é permanente e a superfície livre das águas pode assumir formas distintas para idênticas condições-limites na seção de jusante, em função da posição em que se encontre a onda de cheia no trecho considerado.

A Fig. 8-14 ilustra uma onda de cheia em dado instante, destacando os dois tipos principais de acumulação a considerar: volumes prismáticos e volumes em forma de cunha. Seu deslocamento no espaço altera esses volumes, tornando as computações extremamente laboriosas.

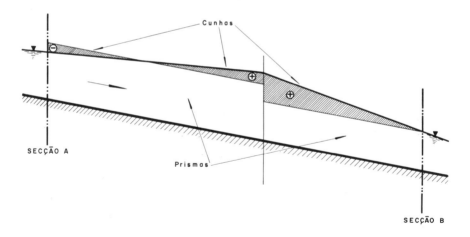

Figura 8-14. Esquema do perfil de uma onda de cheia

A maneira mais prática de se obterem os volumes acumulados no trecho é a de se lançar mão dos próprios dados de vazão obtidos nas duas extremidades e, pelo emprego da equação da continuidade (2), calcular as acumulações que provocaram os efeitos registrados. O Quadro 8-4 ilustra o cálculo efetuado para o exemplo da Fig. 8-13. Obtidos os valores médios, $\overline{Q}_a$ e $\overline{Q}_e$, para cada intervalo de tempo

vazões de enchentes

(colunas 3 e 5), a variação do volume acumulado nesse intervalo é calculada pela expressão $\overline{Q}_a - \overline{Q}_e = \dfrac{\Delta V}{\Delta t}$. O somatório dos valores da coluna 6 fornece os volumes totais acumulados, a menos de um volume morto, que não participa do fenômeno.

Quadro 8-4. Cálculo dos volumes acumulados no vale do rio (ver Fig. 7-13)

1	2	3	4	5	6 (3-5)	7 (6)	8
Dia—Hora	Q_a	$\overline{Q}_a$	Q_e	$\overline{Q}_e$	$\dfrac{\Delta V}{\Delta t}$	$\dfrac{V}{t}$	$0,2\,Q_a + 0,8\,Q_e$
1-0	7,0	6,5	8,0	7,7			
2-0	6,0	15,0	7,5	9,3	5,7		
3-0	24,0	37,0	11,0	17,0	20,0	5,7	13,6
4-0	50,0	60,0	23,0	31,5	28,5	25,7	28,4
5-0	70,0	61,5	40,0	48,3	13,2	54,2	46,0
6-0	53,0	43,2	56,5	55,0	−11,8	67,4	55,8
7-0	33,5	27,8	53,5	46,7	−18,9	55,6	49,5
8-0	22,0	18,7	40,0	34,5	−15,8	36,7	36,4
9-0	15,5	13,8	29,0	24,5	−10,7	20,9	26,3
10-0	12,0	11,0	20,0	17,5	− 6,5	10,2	18,4
11-0	10,0		15,0			3,7	14,2

Plotando-se os volumes acumulados em função da vazão Q_e (Fig. 8-15a), obtém-se, em geral, uma curva em laço, que demonstra a inexistência de uma relação biunívoca entre a descarga na extremidade de jusante do trecho e o volume retido no vale do rio. As acumulações são maiores na fase ascencional da onda.

Em certos casos, principalmente em rios de declividade acentuada, em que as acumulações em cunha são desprezíveis, a dispersão dos valores não é muito sensível, sendo aceitável considerar o volume de acumulação simplesmente relacionado à vazão efluente, segundo uma curva média traçada no gráfico $\dfrac{V}{\Delta t} = f(Q_e)$. O estudo da propagação da onda de cheia é efetuado então por um método em tudo análogo ao apresentado anteriormente para o caso dos reservatórios, conhecido como o método de Puls.

Resultados mais exatos, entretanto, podem ser obtidos por processos de cálculo que levam em conta as variações do volume de acumulação em função do estágio da onda de cheia, em que se destaca o chamado método de Muskingum, explanado a seguir.

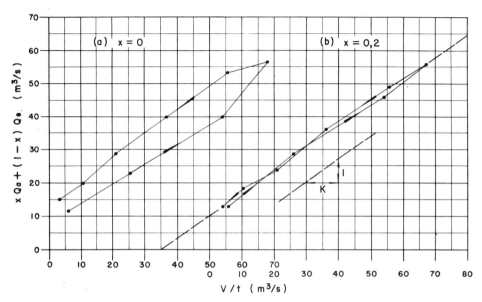

Figura 8-15. Método de Muskingum

Verificada a inexistência de uma correlação simples entre Q_e e V, é razoável procurar introduzir a vazão afluente Q_a como um parâmetro na equação que define o volume de acumulação, porque se pode considerar que as acumulações em cunha que se formam na passagem da onda são proporcionais à diferença $Q_a - Q_e$.

Pelo método de Muskingum, admite-se que o volume acumulado possa ser descrito pela expressão

$$\frac{V}{\Delta t} = K[x \cdot Q_a + (1-x)Q_e], \qquad (4)$$

em que K é a constante de acumulação, cujo valor aproxima-se, em geral, da relação entre o tempo de deslocamento da onda no trecho (Δt_c) e o tempo unitário (Δt); x, o coeficiente que exprime o grau de participação da vazão Q_a na caracterização do volume acumulado, cujo valor, para a maioria dos rios, situa-se entre 0 e 0,3.

Os valores de K e x são obtidos por tentativa, plotando-se V contra $[x \cdot Q_a + (1-x)Q_e]$, para diversos valores de x, até se obter uma relação o mais possível linear (Fig. 8-15).

O valor de K mede a inclinação da reta que melhor se ajusta aos dados.

No exemplo, em referência,

$$x = 0.2 \quad e \quad K = 1,46.$$

vazões de enchentes

Combinando-se as equações (2) e (4) e manipulando-se os termos, obtém-se a expressão para Q_{e2} :

$$Q_{e2} = C_0 Q_{a2} + C_1 Q_{a1} + C_2 Q_{e1},\qquad(5)$$

onde os coeficientes valem

$$C_0 = -\frac{Kx - 0,5t}{K - Kx + 0,5t},$$

$$C_1 = \frac{Kx + 0,5t}{K - Kx + 0,5t},$$

$$C_2 = \frac{K - Kx - 0,5t}{K - Kx + 0,5t},$$

cuja soma $C_0 + C_1 + C_2 = 1$.

A expressão (5) permite calcular a vazão efluente no fim de um período Δt, em função das vazões afluentes e da descarga efluente no início do período. O valor assim obtido é utilizado como o inicial para o intervalo seguinte e, assim, sucessivamente, são calculados os demais valores de Q_e.

Uma das principais dificuldades no estudo da propagação das cheias reside no tratamento da vazão local, assim denominada a contribuição dos afluentes existentes entre as duas seções consideradas do rio principal. Em geral, se os afluentes concentram-se nas proximidades da extremidade da montante do trecho, a vazão local é simplesmente adicionada ao hidrograma das descargas afluentes. De forma análoga, se a contribuição local verifica-se principalmente junto à seção a jusante, antes de se efetuar a análise dos volumes de acumulação (Quadro 8-4), subtraem-se das vazões efluentes os valores estimados para a vazão local. Em casos intermediários, haverá necessidade de se arbitrar uma distribuição razoável da vazão local entre as descargas afluentes e efluentes do curso de água principal. Com exceção dos casos em que a contribuição local representa uma porcentagem importante da vazão total do rio, a adoção de um critério, mesmo subjetivo, pouco erro introduz nos resultados. Em caso de vazões locais ponderáveis, aconselha-se subdividir o trecho do rio principal e efetuar os cálculos de propagação por partes.

O problema da propagação das cheias presta-se ao desenvolvimento de diversos métodos de cálculo, quer numéricos, gráficos ou mesmo de natureza mecânica. Uma extensa bibliografia atesta a versatilidade dos investigadores na concepção e utilização dos mais variados artifícios de cálculo na resolução de problemas particulares e em sua generalização. O advento dos computadores eletrônicos analógicos ou digitais, especialmente esses últimos, tem provocado o desenvolvimento de processos, cada vez mais precisos, para a resolução rápida e conveniente de problemas de maior complexidade, permitindo, inclusive, abordar o fenômeno a partir das leis gerais do escoamento não-permanente, método em geral, até aqui, relegado a segundo plano, pelas dificuldades da solução analítica exata e limitações das soluções aproximadas. O assunto ultrapassa as finalidades desta obra, pelo que se inclui na bibliografia complementar alguns trabalhos como ponto de referência aos interessados.

bibliografia complementar

VEN TE CHOW — *Proceedings ASCE*, Vol. 81, separata 709, p. 18, junho 1965

BERNIER — Comparaison des lois de Gumbel et de Fréchet sur l'estimation des débits maxima de crues. Comportamento assintótico das curvas de duração — La Houille Blanche, jan-fev. 1 059 n.º 1

CROXTON, F. E. e D. J. COWDEN — *Estatística general aplicada*. Trad. de Teodoro Ortiz e Manuel Bravo. Fondo de Cultura Econômica, México-Buenos Aires, 1958

CREAGER, WILLIAM P. e JOEL D. JUSTIN — *Hydroeletric Handbook*. Nova York, John Wiley and Sons, Inc., 1950

UEHARA, K. — Contribuição para o estudo das vazões mínimas, médias e máximas de pequenas bacias hidrográficas. Tese apresentada à Comissão Julgadora do Concurso de Livre Docência da Cadeira n.º 40. Hidráulica Aplicada da Escola Politécnica da USP., 1964

ALCÂNTARA, U. A. — A vazão do Rio Rainha. SURSAN, julho de 1963

PAULHUS, J. L. H. e GILMAN, C. S. — Evaluation of Probable Maximum Precipitation. *Trans. American Geophysical Union*, **34**, 5, outubro de 1953

CORPS OF ENGINEERS, U.S. ARMY, Eagle George Project, Green River, Washington. Derivation of Spillway Design Flood, 1953 (relatório interno)

U.S. DEPARTMENT OF INTERIOR. *Bureau of Reclamation Manual*, Vol. IV. Water Studies, Denver, Colo., 1951

HERSHFIELD, D. M. — Extreme Rainfall Relationship, *Journal of the Hydraulics Division, ASCE*, HY 6, novembro de 1962

HERSHFIELD, D. M. — Estimating the Probable Maximum Precipitation, *Journal of the Hydraulics Division, ASCE*, HY 5, setembro de 1961

SOUSA PINTO, N. L. de, HOLTZ, A. C. T. e MASSUCCI, C. J. J. — Vazão de Dimensionamento de Bueiros, IPR. Publicação n.º 478, Rio de Janeiro, 1970

VEN TE CHOW — *Handbook of Applied Hydrology*, McGraw-Hill Book Co., 1964

BUIL, JOSÉ A. — Synthetic Coefficients for Stream Flow Routing. *Proc. ASCE, Journal of the Hydraulics Division*, Vol. 93, HY 6, novembro de 1967

AMEIN, MICHAEL, Implicit Flood Routing in Natural Channels. *Proc. ASCE, Journal of Hydraulics Division*, Vol. 96, HY 12, dezembro de 1970

GRAVES, EUGENE A. — Improved Method of Flood Routing. *Proc. ASCE, Journal of Hydraulics Division*, Vol. 93, HY 1, janeiro de 1967

DUBREUIL, P. — L'Influence d'une Grande Retenue sur la Formation des Crues, Exemple du Rio Negro, Uruguai, Terres et Eaux, n.º 41, 1963

CAPÍTULO 9

manipulação dos dados de vazão

N. L. DE SOUSA PINTO

Os projetos de obras hidráulicas exigem a manipulação e apresentação gráfica dos dados de vazão, relativos a períodos em geral longos, com a finalidade de proporcionar uma melhor vizualização do regime do rio, ou de destacar algumas de suas características ou, ainda, de estudar os efeitos de regulação propiciados pelos reservatórios. Nesse sentido, os valores das vazões médias diárias ou mensais podem ser apresentados sob a forma de fluviogramas, fluviogramas médios, curvas de permanência e curvas de massa, colocando em evidência, em cada caso, aspectos distintos do regime do curso de água e facilitando a compreensão das características de escoamento da bacia hidrográfica e a solução de problemas específicos.

FLUVIOGRAMA

O fluviograma é simplesmente um gráfico de representação das vazões ao longo de um período de observação, na seqüência cronológica de ocorrência. Pode ser constituído por uma linha contínua, indicando a variação do valor instantâneo da vazão no tempo ou por traços horizontais descontínuos correspondentes às vazões médias de um certo intervalo de tempo unitário (Fig. 9-1).

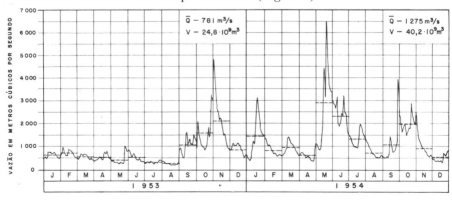

Figura 9-1. Fluviograma de vazões médias diárias e mensais do Rio Iguaçu em Salto Osório

168

hidrologia básica

Retratando o regime do rio, permite vizualizar com facilidade a extensão e distribuição dos períodos extremos de vazão, estiagens e enchentes, em ordem cronológica ao longo do período de observação.

FLUVIOGRAMA MÉDIO

Com a finalidade de caracterizar o regime anual, costuma-se estabelecer um fluviograma de vazões mensais, em que cada mês é definido pela média das vazões observadas naquele mês, ao longo do período considerado. A Fig. 9-2 ilustra dois exemplos de fluviogramas anuais médios, correspondentes ao período 1941-1970, em postos dos rios Capivari e Iguaçu, no Estado do Paraná.

Os fluviogramas médios fornecem uma indicação sobre a distribuição dos períodos de águas altas e de estiagem do rio. Entretanto sua análise deve ser conduzida com a devida precaução, tendo-se em vista a própria natureza estatística dos valores médios utilizados. Os exemplos mostrados na Fig. 9-2 ilustram dois casos característicos. Para o rio Capivari, distingue-se, imediatamente, a existência do período de maior vazão na primavera e verão, enquanto o outono e inverno se caracterizam por uma contribuição sensivelmente inferior. No rio Iguaçu, a distribuição dos valores médios é relativamente uniforme ao longo de todo o ano.

Para melhor caracterização do regime, foram acrescentados sobre os hidrogramas os coeficientes de variação de cada valor médio, definidos como a relação entre o desvio padrão da amostra e sua média. Distingue-se imediatamente um novo aspecto, importante, para a compreensão do regime dos dois rios. Os coeficientes de variação, relativamente baixos, no primeiro caso indicam a existência de um regime razoavelmente bem definido, em que apenas durante os meses de julho a setembro nota-se uma tendência a variações mais significativas. No caso particular, as precipitações pluviais de caráter frontal, em alguns anos muito freqüentes no inverno, explicam o maior grau de variabilidade das vazões nessa época. Já para o Rio Iguaçu, os coeficientes de variação atingem valores extremamente elevados, traduzindo a natureza errática do regime do rio. Realmente, é característica do baixo Iguaçu a possibilidade de ocorrência de cheias ou estiagens notáveis em qualquer época do ano.

As descargas mensais máximas e mínimas observadas durante o período são igualmente mostradas na figura, complementando e confirmando as considerações anteriores.

Os fluviogramas médios anuais, em que pesem suas limitações, são um instrumento de visualização extremamente útil, pela compacidade e simplicidade com que representam os aspectos principais do

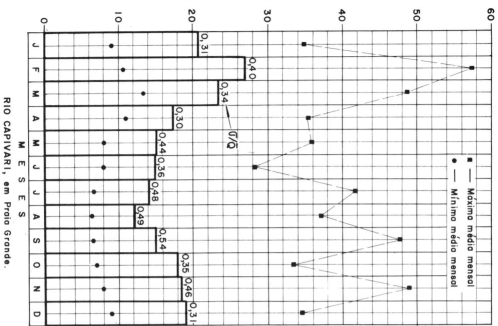
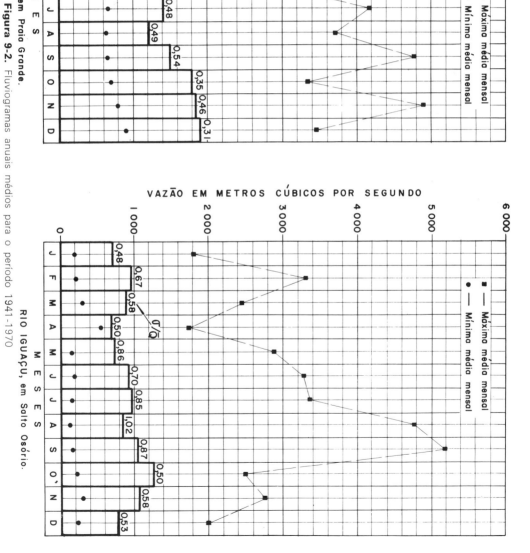

Figura 9-2. Fluviogramas anuais médios para o período 1941-1970

170 hidrologia básica

regime dos rios, principalmente se utilizados com a prudência necessária e a compreensão justa da natureza estatística das variáveis representadas.

CURVA DE PERMANÊNCIA

A sucessão de valores de vazões médias de certo intervalo de tempo (dia, mês) constitui uma série de dados que pode ser organizada segundo uma distribuição de freqüências. Para isso, basta definir os intervalos de classe em função da ordem de grandeza das descargas e contar e registrar o número de dados que se situam em cada intervalo.

Acumulando-se as freqüências das classes sucessivas e lançando-as em um gráfico, em correspondência aos limites inferiores dos respectivos intervalos de classe, obtém-se a curva de permanência das vazões, que nada mais é que a curva acumulativa de freqüência da série temporal contínua dos valores das vazões.

Organizada da maneira descrita, a curva de permanência indicará a porcentagem de tempo que um determinado valor de vazão foi igualado ao ultrapassado durante o período de observação. Para facilidade de utilização, o somatório das freqüências é expresso geralmente em termos de porcentagem de tempo em vez de em número de dias. A Fig. 9-3 mostra três curvas de permanência das descargas do rio Iguaçu, em Porto Amazonas, para o período 1941-1970, correspondentes, respectivamente, a vazões médias diárias, mensais e anuais.

Quanto maior for o intervalo unitário de tempo utilizado para o cálculo da vazão média, menor será a gama de variação ao longo do eixo das ordenadas, em conseqüência da própria natureza do valor médio. Em geral, é preferível utilizar-se a curva de permanência calculada para as vazões médias diárias, de maneira a evitar esse efeito amortecedor da média de períodos mais extensos.

A curva de permanência, conforme o exemplo da Fig. 9-3, pode ser considerada como um hidrograma em que as vazões são arranjadas em ordem de magnitude. Permite, assim, visualizar de imediato a potencialidade natural do rio, destacando a vazão mínima e o grau de permanência de qualquer valor de vazão.

Em estudos energéticos costuma-se definir como *energia primária da usina* a correspondente a uma potência disponível entre 90 e 100% do tempo. As curvas de permanência apresentam em muitos casos um abaixamento abrupto nos arredores da abscissa 97%, devido à ocorrência de alguns raros períodos de seca excepcional. Nesses casos, a freqüência correspondente a essa queda brusca pode ser utilizada para a definição da energia primária.

A curva de permanência permite, ainda, estimar os efeitos de um pequeno reservatório sobre a vazão mínima garantida. No exemplo da

manipulação dos dados de vazão 171

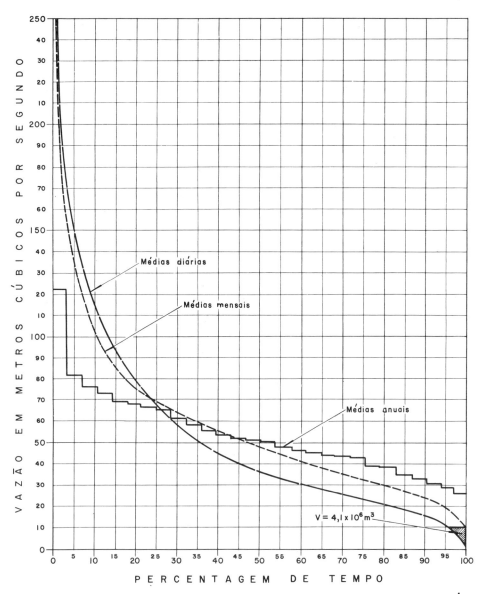

Figura 9-3. Curvas de permanência das descargas do rio Iguaçu, em Porto Amazonas, para o período 1941-1968

Fig. 9-3, observa-se que se poderia elevar a vazão mínima a $10,0 \text{ m}^3/\text{s}$, com o auxílio de uma reserva de cerca de $4,1 \cdot 10^6 \text{ m}^3$. Entretanto a própria natureza da curva de permanência, em que não se obedece a cronologia de ocorrência das vazões, limita a sua aplicação, no estudo dos efeitos dos reservatórios, a estimativas preliminares e a casos de volumes relativamente pequenos.

Além dos resultados diretos que fornece para o estudo do aproveitamento das disponibilidades do curso de água, as curvas de permanência constituem um instrumento valioso de comparação entre as características de bacias hidrográficas distintas, colocando em evidência os efeitos do relevo, da vegetação e uso da terra e da precipitação, sobre a distribuição das vazões.

Para o confronto entre diferentes bacias, costuma-se representar as curvas de permanência em termos de descargas específicas $(l/s \cdot km^2)$ ou, ainda, em termos de relação para com a vazão média $(Q/\overline{Q})$.

As Figs. 9-4 e 9-5, em que se comparam as curvas correspondentes a três postos fluviométricos do rio Iguaçu, ilustram a natureza das observações que se podem realizar com esse tipo de análise.

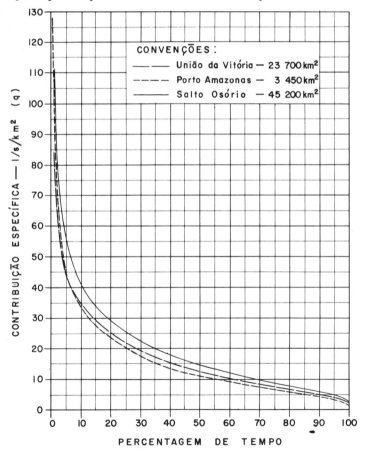

Figura 9-4. Curvas de permanência em termos de descargas específicas. Rio Iguaçu

manipulação dos dados de vazão

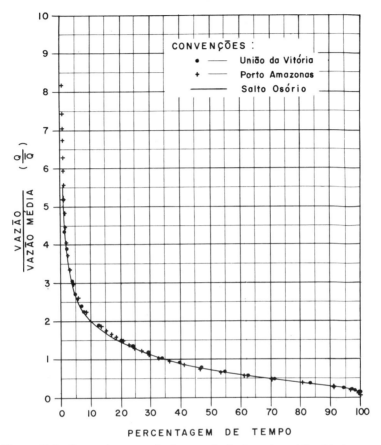

Figura 9-5. Curvas de permanência em relação à vazão média. Rio Iguaçu

As curvas de permanência expressas em vazões específicas permitem um confronto que ressalta a riqueza hídrica das bacias. Observa-se, no exemplo da Fig. 9-4, que a contribuição específica cresce com a superfície drenada, refletindo, no caso, as maiores precipitações pluviais verificadas nos trechos médio e inferior do rio.

Em geral, a curva de permanência correspondente às bacias de montante apresenta uma gama de variação maior, com máximos e mínimos mais acentuados, em conseqüência da maior declividade dos vales e do menor efeito de regularização propiciada pela rede de drenagem. No exemplo do rio Iguaçu, contudo, esse efeito é pouco sensível devido à característica peculiar do rio, cujo trecho superior desenvolve-se em uma região muito plana até as proximidades de União da Vitória, a partir de onde ganha maior declividade, progredindo ao longo da região basáltica do Estado do Paraná, com características de um curso de água jovem, em que são freqüentes os saltos e corredeiras.

As curvas de permanência adimensionais, em que as vazões são divididas pela descarga média, são de grande auxílio para a estimativa das características dos rios desprovidos de observações.

Construindo-se as curvas em papel log-probabilístico normal, com os dados de vazão em escala logarítmica e as freqüências em escala probabilística normal, obtém-se geralmente uma linha reta, especialmente no trecho central (Fig. 9-6).

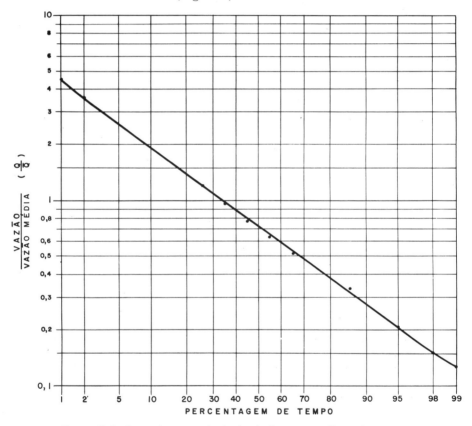

Figura 9-6. Curva de permanência do rio Iguaçu, em Porto Amazonas

Segundo um estudo de Lane e Lei, para um grande número de rios do leste dos Estados Unidos, a curva de permanência pode ser definida, aproximadamente, pelo índice de variabilidade, definido como o desvio-padrão dos logaritmos dos dez valores de descarga $(Q/\overline{Q})$ tomados a cada 10% de intervalo entre as permanências de 5% e 95%.

$$I_v = \sqrt{\frac{\Sigma(y-\overline{y})^2}{n-1}},$$

manipulação dos dados de vazão

onde
I_v = índice de variabilidade;
y = logaritmo das vazões Q_5, Q_{15} ... Q_{95} ;
$\bar{y}$ = média dos logaritmos das vazões;
n = número de elementos (10).

Admitindo-se um índice de variabilidade igual a 0,6 para um rio de características médias, pode-se estimar o valor a adotar para um caso particular, em função da natureza do terreno e de seu relevo, com o auxílio do Quadro 9-1, baseado nos resultados de Lane e Lei, observando-se, ainda, que o índice tende a cair com o aumento da área da bacia hidrográfica.

Quadro 9-1. Correções do índice de variabilidade

Terreno	Descrição	Subtrair de 0,6	Somar a 0,6
Rocha	Impermeável	—	0,1-0,2
	Média	0,0-0,1	0,0-0,1
	Permeável	0,1-0,2	
Solo-recobrimento profundo	Impermeável	—	0,1-0,2
	Médio	0,0-0,1	0,0-0,1
	Permeável	0,1-0,2	—
	Muito permeável	0,2-0,3	—
	Colinas arenosas	0,3-0,4	—
Relevo	Plano ou suavemente ondulado	0,0	0,0
	Acidentado impermeável	0,05-0,1	
	Acidentado médio	0,1-0,2	
	Acidentado permeável	0,2-0,3	
Lagos e banhados	Pouco	0,05-0,1	
	Moderado	0,1-1,5	
	Extensivo	1,5-2,5	

A forma aproximada da curva de permanência é obtida traçando-se uma reta no papel log-probabilístico normal, com uma declividade tal que a relação entre a vazão excedida 15,87 % do tempo para a vazão excedida 50 % do tempo, seja igual ao antilogaritmo do índice de variabilidade. A reta, em suas extremidades, deverá ser curvada, a sentimento, com base na melhor estimativa possível das vazões máximas e mínimas do rio. A posição da curva no gráfico será definida por tentativas, sabendo-se que a área abaixo da curva, traçada em escala aritmética normal, representa o volume total correspondente à vazão média.

A Fig. 9-7, devida a Ospina e Tama, apresenta diversas curvas de permanência ajustadas pelo critério anteriormente descrito, para

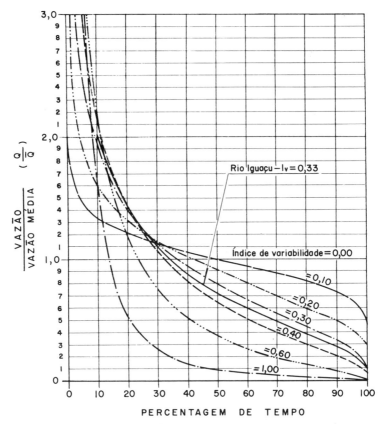

Figura 9-7. Curvas de permanência ajustadas para diferentes índices de variabilidade

diversos valores do coeficiente de variabilidade, que pode ser de utilidade em estudos particulares.

As curvas de permanência modificam-se de acordo com o período de observação. Esta propriedade permite extender as informações de um posto em que se disponha de pequeno número de observações, com base nos dados de outro, instalado há mais tempo; basta comparar as curvas de permanência correspondentes ao período comum de observação, admitindo para o período completo a relação encontrada nesse confronto.

De maneira análoga, é possível estimar o fluviograma correspondente a um dado posto, com base no fluviograma registrado em uma seção de outra bacia hidrográfica existente nas proximidades. As ordenadas do fluviograma seriam definidas de maneira a corresponderem aos mesmos valores de permanência das vazões do fluviograma observado.

CURVA DE MASSA DAS VAZÕES

A curva de massa das vazões, ou curva das vazões totalizadas, conhecida igualmente como diagrama de Rippl, em referência ao engenheiro austríaco que primeiro a teria utilizado, em 1882, é um gráfico dos valores acumulados de volume ($Q \cdot dt$), representados em ordenadas, contra o tempo em abscissas. É, portanto, a curva integral do fluviograma, em que as ordenadas representam a área sob o fluviograma e a inclinação indica a vazão. Matematicamente, é definida pela expressão

$$V = \int_{t_1}^{t_2} Q \cdot dt \cong \sum_{t_1}^{t_2} \overline{Q} \cdot \Delta t.$$

A Fig. 9-8 ilustra um exemplo da curva de massa das vazões, onde se destacam as suas principais características. A declividade da reta AB, que liga os extremos da curva, mede a vazão média do período considerado. A diferença de ordenadas entre dois pontos quaisquer do gráfico representa o volume escoado no intervalo de tempo correspondente. A inclinação da reta que une os dois pontos exprime a vazão média nesse intervalo. A tangente à curva em qualquer ponto caracteriza a vazão naquele instante.

O diagrama de Rippl encontra sua aplicação, especialmente, nos estudos de regularização de vazões pelos reservatórios.

Com vistas à Fig. 9-8, observa-se que a vazão média entre os pontos A e D é igual à vazão média do período total. As descargas naturais, entretanto, variaram ao longo daquele intervalo de tempo, apresentando valores geralmente acima da média entre A e C e inferiores à média entre C e D. Para se obter uma vazão regularizada igual à média do intervalo de tempo, representada pela inclinação do segmento de reta AD, seria necessário dispor de um reservatório capaz de fornecer um volume total correspondente ao máximo afastamento entre a curva ACD e a reta $AD(C\overline{F})$. Em termos matemáticos, este volume seria definido pela expressão

$$V = \int_0^t Q \, dt - \int_0^t \overline{Q} \, dt,$$

em que o limite superior de integração t corresponde ao instante em que as duas curvas apresentam a mesma tangente.

Em termos práticos, basta traçar uma tangente à curva de massa, paralela à reta AD, e medir, segundo as ordenadas, o afastamento entre as duas retas, para se obter o volume de acumulação.

Estendendo-se o raciocínio ao período total de observação, o volume necessário para regularizar a vazão, em seu valor médio, será

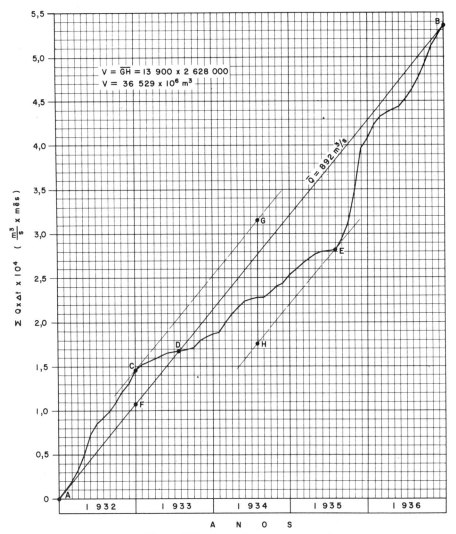

Figura 9-8. Curva de massa das vazões

expresso pelo máximo afastamento entre as tangentes às curvas de massa, traçadas paralelamente à reta representativa da vazão média. No caso, um volume de $36{,}5 \cdot 10^9 \text{ m}^3$ permitiria a regularização da vazão de $892 \text{ m}^3/\text{s}$ ao longo dos 5 anos de registro.

Um dos inconvenientes das curvas de massa é a sua natureza acumulativa, que torna pouco prática a representação de um período longo de observações. Com a finalidade de contornar esse problema, desenvolveu-se a curva das diferenças totalizadas, em que as diferenças

manipulação dos dados de vazão

com relação à curva de massa média são plotadas a partir de um eixo de base horizontal.

Isto equivale a submeter a reta correspondente à vazão média do diagrama de Rippl a uma rotação, de forma a fazê-la horizontal. Além de propiciar a representação da curva dentro de limites mais razoáveis de espaço, esse sistema coloca em maior evidência os períodos de cheias e estiagens e permite o emprego de escalas mais convenientes para a representação das diferenças de volume.

A Fig. 9-9 mostra a curva das diferenças totalizadas correspondente ao diagrama de Rippl da figura anterior. As propriedades da curva são análogas às do diagrama de massa, observando-se que a vazão nula corresponderá não mais a uma horizontal, mas sim a uma reta inclinada para baixo, cuja declividade dependerá dos valores da vazão média e das escalas adotadas no gráfico. As observações que se fazem sobre sua utilização são válidas, evidentemente, para as curvas de vazões totalizadas.

Diversos problemas relativos aos efeitos de regularização dos reservatórios são facilmente resolvidos e ilustrados graficamente com o emprego desses diagramas.

Desejando-se conhecer o volume de reservatório necessário para garantir uma certa vazão no período seco, basta traçar, a partir do início deste período (ponto C da Fig. 9-9), uma reta com inclinação correspondente à vazão estabelecida. O máximo afastamento entre a reta e a curva das vazões naturais mede o volume procurado. No exemplo, uma reserva de $7,8 \cdot 10^9 \, m^3$ permite regularizar a vazão de $535 \, m^3/s$.

De maneira análoga, obtém-se a máxima vazão regularizada propiciada por um reservatório de volume preestabelecido traçando-se, a partir do ponto C, uma reta até o ponto F, obtido pela adição, à posição final do período seco (E), da ordenada correspondente ao volume conhecido.

Repetindo-se esse processo para diversos volumes de reservatório, é possível definir uma curva de vazão regularizada em função do volume, demonstrando a influência do reservatório na regularização das vazões.

Uma noção mais completa do grau de regularização propiciado por um reservatório obtém-se do traçado da curva de permanência das vazões regularizadas. Para isso, procura-se definir o fluviograma de vazões regularizadas a partir de um critério ideal de operação do reservatório. Um dos mais utilizados é o critério de Conti ou do fio teso, cuja aplicação é exemplificada na Fig. 9-9. Considera-se o regime ideal de descargas regularizadas, definido pela poligonal $AGCFHIB$, que representa o caminho mais curto entre os pontos extremos do gráfico, admitindo-se a condição do aproveitamento integral da água disponível e de respeito aos limites impostos pelo volume do reservatório

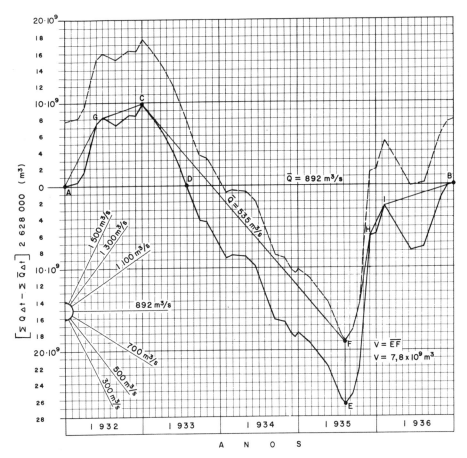

Figura 9-9. Curva das diferenças totalizadas

disponível. O traçado de uma curva paralela ao gráfico das diferenças totalizadas, a uma distância igual ao volume do reservatório, materializa esses limites. O traçado da poligonal deve coincidir com a posição que tomaria um fio flexível estendido entre os extremos A e B, considerando-se como contornos sólidos as duas curvas traçadas.

A declividade dos lados da poligonal mede as vazões, em cada intervalo de tempo, para as quais é possível definir a respectiva curva de permanência. Um confronto entre esta curva e a correspondente à das vazões naturais reflete com propriedade o efeito regulador do reservatório.

O critério de Conti tem a virtude de aproximar-se razoavelmente das condições de operação dos reservatórios de centrais hidrelétricas. Naturalmente, na exploração real, as vazões não se mantêm constantes e a poligonal é substituída por uma curva, que raramente atinge a

manipulação dos dados de vazão

condição de reservatório vazio (contato com a curva-limite superior), devido à natural precaução dos responsáveis pela operação. Por outro lado, a condição de aproveitamento integral das águas, sempre procurada nos aproveitamentos hidrelétricos, é, em termos práticos, limitada pela capacidade de engulimento das máquinas e pelas necessidades do mercado.

Naturalmente, as noções fundamentais das curvas de massa independem da lei das vazões, quer afluentes quer efluentes do reservatório. No caso mais geral, ambas podem ser representadas por curvas quaisquer, obtendo-se os volumes de reserva necessários a partir dos máximos afastamentos constatados entre elas.

Convém notar, ainda, que os reservatórios podem ser causa de perdas de água por evaporação ou infiltração. Ao se realizarem estudos de regularização, os valores das vazões utilizados na elaboração dos diagramas devem ser convenientemente reduzidos dessas perdas.

CAPÍTULO 10

medições de vazão

N. L. DE SOUSA PINTO
A. C. TATIT HOLTZ

ESTAÇÕES HIDROMÉTRICAS

Uma *estação hidrométrica* é qualquer seção de um rio, convenientemente instalada e operada para a obtenção sistemática das vazões ao longo do tempo.

A instalação compreende essencialmente os dispositivos de medição do nível das águas, réguas linimétricas ou linígrafos, devidamente referidos a uma cota conhecida e materializada no terreno; as facilidades para medição da vazão, tais como botes, cabos aéreos ou pontes; e as estruturas artificiais para controle, se for o caso.

De modo geral, a vazão é obtida a partir do nível das águas, observado com a ajuda da régua linimétrica ou registrado pelo linígrafo. A relação nível-vazão deve ser estabelecida por medições diretas em diversas situações de descarga, podendo, em geral, ser consubstanciada graficamente pela curva de descarga ou curva-chave da seção. Esta relação pode ser unívoca ou não, constante ou variável com o tempo, dependendo das condições locais.

As estações hidrométricas devem, por um lado, permitir o estabelecimento de uma lei bem definida, relacionando os níveis de água e as vazões; e, por outro, propiciar condições favoráveis às medições de descarga, que se poderiam resumir nos seguintes requisitos:

a) localização em trecho mais ou menos retilíneo do rio, de preferência no terço de jusante, com margens bem definidas e livres de pontos singulares que possam perturbar sensivelmente o escoamento;
b) seção transversal tanto quanto possível simétrica e com taludes acentuados;
c) velocidades regularmente distribuídas;
d) velocidade média superior a 0,3 m/s.

No que se refere à curva de descarga, as características mais importantes das estações hidrométricas são a estabilidade e a sensibilidade.

medições de vazão

É evidente que, se a obtenção sistemática da vazão é feita a partir dos níveis de água observados, a constância da relação cota-descarga assume um valor preponderante. Infelizmente, porém, nem sempre os rios apresentam as condições necessárias a essa estabilidade. As características físicas naturais, como a configuração, o recobrimento vegetal das margens e zonas inundáveis e a natureza do leito, que constituem o controle do posto hidrométrico, podem sofrer alterações mais ou menos rápidas ao longo do tempo, provocando variações na relação cota-descarga.

A sensibilidade de uma estação hidrométrica, que se traduz pela maior ou menor variação do nível da água para uma dada alteração da vazão, é outro aspecto importante na caracterização de suas qualidades. É evidente que os registros de um posto mais sensível podem ser convertidos em vazão com maior precisão do que os de seções de menor sensibilidade.

As curvas de vazão de um vertedor retangular muito longo e de um vertedor triangular ilustram bastante bem os dois extremos de sensibilidade que se podem esperar em leis de variação altura-vazão. As características naturais do rio a jusante de uma estação hidrométrica poderão condicionar relações cota-descarga mais ou menos próximas às representadas idealmente pelos dois tipos de vertedores.

LOCALIZAÇÃO

O estabelecimento de uma estação hidrométrica deve ser precedido de um estudo em que se procurará selecionar o local mais favorável à obtenção de dados da melhor qualidade possível. A excelência dos registros entrará em conflito, muitas vezes, com o custo resultante para a instalação e operação do posto de medidas.

Um compromisso judiciosamente atingido, em que o valor da qualidade das observações não deve ser menosprezado, resultará, em geral, na escolha mais conveniente.

Nos parágrafos a seguir são relacionados e comentados rapidamente os diversos aspectos que devem ser levados em consideração na análise que precede a instalação de uma estação hidrométrica.

CARACTERÍSTICAS HIDRÁULICAS

Um levantamento do trecho do rio em consideração deve ser efetuado no sentido de ressaltar as características físicas de que depende a estabilidade da relação cota-descarga, notando-se particularmente as seguintes.

A natureza do leito. Os cursos de água em leito rochoso são por sua natureza essencialmente estáveis; entretanto as irregularidades do vale podem causar dificuldades para a medição das descargas. Os rios de

184 hidrologia básica

leito móvel, com tendência à formação de meandros, declividades geralmente pequenas e sujeitos a extravasamentos freqüentes, dificilmente apresentam condições favoráveis ao estabelecimento de uma curva-chave única. Corredeiras e saltos caracterizam afloramentos rochosos fixos, propiciando, em geral, no trecho do rio imediatamente a montante, condições favoráveis à implantação dos postos de medição.

A vegetação. O recobrimento vegetal das margens e zonas baixas inundáveis pode se constituir em um fator de instabilidade da relação cota-descarga, devido às possíveis variações sazonais que modificam a resistência que a vegetação pode oferecer ao escoamento.

Variação do nível das águas. É do maior interesse, ainda que freqüentemente difícil, a apreciação das condições do escoamento para as mais diversas vazões, principalmente para as águas altas. Tal observação pode revelar *a priori* particularidades do escoamento, como variações bruscas da seção transversal pelo transbordamento da caixa do rio, afogamento das corredeiras, etc., nem sempre aparentes em um primeiro reconhecimento e bastante importantes para a definição da curva de descarga da seção.

As obras hidráulicas existentes. Barragens e usinas hidrelétricas construídas a montante de um posto hidrométrico constituem-se algumas vezes em inconvenientes sérios devido à possível irregularidade de sua operação e conseqüente variação rápida da vazão durante o dia. Em muitos casos, a existência dessas obras a montante condiciona a implantação de linígrafos, que permitem identificar as variações horárias e bem definir os valores médios reais. Inconvenientes análogos podem ser provocados pelo remanso proveniente de barragens a jusante. A existência de um afluente importante logo a jusante da estação hidrométrica pode igualmente ser causa de transtorno, já que uma cheia eventual, restrita ao afluente, é capaz de produzir, por efeito de remanso, variações no nível de águas a que não correspondem alterações de vazão na seção observada.

FACILIDADES PARA A MEDIÇÃO DA VAZÃO

A regularidade do trecho do rio, principalmente a montante da seção de medição, como já foi visto anteriormente, é um fator importante a considerar na seleção do local. Convém frisar que a implantação da régua linimétrica pode não se dar na vizinhança imediata da seção em que se processa a medição da vazão. Nem sempre o local mais favorável sob o ponto de vista da relação cota-descarga coincide com o trecho ideal para a medição. As duas seções podem ser distantes de algumas centenas de metros sem maior inconveniente, desde que o rio não receba neste trecho a contribuição de um afluente importante.

medições de vazão

Facilidades existentes para a operação de medição propriamente dita são fatores a considerar na escolha definitiva da seção. Uma ponte, por exemplo, apresenta, em geral, condições favoráveis para a medição com molinetes e pode por si só condicionar a seleção do local. Considerações análogas são válidas para as seções que apresentem maiores facilidades para a medição a vau, a utilização de botes ou a implantação de cabos aéreos.

ACESSO

A localização do posto hidrométrico deve ser estabelecida de modo a permitir um acesso permanente ao local, quaisquer que sejam as condições climáticas e o nível das águas, inclusive nas maiores enchentes.

OBSERVADOR

A grande maioria das estações hidrométricas brasileiras contam apenas com simples réguas linimétricas para a medida do nível das águas. O grau de confiança de seus registros é, portanto, diretamente dependente da qualidade pessoal do observador encarregado da leitura sistemática da régua.

Ao se instalar um novo posto, o problema da escolha de um observador conscienciso apresenta-se, assim, como de vital importância para a qualidade dos dados a serem obtidos. A leitura das réguas linimétricas é feita geralmente duas vezes por dia, constituindo uma tarefa que está longe de ocupar integralmente o tempo disponível para o trabalho de um homem. Isto condiciona a seleção de um morador das proximidades que deverá intercalar esse serviço entre suas atividades normais.

O linímetro deve, de preferência, estar situado nas proximidades da residência ou do local de trabalho do observador, de forma a evitar a natural resistência a um deslocamento apreciável, que se apresentará à medida em que se evidenciar a natureza rotineira do trabalho. Isto poderá conduzir a lacunas nas observações ou, com piores conseqüências, a preenchimentos inexatos das folhas de registro.

A par de um grau de instrução mínimo, o observador deverá apresentar condições de seriedade e honestidade. Cabe ainda ao responsável pela instalação da estação hidrométrica a tarefa, cuja importância não deve ser subestimada, de fazer compreender, a quem geralmente possui horizontes bastante limitados, a importância da função que se lhe confia dentro do quadro geral do aproveitamento do rio, com todas as vantagens que proporcionará para a região e para a população local.

Na impossibilidade de conciliar o local de implantação da estação hidrométrica com a disponibilidade de observador, restará apenas a alternativa da instalação de linígrafos, cujo controle pode ser efetivado semanalmente, mensalmente ou mesmo em períodos mais espaçados.

CONTROLES

Denomina-se, geralmente, *controle de uma estação hidrométrica* a combinação de características físicas do rio na seção e em especial no trecho a jusante, tais como, natureza, configuração, recobrimento vegetal das margens e várzeas, responsável pela relação cota-descarga verificada na seção de medição.

A estabilidade e sensibilidade da estação hidrométrica são, naturalmente, dependentes da natureza do controle, sendo fácil compreender o interesse em se conhecerem os acidentes responsáveis pela lei de variação profundidade-vazão, bem como a importância de que se reveste o controle para a qualidade do posto hidrométrico.

CONTROLES NATURAIS

As ilustrações da Fig. 10-1 representam casos que exemplificam os dois tipos principais de controle encontrados nos cursos de água naturais. No exemplo da Fig. 10.1a, o nível das águas a montante é função apenas das características do vertedor, que se considera livre de submergência pelas águas de jusante. A Fig. 10-1b representa o escoamento em um canal regular de paredes sólidas. A variação do nível das águas é função da resistência do contorno ao escoamento. Nos dois casos, os controles são permanentes e unívocos para o escoamento permanente.

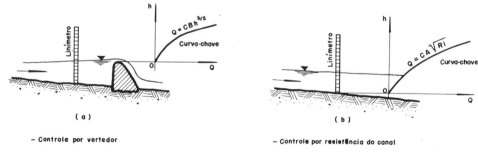

Figura 10-1. Casos ideais de controle

Os controles realmente encontrados na natureza são, por certo, mais complexos e menos definidos do que os ilustrados acima. Aproximam-se das condições do primeiro tipo os trechos de rios imediatamente a montante de quedas de água ou corredeiras bem definidas por leitos de pedra estáveis, em que o escoamento atinge obrigatoriamente a profundidade crítica. Constituem em geral os controles ideais.

Dotados de características favoráveis no que diz respeito à estabilidade, os controles de profundidade crítica (quedas, corredeiras) podem variar consideravelmente quanto à sensibilidade. Um leito de pedra razoavelmente plano, lembrando um vertedor de grande largura, será normalmente pouco sensível, enquanto que uma seção mais acidentada, assimilável a um vertedor triangular, apresentará condições superiores de sensibilidade.

A existência de um controle único e bem definido é antes a exceção do que a regra. Geralmente, os níveis da água em determinada seção de um rio são regulados por um conjunto de condições cuja atuação depende do estágio alcançado pelas águas para as diferentes vazões. A Fig. 10-2 ilustra, esquematicamente, um caso em que se verifica o deslocamento sucessivo das seções de controle com o aumento da vazão, até o ponto em que a resistência do canal a jusante passa a preponderar sobre os controles de profundidade crítica e a definir a lei cota-descarga.

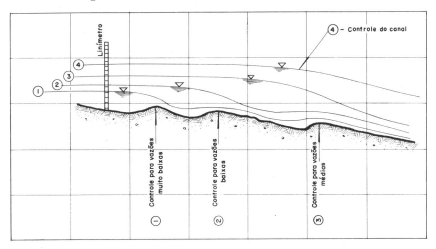

Figura 10-2. Perfil esquemático de um rio mostrando controles variáveis em função da descarga

Ainda que os controles propiciados por acidentes relativamente pronunciados do talvegue ofereçam normalmente condições favoráveis à implantação de uma estação hidrométrica, nem sempre esta oportunidade se apresenta em rios de pequena declividade que se desenvolvem em terrenos de aluvião. O controle nesses casos será definido apenas pela resistência do canal. Inúmeras instalações de medida estão nesta condição, em que o fator desfavorável consiste essencialmente na maior dificuldade de obtenção de uma relação cota-descarga estável.

188   hidrologia básica

Estações hidrométricas que dependem de um controle do canal exigem, em geral, um cuidado especial no sentido de se evidenciar a maior ou menor mobilidade do leito e seus efeitos sobre a curva-chave da seção. Há necessidade de um maior número de medições de descarga de maneira a definir a relação cota-descarga para diversas condições de vazão e detectar as modificações ocorridas geralmente após as enchentes, quando se verificam as alterações mais sensíveis na caixa do rio.

A qualidade dos registros depende quase que exclusivamente da freqüência das medições diretas de descarga. Em casos onde a mobilidade do leito é excessiva, pode se tornar conveniente a execução de uma estrutura, ou controle artificial, que permita garantir a estabilidade para uma determinada gama de variação das vazões.

CONTROLES ARTIFICIAIS

Um controle artificial consiste, em geral, em uma pequena barragem ou vertedor construída com a finalidade de estabilizar a relação cota-descarga em uma estação hidrométrica. A estabilização propiciada pela estrutura é limitada pelo afogamento eventual pelas águas de jusante. Naturalmente, uma obra de maior altura será menos sujeita à submergência, mas o custo adicional e as alterações que provoca sobre o rio (deposição de material sólido a montante, erosão a jusante) excluem quase que obrigatoriamente estruturas de maior vulto.

Um controle artificial, mesmo de dimensões relativamente modestas, representa um investimento que raras vezes está ao alcance das instituições responsáveis pela instalação de postos fluviométricos. Quando se considera que, em geral, o interesse de conhecimentos das

explicar a quase total ausência de obras deste tipo entre nós.

Ainda que sua aplicação seja, na melhor das hipóteses, esporádica, convém ter uma idéia geral sobre as características principais deste tipo de controle.

O projeto de um controle artificial parte da idéia básica de que a obra deve adaptar-se, o melhor possível, à forma do canal e às características hidráulicas da corrente, de maneira a evitar a erosão a jusante e a não se constituir em um coletor de material sólido transportado pelo rio. O controle estabelecido será em geral limitado a uma determinada vazão a partir da qual a estrutura é afogada. O estudo da altura mais conveniente dependerá das condições locais, gama da variação da vazão, configuração do terreno, declividade e considerações de custo. O projeto deverá prever igualmente a garantia de uma sensibilidade adequada. Nesse sentido é comum prever a instalação de um vertedor triangular para regular as vazões menores ou estabelecer uma forma curva para a crista da barragem (catenária) de maneira a reduzir a largura da lâmina vertente para pequenas descargas.

A Fig. 10-3 ilustra um possível projeto de controle artificial, destacando as características particulares de concepção e suas finalidades.

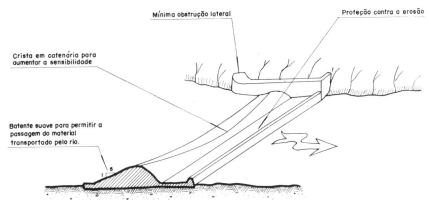

Figura 10-3. Esquema de um controle artificial

CURVA-CHAVE

Em um rio de morfologia constante ou pouco variável, em que a declividade da linha de água é aproximadamente a mesma nas enchentes e vazantes, ou em que o controle é propiciado por um salto ou corredeira bem definidos, a relação cota-descarga resulta unívoca e estável, permitindo a definição de uma curva de descarga única. Teoricamente, pouquíssimos rios satisfazem em algumas seções a esses requisitos. Entretanto, sendo em muitos casos desprezível a influência das variações de declividades face à precisão das medidas, é possível aceitar como unívoca e permanente a relação cota-descarga de grande número de estações hidrométricas.

À medida que diminui a declividade dos rios ou que é mais rápida a flutuação das vazões, mais se faz sentir a influência da declividade da linha de água na curva de descarga. Essa influência pode ser de ordem a exigir precauções especiais, como a instalação de duas réguas linimétricas para permitir a conversão das observações de nível em valores de vazão com razoável precisão.

Finalmente, em casos em que o controle não apresenta suficiente estabilidade, a relação cota-descarga torna-se essencialmente variável, obrigando a sucessivas medições diretas de vazão, para a definição das curvas-chaves válidas para as diversas condições de controle que se estabelecerem em decorrência das modificações de configuração do leito do rio.

Podem-se, portanto, definir três tipos principais de curvas de descarga: (a) curvas estáveis e unívocas; (b) curvas estáveis influenciadas pela declividade; (c) curvas instáveis.

CURVAS DE DESCARGA ESTÁVEIS E UNÍVOCAS

As curvas-chaves exigem, em geral, para sua definição, uma série de medidas abrangendo distintos níveis de água mais ou menos igualmente distribuídos entre as estiagens e cheias. Quanto maior o número de medições, melhores os resultados, considerando-se da ordem de uma dezena o mínimo necessário para uma razoável definição da lei de variação nível-vazão.

Os valores da vazão medida são grafados contra as respectivas leituras do linímetro em um sistema de coordenadas em que as abscissas representam as vazões e as ordenadas as cotas ou leituras da régua. A curva resultante não deverá afastar-se mais do que 5% dos pontos medidos e seu aspecto é, em geral, o de uma parábola de eixo horizontal, sendo portanto exprimível por equações da forma

$$Q = A + Bh + Ch^2 \ldots, \quad (1)$$
$$Q = A(h-h_0)^n, \quad (2)$$

em que Q é a vazão; h, a leitura da régua correspondente à vazão Q; h_0, a leitura da régua correspondente à vazão nula; A, B, C, n, constantes próprias a cada estação.

A expressão algébrica da curva de descarga pode ser obtida pelo método das diferenças finitas ou pelo dos mínimos quadrados e seu

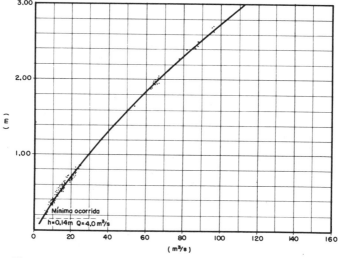

Figura 10-4. Curva de descarga de Praia Grande-rio Capivari-Paraná

interesse está ligado principalmente à facilidade que oferece para a extrapolação a vazões não abrangidas pelas medições diretas. Com essa finalidade, entretanto, o traçado da curva em papel logarítmico apresenta maiores vantagens, pois, como indica a expressão (2), os pontos tendem a alinhar-se segundo uma reta.

A extrapolação da curva-chave não deve ser efetuada sem um cuidadoso estudo das condições locais no que diz respeito à possibilidade de mudanças do tipo de controle para as maiores vazões. Nem sempre a relação cota-descarga é exprimível por uma simples equação e a curva-chave pode apresentar um ou mais pontos de inflexão, conforme ilustra a Fig. 10-5.

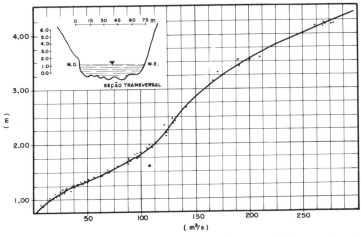

Figura 10-5. Curva de descarga de Porto Amazonas-rio Iguaçu-Paraná

Ainda, com a finalidade de facilitar a extrapolação da curva-chave, costuma-se representar, além da relação $Q \times h$, as variações da velocidade média e da área da seção em função da cota. A curva das velocidades médias apresenta geralmente uma leve concavidade para o lado das ordenadas (h) e um trecho superior sensivelmente retilíneo que auxilia a extrapolação.

O processo de Stevens, baseado na fórmula de Chézy, é outro recurso utilizável para as extrapolações, em casos de limitadas observações diretas.

A vazão pode ser expressa por

$$Q = CA\sqrt{Ri},$$

ou

$$Q = C\sqrt{i} \cdot A \cdot \sqrt{R}.$$

O termo $C\sqrt{i} = K$ pode, em geral, ser considerado constante. Admitindo-se o rio como de grande largura, o raio hidráulico é substituído pela profundidade.

$$Q = KA\sqrt{h}.$$

Grafando-se Q em abscissas contra $A\sqrt{h}$, os pares de valores definirão pontos sobre uma linha reta que, extrapolada, fornecerá os dados para o prolongamento da curva-chave.

CURVAS DE DESCARGA ESTÁVEIS, INFLUENCIADAS PELA DECLIVIDADE

Curvas de descarga unívocas são possíveis quando a declividade da superfície líquida é constante ou varia muito pouco. Em rios de pequena inclinação, diversas causas podem acarretar alterações de declividade da linha de água, que se refletem em modificações de vazão, independentemente da flutuação do nível das águas.

Um exemplo característico verifica-se quando da ocorrência de flutuações de nível relativamente rápidas, por ocasião de uma cheia. Para uma mesma leitura linimétrica, a declividade é mais acentuada e a vazão naturalmente maior na fase ascensional do que no período de depleção das águas (Fig. 10-6). Represamentos eventuais a jusante podem igualmente influenciar a declividade e alterar a lei nível-descarga.

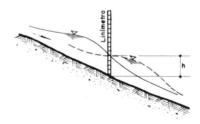

Figura 10-6. Ilustração esquemática da variação de declividade da linha de água na passagem de uma onda de cheia

Tais condições podem ocasionar curvas-chaves em laço, conforme ilustra a Fig. 10-7. Como as enchentes diferem uma das outras, a curva-chave apresentará formas diferentes para cada evento.

Desde que o interesse maior seja apenas o do conhecimento das vazões de um período relativamente longo que inclui diversos ciclos de elevações e abaixamentos de nível, uma curva intermediária, representando as condições ideais de regime permanente, pode fornecer elementos aceitáveis. Esta curva estaria situada entre os dois ramos (águas em elevação, águas em depleção) e mais próxima do segundo, já que os rios estão, na maior parte do tempo, em fase de recessão.

medições de vazão

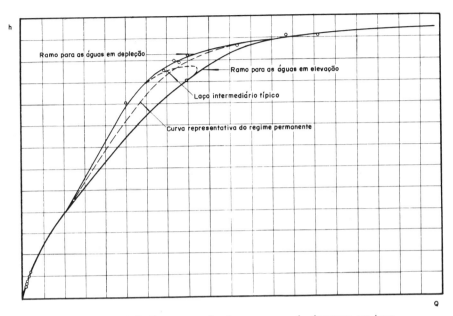

Figura 10-7. Representação de uma curva de descarga em laço

Entretanto, para a obtenção das vazões realmente ocorridas a cada intervalo de tempo, será necessário o emprego de métodos especiais que exigem a instalação de duas réguas, situadas a uma distância conhecida uma da outra, ao longo do rio, relacionadas a uma mesma cota, cuja leitura simultânea permite estabelecer o desnível da superfície da água no instante da observação.

Existem diversos métodos para a conversão dos valores medidos em dados de vazão. Para ilustrar sua natureza, será apresentada, em seguida, a descrição sumária de um desses métodos, recomendando-se aos interessados em maiores detalhes ou no conhecimento dos demais processos a consulta aos trabalhos referidos na bibliografia complementar ao fim do capítulo.

O método apresentado a seguir pode ser denominado de *método da raiz quadrada do desnível*; baseia-se na teoria de que a velocidade da corrente é proporcional à raiz quadrada da diferença de nível. Sua aplicação pode ser resumida do modo seguinte.

1) Relacionar as condições de descarga (Q), as leituras de água correspondentes (hm, hj) a montante e a jusante, o desnível (d) no trecho, a raiz quadrada do desnível ($\sqrt{d}$) e a relação ($Q/\sqrt{d}$).
2) Grafar os valores de $Q/\sqrt{d}$ contra hm.
3) Traçar uma curva que se ajuste aos pontos, definindo a relação hm-$Q/\sqrt{d}$.

194 hidrologia básica

4) Calcular os valores médios diários de hm e hj ($\overline{hm}$, $\overline{hj}$).

5) Estabelecer uma planilha de cálculo com as seguintes colunas:

a) valor médio de hm ($\overline{hm}$);

b) valor médio de hj ($\overline{hj}$);

c) desnível médio ($\overline{d}$);

d) $\sqrt{\overline{d}}$.

e) $Q/\sqrt{\overline{d}}$, obtido do gráfico (3) em função de $\overline{hm}$;

f) produto das colunas (e) $\times$ (d) $= \dfrac{Q}{\sqrt{\overline{d}}} \times \sqrt{\overline{d}}$, que corresponde à vazão procurada Q.

CURVAS INSTÁVEIS

Quando as condições de controle são instáveis, as curvas de descarga variam ao longo do tempo de maneira imprevisível. A precisão dos resultados estará ligada à freqüência com que se realizem medições de vazão, capazes de definir as relações cotas-descargas válidas para cada período de prevalência de determinada condição de controle.

O número de medições será função do grau de mobilidade do rio e da precisão desejada. Esta, que para postos instalados em condições ideais de estabilidade e sensibilidade, chega a atingir 1%, pode cair para 10% ou mesmo 15% em rios excessivamente instáveis.

MEDIDA DE VAZÃO

A medida de vazão num curso de água pode ser feita das seguintes maneiras:

a) diretamente;

b) medindo-se o nível da água;

c) por processos químicos;

d) a partir do conhecimento das áreas e das velocidades.

Analisar-se-á com mais vagar a última por ser a mais usada entre nós.

MEDIDA DIRETA

Esta se faz verificando-se qual o tempo necessário para acumular um determinado volume num reservatório natural ou artificial, sem descarga de saída, ou num continente menor que pode ser mesmo um balde. A razão desse volume para o tempo para atingi-lo dá a vazão.

medições de vazão

MEDIDA A PARTIR DO NÍVEL DA ÁGUA

Para se partir, simplesmente, do conhecimento do nível da água usa-se um dos dois tipos de dispositivos seguintes.

Calhas medidoras. Qualquer dispositivo que provoque a passagem do escoamento do rio de um regime fluvial a um torrencial serve para esse tipo de medida. A mudança do regime obriga a existência de profundidade crítica dentro da instalação. A vazão será função dessa profundidade e das características do medidor. Haverá a formação de um ressalto a jusante se o escoamento for fluvial em condições naturais.

Como exemplo de instalações desse tipo, padronizadas, pode-se citar a calha Parshall.

Vertedores. Conhecendo-se a espessura da lâmina de água sobre um vertedor, pode-se determinar a descarga através de tabelas ou gráficos, desde que se proceda, previamente, à taragem da instalação. Existem também vertedores padronizados que dispensam a taragem, como os tipos Thompson e Scimemi.

As duas instalações causam um represamento a montante que corresponde ao consumo de uma vazão por acumulação e que não está sendo medida. Isso só deverá ser levado em consideração quando representar uma quantidade apreciável frente às grandezas em jogo.

Um vertedor tem a desvantagem de elevar mais o nível de água que a calha, a qual permite, mais facilmente, a passagem dos materiais arrastados pelo rio.

MEDIDA POR PROCESSOS QUÍMICOS

A essência desses processos é lançar à corrente de água uma substância química e depois tirar amostras na seção escolhida, que serão dosadas, permitindo o conhecimento da descarga a partir da diluição verificada.

Existe o método por *injeção contínua de solução* e o método por *integração* para a operação desses processos.

No primeiro, lança-se no rio a montante, durante um certo intervalo de tempo, uma vazão constante q da solução-mãe cuja concentração é C. Colhem-se na seção de medição, durante um tempo no máximo igual àquele em que q não varia, amostras que são dosadas. Sendo C_1 sua concentração média, tem-se que $Q = q \dfrac{C}{C_1}$ é o valor procurado, desde que se possa desprezar q em vista de Q.

No método por integração, é lançado um volume V de solução de concentração C, instantaneamente, e colhem-se amostras a jusante durante toda a passagem da nuvem no tempo T. Se C_1 é a concentração média de todas as amostras colhidas no tempo T, tem-se $VC = QTC_1$; mas

$$C_1 = \int_0^T \frac{cdt}{T},$$

onde c é a concentração, variável com o tempo, em cada amostra colhida no intervalo dt. Assim,

$$QTC_1 = QT \int_0^T \frac{cdt}{T},$$

$$VC = Q \int_0^T cdt$$

e

$$Q = \frac{VC}{\int_0^T cdt}.$$

Para a aplicação dos dois métodos são necessárias algumas condições, como

a) deve haver turbulência ativa em toda a massa de água de maneira a garantir uma mistura homogênea;
b) deve haver ausência de águas paradas para existir a renovação constante das massas em toda a seção considerada.

Embora haja um maior trabalho na dosagem das amostras no método por integração, este é bem mais prático que o outro, por necessitar de menos equipamento e menor quantidade de substância dissolvida.

As substâncias químicas normalmente empregadas são o cloreto de sódio, fluorceína, bicromato de sódio, ou matérias radioativas. São tanto melhores quanto menos encontradiças forem nas águas dos rios e melhor permitirem a titulagem em concentrações reduzidas.

A titulagem é realizada, em geral, por métodos colorimétricos.

MEDIDA DE VELOCIDADE E ÁREA

A vazão numa determinada seção transversal de um rio (Q), definida como sendo o volume de água que passa nessa seção na unidade de tempo, pode ser medida pelo produto da área da seção (S) pela velocidade média da água que atravessa a mesma (V), isto é, $Q = V \cdot S$.

Os métodos de medição mais comumente utilizados procuram avaliar a vazão através de elementos de área da seção transversal (S_i). A vazão final (Q), através de toda a seção, será o somatório dos elementos de vazão (q_i) avaliados acima. Isso significa que $Q = \Sigma q_i = \Sigma V_i S_i$, onde V_i é a velocidade média da água através do elemento de área S_i.

Na prática, supõe-se que essa velocidade V_i seja igual à velocidade média numa determinada vertical i, em torno da qual se mede a área $S_i = b_i h_i$ (Fig. 10-8), onde V_i é a velocidade média na vertical i; b_i, a semidistância entre as verticais $i-1$ e $i+1$, $\left(b_i = \dfrac{d_i + d_{i+1}}{2}\right)$; h_i, a profundidade medida na vertical i.

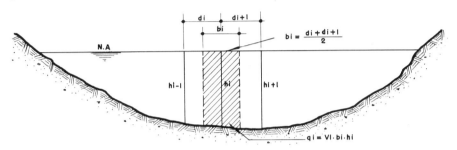

Figura 10-8. Seção transversal de um rio

Esses métodos de medição consistem em se medirem as profundidades em alguns pontos da seção transversal (h_i), as distâncias horizontais entre esses pontos (d_i), e a velocidade média em cada vertical considerada.

Uma vez conhecidas cada uma dessas grandezas, calcula-se facilmente a descarga através das fórmulas vistas anteriormente, $Q = \Sigma V_i b_i h_i$. Deve-se ter o cuidado de tomar a primeira e a última verticais o mais próximo possível das margens, para a vazão não resultar muito subestimada, uma vez que serão desprezadas as áreas entre as margens e a metade das distâncias até aquelas verticais.

Ver-se-á, a seguir, como proceder à medição de h_i, de d_i e das velocidades.

MEDIDA DA VELOCIDADE

De um modo geral, a velocidade da água num rio diminui da superfície para o fundo e do centro para as margens. É uma grandeza extremamente variável num mesmo instante de ponto para ponto e no decorrer do tempo, para o mesmo ponto.

Apesar dessas dificuldades e outras que aqui não se apontaram, costuma-se medi-la com o equipamento apresentado a seguir.

198 hidrologia básica

FLUTUADORES

Determinando-se o tempo de percurso de um flutuador entre dois pontos, tem-se uma estimativa da velocidade na superfície ou a uma profundidade qualquer (desde que se coloque na mesma um anteparo solidário ao dispositivo). Essa medida é um tanto precária e só deverá ser assim feita quando não houver outro meio.

MOLINETES

São aparelhos que permitem, desde que bem aferidos, o cálculo da velocidade mediante a medida do tempo necessário para uma hélice ou concha dar um certo número de rotações. Através de um sistema elétrico, o molinete envia um sinal luminoso ou sonoro ao operador em cada 5, 10 ou 20 (ou outro número qualquer) voltas realizadas. Marca-se o tempo decorrido entre alguns toques, de forma a se ter o número de rotações por segundo (n). Cada molinete, quando tarado, recebe sua curva $V = a\,n + b$, onde n tem o significado acima visto e a e b são constantes do aparelho, o que permite o cálculo da velocidade V(m/s) em cada ponto considerado.

Há molinetes de eixo vertical (tipo americano) de conchas, muito robustas e resistentes, mas menos precisos que o tipo europeu de eixo horizontal e de hélice.

O molinete pode ser colocado na água por meio de uma haste apoiada no fundo do rio ou suspenso por meio de cabos. Neste último caso, há necessidade de um lastro que o mantenha na profundidade desejada, sem um ângulo muito grande de arrastamento. Esses lastros podem estar abaixo do aparelho ou fazerem parte do mesmo. Além disso, há necessidade de leme para orientar o aparelho na direção da corrente. Freqüentemente, usam-se *contatos de fundo*, que alertam o operador quando o peso atinge o leito.

Os molinetes podem ser operados a vau, a partir de embarcações, de cabos aéreos, de pontes, ou de passarelas. A medição a vau só é possível em rios de pequena profundidade, por motivos óbvios.

As pontes, quando apresentam pilares intermediários, podem criar problemas de erosão do leito que dificultam a realização da medição e o levantamento da seção transversal.

Os cabos aéreos, que podem servir somente para carregar o molinete quando operados da margem, ou, então, para levar também o operador dentro de uma cabine móvel, são em geral de custo elevado.

As embarcações podem ser fixadas na posição da medição por meio de um cabo auxiliar ou em rios muito largos por meio de âncoras.

Com a utilização de molinetes, pode-se medir a velocidade em vários pontos da vertical, sendo o número destes limitado pela distância do peso ao aparelho, ou da hélice ao fundo, ou, ainda, na superfície, pelo fato de a hélice não poder sair fora da água. Mas, naturalmente, não serão feitas infinitas medidas entre esses extremos e assim existem quatro processos principais, normalmente utilizados:

a) pontos múltiplos;
b) dois pontos;
c) um ponto;
d) integração.

O primeiro consiste em realizar uma medida no fundo (0,15 m a 0,20 m do leito do rio), uma na superfície (0,10 m de profundidade) e, depois, entre esses dois extremos, em vários pontos que permitam um bom traçado da curva de velocidades em função da profundidade. Calculando-se a área desse diagrama e dividindo-a pela profundidade, tem-se a velocidade média na vertical considerada. Toma-se a velocidade superficial igual àquela medida a 0,10 m (ver Fig. 10-9) e a de fundo como sendo a metade da mais próxima ao leito (0,15 m a 0,20 m de fundo).

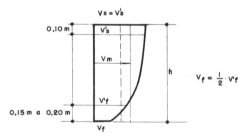

Figura 10-9. Diagrama de velocidades. Método dos pontos múltiplos

Constatou-se que, em geral, a velocidade média numa vertical é igual à média das velocidades a 0,2 e 0,8 da profundidade. Este fato justifica o segundo processo, atualmente o mais difundido, que permite, com a medida da profundidade e de duas velocidades, calcular a média na vertical (Fig. 10-10).

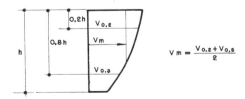

Figura 10-10. Diagrama de velocidades. Método dos dois pontos

O processo é limitado a profundidades maiores que cinco vezes a distância entre o eixo do aparelho e o fundo (cerca de 1 m).

Quando essa condição não for satisfeita, será usado o processo do ponto único, que consiste em medir a velocidade a 0,60 da profundidade (contada a partir da superfície). Esse valor é aproximadamente igual à média.

O processo de integração, que só pode ser usado com molinetes de eixo horizontal (europeu), consiste em se deslocar o aparelho na vertical com velocidade constante e anotarem-se, além da profundidade total, o número de rotações e o tempo para chegar até a superfície. Tem-se, assim, diretamente a velocidade média.

MEDIDA DA ÁREA

A profundidade é medida através do próprio elemento sustentador do molinete, seja ele uma haste graduada (a partir do fundo) ou um cabo suspensor (a partir da superfície da água). No segundo caso, procede-se do modo seguinte.

1) O aparelho deve estar preso a um cabo graduado que se enrola num guincho que tem um dispositivo para avaliar o comprimento até a posição do eixo (ou até a base do lastro).
2) Solta-se, primeiramente, o cabo até o molinete ficar com seu eixo na linha da água. Se houver um dispositivo que permita fazer esse comprimento como sendo o zero, a partir dele serão feitas as outras medidas. Se não houver, anotar-se-á como o nível da água (NA).
3) Solta-se a seguir o cabo até o peso tocar o fundo e faz-se a leitura, que será L. A profundidade será $h = L + d - NA$, onde d é a distância do centro do molinete ao fundo do rio (Fig. 10-11).

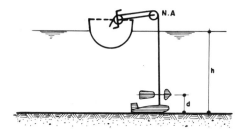

Figura 10-11. Medida da profundidade por meio de um cabo graduado

No caso de as velocidades serem grandes, poderá haver um deslocamento do aparelho em relação à vertical (Fig. 10-12), que deve ser corrigido como segue.

1) Mede-se o ângulo α.
2) Mede-se $\overline{ab}$.
3) Mede-se $\overline{af}$.

4) Faz-se $\overline{ae} = \overline{ab} \sec\alpha$.
5) Calcula-se $\overline{ef} = \overline{af} - \overline{ae}$.
6) Multiplica-se ef por um valor C que é tabelado em função de α, para cada equipamento característico (leva-se em consideração a espessura do cabo de sustentação), e obtém-se $\overline{bc}$.

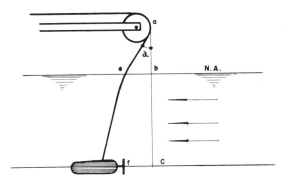

Figura 10-12. Desvio do aparelho em relação à vertical

A distância horizontal entre as margens do rio e entre cada uma das verticais é medida por meio de um cabo graduado estendido, se a largura não é muito grande, ou, em caso contrário, através de teodolitos.

O número de verticais a ser adotado deve ser fixado em função da forma da seção e da distribuição de velocidades. Isso quer dizer que o espaçamento entre elas não é necessariamente fixo e que se deve proceder a algumas medições preliminares pelo processo dos pontos múltiplos e, após o traçado de isotáqueas, fazer a escolha baseando-se na sua configuração.

Como a vazão é o produto da área pela velocidade e esta última varia entre limites muito estreitos (0,5 a 2 m/s), pode-se concluir que a descarga vai depender essencialmente da medida bem feita da primeira. Por isso, devem-se tomar todos os cuidados citados.

CAUSAS DE ERROS

Já foram apontados como fontes de erros a medida da área da seção, o número de verticais adotadas e o desvio do molinete em relação à vertical.

Além dessas, existem muitas outras entre as quais se podem citar as que seguem.

a) As correntes podem ser inclinadas em relação à seção transversal. Se o ângulo for menor que $10°$, será desnecessária uma correção. Em caso contrário, mede-se o ângulo com o molinete perto da su-

202   hidrologia básica

perfície e admite-se que ele seja o mesmo para qualquer profundidade (devido à dificuldade de avaliá-lo por não se enxergar o aparelho na água turva).

b) Os aparelhos sustentados por cabos estão sujeitos a oscilações; os sustentados por hastes, a vibrações, defeitos que só em casos muito particulares podem ser evitados.

c) Durante a medição pode haver variação do nível da água. O melhor nesse caso é diminuir o tempo da medição utilizando-se um processo mais simples (2 pontos ou 1 ponto) ou eliminando-se algumas verticais de maneira que a variação não acarrete um erro muito grande. Adota-se o nível de água médio no cálculo de todas as profundidades.

No caso de utilização de molinetes, pode-se esperar um erro na medição que pode ir de 2% quando as condições forem excelentes até 15% em casos muito desfavoráveis. Em condições normais fica-se nos 5%.

MEDIDA DO NÍVEL DE ÁGUA

O nível da água é medido normalmente por meio de linímetros e linígrafos.

Um linímetro é constituído simplesmente por hastes graduadas em centímetros, verticais (ou inclinadas quando se quer aumentar a precisão), colocadas no leito do rio e cujo zero é referido a referências de nível fixas (RN).

Normalmente, compõem-se de vários **lances de** 1 m cada um e o número desses é fixado pelo intervalo entre o máximo e o mínimo nível que se espera virem a ocorrer no rio considerado. Habitualmente, considera-se o zero abaixo do mínimo verificado para evitar que a régua fique em seco num período de estiagem mais pronunciado.

Refere-se o zero a referências de nível (de preferência três) colocadas em locais onde não possam ser removidas pelo **homem** ou pelas enchentes, e os demais lances são nivelados em relação ao topo do anterior e colocados, sempre que possível, em uma mesma seção transversal.

Essas réguas podem ser de madeira (cujo uso está sendo gradativamente abandonado) ou de ferro esmaltado e são fixadas em mourões de madeira ou em trilhos que são chumbados no terreno.

Um observador faz leituras dessas réguas, geralmente duas vezes (em horas previamente fixadas) ao dia, e anota-as em cadernetas enviadas às agências mantenedoras.

Outros tipos de linímetros são os flutuadores ligados a cabos ou hastes, ou os de pesos colocados na extremidade de cabos graduados desenrolados do alto de uma ponte, ou, ainda, os linifones, que transmitem a leitura à distância, empregados no caso de previsão de inundações, por exemplo. Esse último aparelho é utilizado normalmente com um registrador.

Os linígrafos fornecem um registro contínuo do nível da água através de uma pena que se desloca, conforme este varia, sobre um papel que caminha movido por um sistema de relojoaria. O giro completo do papel pode demorar de 24 horas a 200 dias, conforme a autonomia do aparelho considerado, que pode permitir leituras com precisão desde 1 cm.

Quanto ao sistema que impulsiona a pena, pode ser acionado pelo movimento de um flutuador ou pela variação da pressão da água sobre um dispositivo colocado no interior do rio.

A instalação de um linígrafo do primeiro tipo é mais complicada, ficando o aparelho sobre um poço cavado ao lado do rio e comunicado com este por meio de um tubo (Fig. 10-13). Esses aparelhos são, em geral, mais robustos que os últimos.

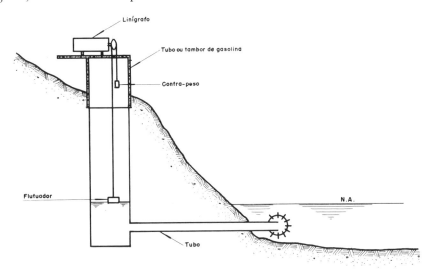

Figura 10-13. Instalação de um linígrafo

O sistema mostrado serve para tranqüilizar a água cujo nível deve ser medido e proteger o aparelho contra impactos de objetos flutuantes.

Os linígrafos de pressão mais comuns são os de *bolhas* (tipo Neyrpic) e os de *célula de pressão* (sistema Richard). São de fácil instalação e podem ser colocados a distâncias que vão até 200 m do ponto de tomada de pressão dentro do rio. São interessantes em rios de margens muito abruptas que têm grande variação do nível da água.

204 hidrologia básica

Além desses, pode-se citar um aparelho indicador de nível máximo constituído por um flutuador que se mantém nessa altura após a passagem das águas, ou por uma fita de papel vertical pintada com substância sensível à água. Esses últimos escapam à definição dos aparelhos vistos anteriormente.

Hoje em dia alguns equipamentos fornecem, além do hidrograma traçado à tinta no papel que gira com o sistema de relógio, fitas perfuradas prontas para servirem de *input* para um computador eletrônico, que poderá fornecer a vazão, as máximas, as mínimas, etc.

bibliografia complementar

PARIGOT DE SOUZA, P. V. — Determinação da vazão dos Rios, Tese para Cátedra, Escola de Engenharia da Universidade do Paraná, 1948

GROVER, N. C. e HARRINGTON, A. W. — *Stream Flow Measurements, Records and their Uses*. Nova York, Dover Publications. Inc., 1966

CORBETT *et al.* — Stream Gaging Procedure. U.S.G.S., *Water Supply*, Paper 888

HALL, HALL, e PIERCE — A Method of Determining the Dayly Discharge of Rivers of Variable Slope. U.S.G.S., *Water Supply*, Paper 345-E

HARRIS, D. D. e RICHARDSON, E. V. — Stream Gaging Control Structure for the Rio Grande Conveyance Channel Near Bernardo. New Mexico. U.S.G.S., *Water Supply*, Paper 1 369-E, 1964

STRELITZ, J. C. — *Normas para as medições de descargas utilizando-se o molinete hidrométrico*. Departamento de Águas e Energia Elétrica, São Paulo, 1960

ANDRÉ, H. Lugiez — Controle des débits des cours d'eau. Le limniphone SAREG à mémoire. Extrait du bulletin de l'Association Internationale d'Hydrologie Scientifique, VII Année, n.º 1, janeiro de 1962. Eletricité de France, Division Technique Génerale

ANDRÉ, H. — Améliorations recentes dans les mesures de débits des cours d'eau. Extrait de la publication n.º 65. Berkeley, 1963. Association Internationale D'Hydrologie Scientifique

ANDRÉ, H. — Méthode chimique de dilution. Procédé par intégration. *La Houille Blanche*, número especial B, décembre 1960, Grenoble

SCHUNEMANN NETO, AUGUSTO — *Medição de descarga dos cursos d'água pelo método químico*. Divisão de Águas do Ministério das Minas e Energia, avulso n.º 9, Rio de Janeiro, 1963

GARCEZ, L. N. — *Hidrologia*. São Paulo, Editora Edgard Blucher Ltda. e Editora da Universidade de São Paulo, 1967

APÊNDICE

noções de estatística e probabilidades

F. L. SIBUT GOMIDE

INTRODUÇÃO

A aleatoriedade intrínseca dos fenômenos hidrológicos tem forçado o hidrólogo moderno a familiarizar-se com conceitos de Probabilidades e Estatística, para melhor desempenhar suas funções. Graças a esse esforço para alargar seus horizontes, a Hidrologia desenvolveu-se tremendamente, atraindo o interesse profissional de Matemáticos, Estatísticos, Planejadores, e técnicos em Pesquisa Operacional.

As presentes notas representam uma tentativa de resumir alguns conceitos básicos necessários para estudar o que se convencionou denominar de *Hidrologia Estatística*. Considerando a impossibilidade de escrever um texto que seja ao mesmo tempo inteligível e correto, preferiu-se sacrificar mais a correção do que a clareza, o que conduziu a um número de páginas relativamente grande. Ainda assim, uma série de tópicos importantes como análise de variança, projeto de experimentos, processos estocásticos, séries temporais, etc., não é sequer mencionada.

Estas notas foram divididas em quatro partes principais. As três primeiras poderiam ser consideradas um resumo da Teoria de Probabilidades, relacionando conceitos básicos e teoremas fundamentais, e introduzindo a noção de *variável aleatória*, sua *distribuição* e seus *momentos*. A quarta parte poderia ser considerada uma introdução à Estatística, discutindo *estimação*, *testes de hipóteses*, *testes de aderência*, e *correlação e regressão*.

É conveniente distinguir, na medida do possível, uma *análise probabilística* de um *estudo estatístico*. Um modelo probabilístico é essencialmente dedutivo: com base em certas hipóteses, procura-se determinar quão freqüentemente um evento ocorre. Um estudo estatístico é basicamente indutivo: com base em valores observados, procura-se descobrir o mecanismo que os gerou. Essa distinção entre abordagens indutiva e dedutiva deixa implícitos os conceitos de *amostra* e *universo* (ou *população*): um estudo estatístico tenta descrever todo o conjunto de possíveis ocorrências (universo ou população) a partir da observação de uma pequena porção de ocorrências (amostra), ao passo que um modelo probabilístico assume o conhecimento de todo o conjunto de possíveis ocorrências para deduzir a freqüência de certos eventos particulares.

Ao ler estas notas, o leitor notará uma certa ênfase no que tange à geração de variáveis aleatórias. A compreensão dessa técnica é importante porque possibilita a utilização do chamado *método Monte Carlo* para a solução de problemas intratáveis analiticamente. Por exemplo, se alguém não é capaz de deduzir qual é a probabilidade de que a soma dos números nas faces superiores de dois dados homogêneos seja igual a, digamos, 4, sempre pode lançar esses dados milhares de vezes e observar que a freqüência relativa do resultado 4 está em torno de $8,333\ldots\%$. Com o desenvolvimento de computadores eletrônicos, cada vez mais eficientes e baratos, o método Monte Carlo tornou-se o laboratório do hidrólogo estatístico.

bibliografia complementar

A primeira referência é uma obra de nível introdutório, cujas eventuais deficiências podem ser sanadas mediante a consulta da segunda referência, de nível intermediário. A terceira referência é uma obra escrita especificamente para engenheiros civis, e as demais referências são textos escritos por hidrólogos internacionalmente conhecidos:

MEYER, P. L. — *Probabilidade — Aplicações à Estatística*, Ao Livro Técnico S. A., Rio de Janeiro, 1974

MOOD, A. M., GRAYBILL, F. A., & BOES, D. C. — *Introduction to the Theory of Statistics*, McGraw-Hill, Inc., New York, 1974

BENJAMIN, J. R., & CORNELL, C. A. — *Probability, Statistics, and Decision for Civil Engineers*, McGraw-Hill, Inc., New York, 1970

ROCHE, M — *Hidrologie de Surface*, "Introduction", Gauthier-Villars Editeur, Paris, 1963

CHOW, V. T. — *Handbook of Applied Hydrology*, Section 8, Part I, "Frequency Analysis", McGraw-Hill, Inc., New York, 1964

YEVJEVICH, V. M. — *Handbook of Applied Hydrology*, Section 8, Part II, "Correlation and Regression Analysis", McGraw-Hill, Inc., New York, 1964

YEVJEVICH, V. M. — *Probability and Statistics in Hydrology*, Water Resources Publications, Fort Collins, Colorado, 1972

CONCEITOS BÁSICOS DA TEORIA DE PROBABILIDADES

Os conceitos de *evento aleatório* e de *espaço amostral*, que decorrem diretamente da noção de *experimento aleatório*, possibilitam a definição de *probabilidade* e a discussão de alguns resultados fundamentais:

Apêndice

EXPERIMENTO ALEATÓRIO

Um experimento é dito aleatório quando o seu resultado é incerto, apesar do prévio conhecimento do conjunto de todos os resultados possíveis. Em outras palavras, o que caracteriza um experimento aleatório é o fato de sua repetição, sob condições inalteradas, não conduzir necessariamente ao mesmo resultado. Por exemplo, considerando-se o lançamento de um dado homogêneo, sabe-se *a priori* que o número a ser observado na face superior pode variar de 1 a 6, mas é impossível prever o resultado com exatidão. Apesar disso, sabe-se que um grande número de repetições revelará a existência de uma certa regularidade, obtendo-se cada um dos seis resultados possíveis aproximadamente o mesmo número de vezes. Essa regularidade é que permite a formulação de um modelo matemático de previsão de resultados.

ESPAÇO AMOSTRAL

O conjunto de todos os resultados possíveis de um experimento aleatório constitui o seu *espaço amostral*, que pode ser finito, infinito numerável, ou infinito não-numerável. O Quadro A1 apresenta um exemplo de cada tipo de espaço amostral.

Quadro A1. Exemplos de espaços amostrais

Experimento aleatório	Espaço amostral (E.A.)	Tipo do E.A.
Contagem do número de dias chuvosos de um ano bissexto, em determinado local	$\{0, 1, 2, \ldots, 366\}$	finito
Contagem do número de dias consecutivos, sem precipitação, a partir de certa data	$\{0, 1, 2, 3, \ldots\}$	infinito numerável
Observação da vazão de certo rio, em determinada seção	$\{X; x \geq 0\}$	infinito não-numerável

Cada elemento de um espaço amostral é denominado *ponto amostral*, ou *evento aleatório simples*. Conjuntos de dois ou mais pontos amostrais são denominados *eventos compostos*. O *complemento de um evento* é o conjunto formado pelos pontos amostrais que não pertencem ao evento. Assim, por exemplo, o espaço amostral em seu todo, é um evento composto, também chamado de *evento certo*, e o seu complemento é o conjunto vazio, também chamado de *evento nulo*.

Quando dois ou mais eventos não possuem pontos amostrais em comum, diz-se que tais eventos são *mutuamente excludentes*. Os pontos amostrais comuns a dois ou mais eventos formam um subconjunto denominado de *interseção de eventos*, que também é um evento. Assim, a interseção de eventos mutuamente excludentes é o evento nulo. O conjunto formado por todos os pontos amostrais de dois ou mais eventos é denominado de *união de eventos*, e também é um evento. Finalmente, o conjunto de pontos amostrais que satisfazem uma certa condição é denominado *espaço amostral condicionado*.

O primeiro experimento aleatório constante do Quadro A1 pode ser utilizado para exemplificar essa série de conceitos: a ocorrência de 110 dias chuvosos em um ano bissexto seria um evento simples; a ocorrência de 110 ou mais dias chuvosos seria um evento composto; a ocorrência de 120 ou menos dias chuvosos seria outro evento composto. Esses eventos, mesmo tomados dois a dois, não seriam mutuamente excludentes, pois possuem pontos amostrais em comum. A interseção dos dois eventos compostos mencionados seria o subconjunto $\{110, 111, \ldots, 120\}$, e a sua união seria o evento certo. Finalmente, dado que o número de dias de chuva é menor que, digamos, 10, o subconjunto $\{0, 1 \ldots, 9\}$ constituiria um espaço amostral condicionado a tal informação.

MEDIDA DE PROBABILIDADE

Se um experimento aleatório puder conduzir a um número n de resultados distintos e "igualmente possíveis", m dos quais possam ser considerados favoráveis, então a probabilidade de ocorrência de um resultado favorável é definida pela relação m/n. O exemplo clássico é o jogo "cara-ou-coroa", quando uma moeda homogênea é utilizada. O lançamento da moeda pode conduzir a dois resultados distintos e "igualmente possíveis", e se alguém apostar que o resultado será "cara", a probabilidade de um resultado favorável a esse apostador é igual a $1/2$.

Essa definição de probabilidade, dada por Pierre-Simon Laplace em 1795, apesar de clássica, não é rigorosa porque depende da idéia não-matemática de "resultados igualmente possíveis". Qualquer tentativa de definição desse termo leva a um círculo vicioso, pois sendo "igualmente possíveis" sinônimo de "igualmente prováveis", efetivamente o conceito de probabilidade está sendo utilizado para definir probabilidade. Uma alternativa para contornar essa dificuldade é a definição empírica de probabilidade, baseada na idéia de freqüência relativa. Se m' for o número de vezes em que um evento é observado em uma série de n' repetições independentes de um experimento aleatório, então freqüência relativa é definida pela relação m'/n', e a probabilidade de ocorrência desse evento é definida pelo limite para o qual tende a freqüência relativa quando o número de repetições cresce indefinidamente.

Para facilitar a discussão das propriedades das probabilidades, o Quadro A2 apresenta a notação normalmente utilizada.

Apêndice

209

Quadro A2. Notação

Símbolo	Significado
A, B, C	Eventos
$\overline{A}$	Complemento do evento A
Ω	Evento certo
ϕ	Evento nulo
$P[A]$	Probabilidade do evento A
$A \cup B$	Novo evento, definido pela união de A e B
$A \cap B$	Novo evento, definido pela interseção de A e B
$A\|B$	Novo evento, definido pelo condicionamento de A à ocorrência de B

As propriedades fundamentais das probabilidades decorrem imediatamente de sua definição, e estão relacionadas a seguir.

$$\text{i)} \quad 0 \leq P[A] \leq 1, \tag{1}$$

$$\text{ii)} \quad P[\Omega] = 1, \tag{2}$$

iii) Se B é a união de eventos mutuamente excludentes $A_1, A_2, \ldots,$ A_n, então

$$P[B] = P[A_1] + P[A_2] + \cdots + P[A_n]. \tag{3}$$

Outros resultados podem ser obtidos a partir dessas três propriedades. Por exemplo, como A e $\overline{A}$ são mutuamente excludentes por definição, e como $A \cup \overline{A} = \Omega$, das equações 2 e 3 decorre que

$$P[\overline{A}] = 1 - P[A]. \tag{4}$$

Outro exemplo: fazendo $A = \Omega$, tem-se que $\overline{A} = \phi$ e, portanto, que $P[\phi] = 0$.

PROBABILIDADE DE UNIÕES DE EVENTOS

O problema da união de eventos que não são mutuamente excludentes pode ser abordado através de uma ilustração. Supondo a existência de um departamento universitário formado por 10 professores titulares, sendo 3 mulheres e 7 homens, e por 30 professores assistentes, sendo 10 mulheres e 20 homens, surge a pergunta: qual a probabilidade de que um membro do departamento, escolhido ao acaso, seja um professor titular e/ou uma mulher? Ou seja, pergunta-se quanto vale $P[T \cup M]$, onde T denota o evento "um professor titular é selecionado" e M denota o evento "uma mulher é selecionada". A resposta pode ser facilmente encontrada, utilizando-se a definição clássica de probabilidade. Existem 20 pessoas que são professores titulares e/ou mulheres, num total de 40 pessoas. Logo, $P[T \cup M] = 20/40$. Outros resultados decorrem diretamente da definição de probabilidade, tais como $P[T] = 10/40$, $P[M] = 13/40$, e $P[T \cap M] = 3/40$. Com referência ao último resultado, os símbolos $[T \cap M]$ denotam o evento "um professor titular do sexo feminino é selecionado". Finalmente, é fácil notar que

$$P[T \cup M] = P[T] + P[M] - P[T \cap M]. \qquad (5)$$

A Fig. A1a ilustra o raciocínio exposto, enfatizando a existência de pontos amostrais comuns aos eventos T e M.

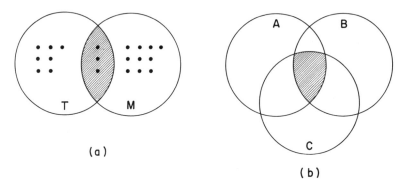

Figura A1. Uniões e interseções de eventos

Utilizando noções básicas de operações com conjuntos, esse resultado pode ser generalizado, por indução. Por exemplo, é fácil mostrar que, para três eventos quaisquer A, B, e C, tem-se que

$$P[A \cup B \cup C] = P[A] + P[B] + P[C] \\ - P[A \cap B] - P[A \cap C] - P[B \cap C] \\ + P[A \cap B \cap C].$$

A versão gráfica desse resultado é dada pela Fig. A1b. A propósito, gráficos desse tipo são freqüentemente chamados de *diagramas de Venn*.

PROBABILIDADE CONDICIONADA

O exemplo referente ao departamento universitário pode ser utilizado para ilustrar o conceito de *probabilidade condicionada*. Supondo que o membro selecionado ao acaso tenha sido uma mulher, surge a pergunta: qual a probabilidade de que ela seja um professor titular? A resposta decorre diretamente da definição clássica de probabilidade: existem 3 professores titulares do sexo feminino, em um total de 13 mulheres. Logo, $P[T|M] = 3/13$. Lembrando que $P[M] = 13/40$ e $P[T \cap M] = 3/40$, é fácil notar que

$$P[T|M] = \frac{3}{13} = \frac{3/40}{13/40} = \frac{P[T \cap M]}{P[M]}.$$

É interessante ressaltar, correndo o risco de entediar o leitor, que os 13 pontos amostrais correspondentes às 13 mulheres constituem um espaço amostral condicionado ao sexo de alguns membros do departamento. Repetindo o resultado, para dois eventos quaisquer A e B,

$$P[A|B] = \frac{P[A \cap B]}{P[B]}, \qquad (6)$$

cumpre alertar que, caso $P[B]$ seja igual a zero, $P[A|B]$ fica indefinida. Caso os eventos A e B sejam mutuamente excludentes, isto é, $P[A \cap B] = P[\phi] = 0$, então $P[A|B] = 0$, ou seja, como já era sabido, a ocorrência do evento B exclui a possibilidade de ocorrência do evento A.

Para que dois eventos sejam *estocasticamente independentes*, é necessário que $P[A|B] = P[A]$, isto é, que a ocorrência do evento B não altere a probabilidade de ocorrência do evento A. Neste caso, aplicando a equação (6), tem-se a chamada *regra da multiplicação*:

$$P[A \cap B] = P[A] \cdot P[B]. \qquad (7)$$

TEOREMAS FUNDAMENTAIS

Sendo A um evento qualquer, e $B_1, B_2, \ldots, B_n$ uma série de eventos mutuamente excludentes tal que

$$B_1 \cup B_2 \cup \ldots \cup B_n = \Omega,$$

então é claro que $B_1 \cap A, B_2 \cap A, \ldots,$ e $B_n \cap A$ constituem outra série de eventos mutuamente excludentes tal que

$$(B_1 \cap A) \cup (B_2 \cap A) \cup \ldots \cup (B_n \cap A) = A,$$

como indica a Fig. A2, no caso particular de $n = 4$.

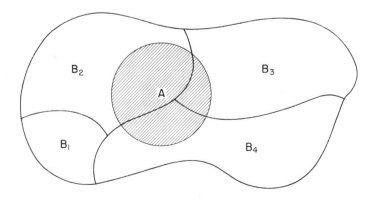

Figura A2. Partição de eventos

212   hidrologia básica

Utilizando a terceira propriedade fundamental das probabilidades [equação (3)] para essa segunda série de eventos mutuamente excludentes, tem-se

$$P[A] = P[B_1 \cap A] + P[B_2 \cap A] + \cdots + P[B_n \cap A].$$

Aplicando a equação (6), chega-se à expressão do *teorema da probabilidade total*:

$$P[A] = P[A|B_1]P[B_1] + P[A|B_2]P[B_2] + \cdots + P[A|B_n]P[B_n]. \quad (8)$$

Para ilustrar esse resultado, pode-se considerar o problema seguinte. Se uma comunidade de 10 000 pessoas é formada por 4 500 homens e 5 500 mulheres, e se 60% dos homens e 30% das mulheres são fumantes, qual a probabilidade de que uma pessoa, escolhida ao acaso, seja fumante?

Usando uma notação óbvia, tem-se

$$P[H] = 0,45,$$
$$P[M] = 0,55,$$
$$P[F|H] = 0,60,$$
$$P[F|M] = 0,30,$$

e, portanto,

$$P[F] = P[F|H]P[H] + P[F|M]P[M] =$$
$$= 0,60 \times 0,45 + 0,30 \times 0,55 = 0,4350.$$

O teorema da probabilidade total, como foi visto, relaciona a probabilidade de ocorrência de um evento A, $P[A]$, com uma série de probabilidades condicionadas, $P[A|B_i]$. Freqüentemente existe interesse em discutir outras probabilidades condicionadas, a saber, $P[B_i|A]$, as quais podem ser facilmente determinadas usando-se a definição de probabilidade condicional [equação (6)], como é mostrado a seguir:

$$P[A \cap B_i] = P[B_i|A]P[A] = P[A|B_i]P[B_i].$$

Logo,

$$P[B_i|A] = \frac{P[A|B_i]P[B_i]}{P[A]}.$$

Usando agora o teorema da probabilidade total [equação (8)], chega-se ao chamado *teorema de Bayes*:

$$P[B_i|A] = \frac{P[A|B_i]P[B_i]}{P[A|B_1]P[B_1] + P[A|B_2]P[B_2] + \cdots + P[A|B_n]P[B_n]} \cdot \quad (9)$$

Com referência ao exemplo anterior, relativo à probabilidade de seleção de um fumante dentre os membros de certa comunidade, pode

Apêndice

haver interesse em determinar a probabilidade de que a pessoa selecionada seja uma mulher, dado que ela é fumante. Usando novamente uma notação óbvia, tem-se:

$$P[M|F] = \frac{P[F|M] \cdot P[M]}{P[F|M]P[M] + P[F|H]P[H]} =$$
$$= \frac{0,30 \times 0,55}{0,30 \times 0,55 + 0,60 \times 0,45} \simeq 0,3793.$$

O teorema de Bayes, apesar de ser tão elementar, é o alicerce sobre o qual se estruturou a chamada teoria estatística da decisão, que tem múltiplas aplicações em engenharia econômica em geral e em hidrologia em particular.

VARIÁVEIS ALEATÓRIAS E SUAS DISTRIBUIÇÕES

As explicações e definições apresentadas neste texto, e nesta seção em particular, são propositadamente pouco rigorosas, de modo a evitar a discussão de certos detalhes e complicações de ordem teórica que são irrelevantes para o profissional interessado apenas nos aspectos práticos da estatística e das probabilidades.

Assim, pouco rigorosamente falando, uma variável aleatória pode ser entendida como um número associado a cada ponto do espaço amostral. O exemplo clássico é o jogo "cara-ou-coroa", quando duas moedas, uma dourada e uma prateada, são lançadas simultaneamente. O espaço amostral é formado então por quatro pontos amostrais, correspondentes aos quatro distintos resultados possíveis. Um exemplo de variável aleatória X seria então o número de "caras" obtidas. O Quadro A3 sumariza os resultados possíveis desse experimento aleatório e os correspondentes valores x assumidos pela variável aleatória X, restando apenas enfatizar que, apesar de haver um e apenas um número x associado a cada ponto amostral, a recíproca não é verdadeira.

O comportamento de uma variável aleatória é definido pela sua lei de probabilidades, cuja discussão fica facilitada quando se considera dois tipos distintos de variáveis: as *discretas* e as *contínuas*.

Quadro A3. Eventos simples e variáveis aleatórias

Evento simples	Descrição	Valor da variável X
A	As duas moedas mostram "coroa"	$x = 0$
B	A moeda dourada mostra "cara" e a moeda prateada mostra "coroa"	$x = 1$
C	A moeda dourada mostra "coroa" e a moeda prateada mostra "cara"	$x = 1$
D	As duas moedas mostram "cara"	$x = 2$

VARIÁVEIS ALEATÓRIAS DISCRETAS

Variáveis aleatórias discretas são aquelas que só podem assumir valores inteiros. Elas correspondem a espaços amostrais finitos ou infinitos contáveis. O comportamento de uma variável aleatória discreta é definido pela sua *função massa de probabilidade* (*f. m. p.*), que simplesmente associa uma probabilidade a cada valor que a variável possa assumir. Assim, por exemplo, para o experimento aleatório constante do Quadro A3, empregando-se a notação $P[X = x] = p_X(x)$, tem-se

$$p_X(0) = P[X = 0] = P[A] = 1/4,$$

e $\quad p_X(1) = P[X = 1] = P[B \cup C] = P[B] + P[C] = 1/2,$

$$p_X(2) = P[X = 2] = P[D] = 1/4.$$

A Fig. A3 mostra a *f. m. p.* nas duas versões gráficas normalmente utilizadas, restando apenas notar que as três propriedades fundamentais das probabilidades são satisfeitas, como não poderia deixar de ser. Assim,

i) $0 \leq p_X(x) \leq 1$,

ii) $\sum_{x_i} p_X(x_i) = 1$,

e

iii) $P[a \leq X \leq b] = \sum_{a \leq x_i \leq b} p_X(x_i).$

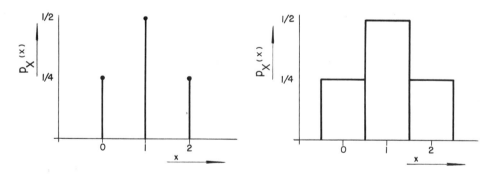

Figura A3. Função massa de probabilidade

Outra forma de apresentar a lei de probabilidades de uma variável aleatória discreta é através da sua *função de distribuição acumulada* (*f. d. a.*), definida como

$$F_X(x) = P[X \leq x] = \sum_{x_i \leq x} p_X(x_i).$$

Utilizando novamente o experimento aleatório constante do Quadro A3 como exemplo, tem-se

$$P[X \leq 2] = F_X(2) = 1,$$
$$P[X \leq 1] = F_X(1) = 3/4,$$
$$P[X \leq 0] = F_X(0) = 1/4,$$
e
$$P[X \leq -1] = F_X(-1) = 0.$$

A Fig. A4 mostra a *f. d. a.* em sua versão gráfica, restando notar que o resultado óbvio, $P[X > 2] = 0$, decorre da noção de probabilidade de um evento complementar, já vista anteriormente. Assim, repetindo a equação (4),

$$P[\bar{E}] = 1 - P[E],$$

tem-se que

$$P[X > 2] = 1 - P[X \leq 2] = 0.$$

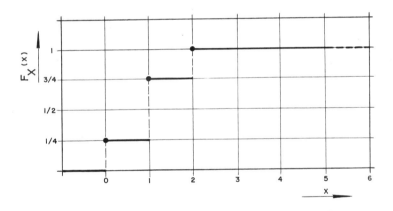

Figura A4. Função de distribuição acumulada — variável discreta

VARIÁVEIS ALEATÓRIAS CONTÍNUAS

Variáveis aleatórias contínuas são aquelas que podem assumir qualquer valor numérico real em um dado intervalo. Elas correspondem a espaços amostrais infinitos não-contáveis, como é o caso, já mencionado anteriormente, da vazão de um rio. Continuando com esse exemplo, pode-se falar da probabilidade da vazão de um rio estar em um certo intervalo, digamos, $(x \pm \Delta x/2)$. Tal probabilidade tende para zero à medida que Δx decresce, e pode-se definir *função densidade de probabilidade* (*f. d. p.*) como o limite para o qual tende a relação entre

216
hidrologia básica

a probabilidade e o tamanho do intervalo:

$$f_X(x) = \lim_{\Delta x \to 0} \frac{P\left[x - \dfrac{\Delta x}{2} \le X \le x + \dfrac{\Delta x}{2}\right]}{\Delta x}.$$

Naturalmente, sendo a função densidade $f_X(x)$ proporcional a uma probabilidade, é natural que as três propriedades fundamentais sejam mantidas, isto é,

i) $f_X(x) \ge 0$,

ii) $\displaystyle\int_{-\infty}^{+\infty} f_X(x)\, dx = 1$,

e

iii) $P[a \le X \le b] = \displaystyle\int_a^b f_X(x)\, dx$,

restando apenas ressaltar que $f_X(x)$ não é necessariamente menor que a unidade (propriedade i), e que os limites de integração mencionados na propriedade ii podem ser quaisquer, desde que a probabilidade de X assumir valores fora do intervalo especificado seja igual a zero.

A Fig. A5 mostra uma função densidade de probabilidade ($f.\,d.\,p.$ – gráfico 3) como o caso limite de funções massa de probabilidade ($f.\,m.\,p.$ – gráficos 1 e 2). Nessa figura, os gráficos 1 e 2 correspondem à distribuição de alturas de um certo grupo de pessoas, quando a unidade de medida é o decímetro e o centímetro, respectivamente. Isso corresponde a encarar a altura de uma pessoa como uma variável discreta. Evidentemente, poder-se-ia traçar gráficos semelhantes, correspondentes a unidades de medida com o milímetro, o decímetro de milímetro, etc. Quanto menor a unidade de medida, mais próximo se estaria do gráfico 3, que corresponde à distribuição da variável contínua "altura de uma pessoa".

Do mesmo modo que no caso das variáveis discretas, pode-se apresentar a lei de probabilidades de uma variável aleatória contínua através de sua função de distribuição acumulada ($f.\,d.\,a.$), definida agora como

$$F_X(x) = P[X \le x] = \int_{-\infty}^{x} f_X(u)\, du.$$

A Fig. A6 mostra uma $f.\,d.\,a.$ genérica. A partir da definição de $f.\,d.\,a.$, uma série de resultados pode ser obtida, como segue

i) $dF_X(x)/dx = f_X(x)$, $\hfill (10)$

ii) $F_X(\infty) = 1$, $\hfill (11)$

iii) $F_X(-\infty) = 0$, $\hfill (12)$

e

iv) $F_X(x + \varepsilon) \ge F_X(x)$ para qualquer $\varepsilon > 0$. $\hfill (13)$

Apêndice

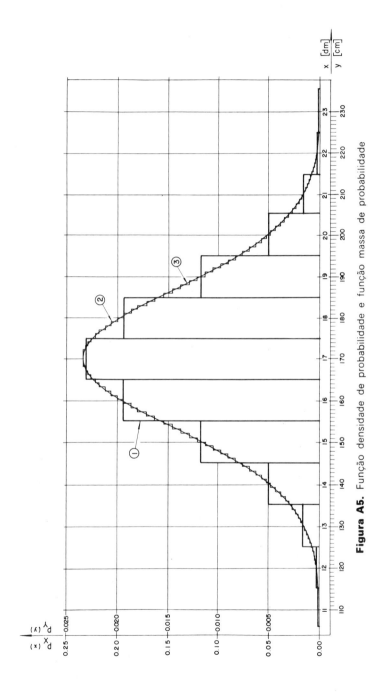

Figura A5. Função densidade de probabilidade e função massa de probabilidade

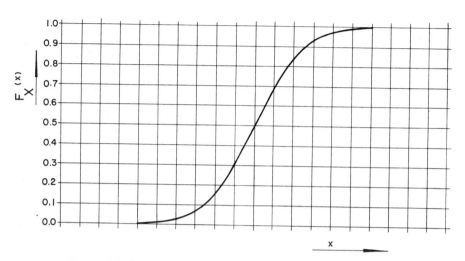

Figura A6. Função de distribuição acumulada — variável contínua

DISTRIBUIÇÃO CONJUNTA

Uma discussão detalhada, envolvendo apenas *duas* variáveis aleatórias *discretas* é suficiente para uma compreensão adequada da noção geral de distribuição conjunta. Os resultados pertinentes serão estendidos para o caso de *duas* variáveis aleatórias *contínuas*, por simples analogia, ficando a cargo do leitor notar que a generalização para o caso de mais que duas variáveis é possível, e relativamente simples.

Para facilitar a discussão de distribuições conjuntas de duas variáveis discretas, pode-se considerar um novo problema relacionado com o jogo "cara-ou-coroa". Imagine-se que dois jogadores lançam uma moeda homogênea quatro vezes. Após cada lançamento, se o resultado for "cara", o jogador I ganha 1 cruzeiro. Se o resultado for "coroa", o jogador II é quem ganha 1 cruzeiro. Como cada lançamento pode conduzir a dois resultados distintos, quatro lançamentos implicam na existência de dezesseis (2^4) possíveis seqüências alternativas de jogo, enumeradas na Fig. A7. Por exemplo, a seqüência 7a é aquela em que o jogador I ganhou no primeiro lance, perdeu nos dois seguintes e ganhou novamente no último lance. A seqüência 7b é exatamente o inverso.

Definindo-se as variáveis aleatórias X e Y como os máximos ganhos, ocorridos ao longo de toda a partida, dos jogadores I e II, respectivamente, é fácil preencher as entradas do Quadro A4. Por exemplo, dentre 16 possíveis seqüências de jogo, apenas uma (alternativa 8a) apresenta um máximo ganho de Cr$ 1,00 para o jogador I ($X = 1$), juntamente com um máximo ganho de Cr$ 2,00 para o jogador II ($Y = 2$). Como outro exemplo, pode-se notar que 3 das 16 seqüências apresentam os resultados $X = 0$ e $Y = 2$ (alternativas 3b, 4b, e 5b).

Apêndice

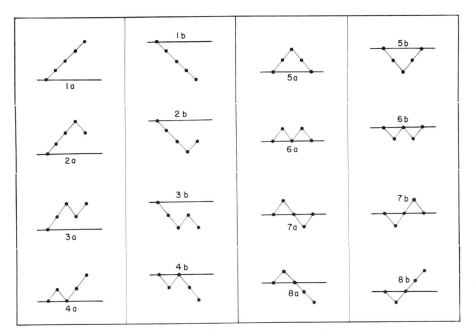

Figura A7. Seqüências alternativas de jogo

Quadro A4. Exemplo de distribuição conjunta

X Y	0	1	2	3	4
0	0	1/16	3/16	1/16	1/16
1	1/16	2/16	1/16	0	0
2	3/16	1/16	0	0	0
3	1/16	0	0	0	0
4	1/16	0	0	0	0

X: máximo ganho do jogador I
Y: máximo ganho do jogador II

Cada entrada no Quadro A4 constitui uma massa de probabilidade, sendo a correspondente *função massa de probabilidade conjunta* denotada por

$$p_{X,Y}(x,y) = P[X = x; \ Y = y].$$

Por exemplo,

$$p_{X,Y}(0,3) = P[X = 0; \ Y = 3] = 1/16.$$

220

hidrologia básica

Denotando os eventos $[X = x]$ e $[Y = y]$ por A e B, respectivamente, é conveniente ressaltar, correndo novamente o risco de entediar o leitor, que $P[X = x; \ Y = y]$ é simplesmente a probabilidade de ocorrência do evento $A \cap B$.

Um outro aspecto a ressaltar é que as massas de probabilidade conjunta, como não poderia deixar de ser, satisfazem as três propriedades fundamentais das probabilidades, isto é, todas as entradas do Quadro A4 são positivas ou nulas, sua soma é igual à unidade, e, como os eventos conjuntos são mutuamente excludentes, a probabilidade da união desses eventos é igual à soma da probabilidade de cada um. Essa última propriedade fica mais evidente quando se nota que, sem considerar o máximo ganho do jogador II, existem 6 dentre 16 alternativas que apresentam $X = 0$, isto é, um máximo ganho nulo para o jogador I. Assim, é fácil notar que

$$P[X = 0] = p_X(0) = p_{X,Y}(0,1) + p_{X,Y}(0,2) + p_{X,Y}(0.3) + p_{X,Y}(0,4) =$$
$$= \frac{1}{16} + \frac{3}{16} + \frac{1}{16} + \frac{1}{16} = \frac{6}{16} = \frac{3}{8}.$$

Raciocinando de maneira análoga, pode-se obter

$$P[X = 1] = p_X(1) = p_{X,Y}(1,0) + p_{X,Y}(1,1) + p_{X,Y}(1,2) =$$
$$= \frac{1}{16} + \frac{2}{16} + \frac{1}{16} = \frac{1}{4},$$

$$P[X = 2] = p_X(2) = p_{X,Y}(2,0) + p_{X,Y}(2,1) = \frac{3}{16} + \frac{1}{16} = \frac{1}{4},$$

$$P[X = 3] = p_X(3) = p_{X,Y}(3,0) = \frac{1}{16},$$

e

$$P[X = 4] = p_X(4) = p_{X,Y}(4,0) = \frac{1}{16},$$

onde $P[X = x] = p_X(x)$ é a já conhecida *função massa de probabilidade*. Diz-se agora que $p_X(x)$ define uma *distribuição marginal*, enquanto $p_{X,Y}(x,y)$ define uma *distribuição conjunta*.

DISTRIBUIÇÃO CONDICIONADA

O conceito de *distribuição condicionada de probabilidade* pode agora ser introduzido, utilizando ainda como ilustração o problema do jogo "cara-ou-coroa". Por exemplo, pode-se perguntar qual a probabilidade de que o máximo ganho do jogador II tenha sido Cr$ 2,00 ($Y = 2$), *dado que* o máximo ganho do jogador I foi Cr$ 1,00 ($X = 1$). Introduzindo uma notação óbvia, pergunta-se qual o valor da pro-

Apêndice

babilidade condicionada

$$P[Y = 2 | X = 1] = p_{Y|X}(2|1).$$

A breve inspeção do Quadro A4 revela que, para $X = 1$, Y pode assumir os valores 0 ou 2, com igual probabilidade, e que Y assumir o valor 1 é duas vezes mais provável que Y assumir o valor 0 (ou 2). Em símbolos,

$$p_{Y|X}(0|1) = \frac{1}{2} p_{Y|X}(1|1) = p_{Y|X}(2|1). \tag{14}$$

Ora, como probabilidades condicionadas também devem satisfazer as propriedades fundamentais, tem-se que

$$p_{Y|X}(0|1) + p_{Y|X}(1|1) + p_{Y|X}(2|1) = 1,$$

e, portanto, usando a equação (14),

$$p_{Y|X}(0|1) + 2p_{Y|X}(0|1) + p_{Y|X}(0|1) = 1,$$

donde conclui-se que

$$p_{Y|X}(0|1) = p_{Y|X}(2|1) = 1/4,$$

e que

$$p_{Y|X}(1|1) = 1/2.$$

Esses valores de $p_{Y|X}(y|x)$ constituem a *função massa de probabilidade condicionada*.

Os resultados acima poderiam ser obtidos mais mecanicamente, utilizando a própria definição de probabilidade condicionada de um evento, que já foi vista anteriormente (equação 6). Assim, denotando por A o evento $[Y = 2]$ e por B o evento $[X = 1]$, tem-se

$$p_{Y|X}(2|1) = P[A|B] = \frac{P[A \cap B]}{P[B]} = \frac{p_{X,Y}(1,2)}{p_X(1)} = \frac{1/16}{1/4} = 1/4,$$

ficando assim ressaltado que a distribuição condicionada é obtida a partir da distribuição conjunta, mediante uma mudança de escala. Para efetuar essa mudança de escala, utiliza-se a distribuição marginal. Evidentemente, tal mudança de escala é necessária para que a propriedade referente à soma unitária de probabilidades seja satisfeita.

É importante ressaltar que a condição implícita no termo "distribuição condicionada" não tem de ser necessariamente um valor assumido por uma das variáveis. Por exemplo, com referência ao problema do jogo "cara-ou-coroa", poder-se-ia impor a condição de que o jogo termine em um empate. Então só 6 seqüências alternativas, apresentadas pela Fig. A7, seriam possíveis, e podem-se preencher, fa-

Quadro A5. Exemplo de distribuição conjunta condicionada

Y \ X	0	1	2
0	0	1/6	1/6
1	1/6	2/6	0
2	1/6	0	0

X: máximo ganho do jogador I
Y: máximo ganho do jogador II
Condição: o jogo termina em empate

cilmente, as entradas do Quadro A5, mediante a aplicação, uma vez mais, da definição clássica de probabilidade. Esses valores constituem a *função massa de probabilidade conjunta condicionada*, e podem ser denotados por

$$p_{X,Y \,|\, \text{``empate''}} \,(x, y \,|\, \text{empate}),$$

ou, mais genericamente, por

$$p_{X,Y \,|\, \text{``condição''}} \,(x, y \,|\, \text{``condição''}).$$

RESUMO

O material discutido nessa seção está sumarizado no Quadro A6, que também introduz, de forma auto-explicativa, o conceito de *função de distribuição conjunta acumulada*. Além disso, o Quadro A6 apresenta uma série de resultados válidos para o caso de duas variáveis contínuas, obtidos por analogia com o caso de variáveis discretas.

Um último comentário pode ser feito, com referência ao caso de *variáveis estocasticamente independentes*, isto é, variáveis X e Y tais que

$$p_{Y|X}(y|x) = p_Y(y).$$

Nesse caso, o resultado relativo a probabilidades condicionadas,

$$p_{X,Y}(x,y) = p_{Y|X}(y|x)p_X(x),$$

fornece imediatamente

$$p_{X,Y}(x,y) = p_X(x)p_Y(y). \tag{15}$$

Por analogia, caso as variáveis sejam contínuas, tem-se

$$f_{X,Y}(x,y) = f_X(x)f_Y(y). \tag{16}$$

Apêndice 223

Quadro A6. Tipos de distribuição de probabilidades

Designação	Variáveis discretas	Variáveis contínuas
Distribuição marginal	$p_X(x) = P[X = x]$	$f_X(x)$
Distribuição conjunta	$p_{X.Y}(x, y) = P[X = x; Y = y]$	$f_{X.Y}(x, y)$
Distribuição condicionada	$p_{Y\|X}(y\|x) = \dfrac{p_{X.Y}(x, y)}{p_X(x)}$	$f_{Y\|X}(y\|x) = \dfrac{f_{X.Y}(x, y)}{f_X(x)}$
Distribuição conjunta condicionada	$p_{X.Y\|c}(x, y\|c)$	$f_{X.Y\|c}(x, y\|c)$
Distribuição acumulada	$F_X(x) = P[X \leq x] = \sum_{x_i \leq x} p_X(x_i)$	$F_X(x) = P[X \leq x] = \displaystyle\int_{-}^{x} f_X(u)\,du$
Distribuição conjunta acumulada	$F_{X.Y}(x, y) = P[X \leq x; Y \leq y] =$ $= \sum_{x_i \leq x}\sum_{y_i \leq y} p_{X.Y}(x_i, y_i)$	$F_{X.Y}(x, y) = P[X \leq x; Y \leq y] =$ $= \displaystyle\int_{-\infty}^{x}\int_{-\infty}^{y} f_{X.Y}(u, v)\,du\,dv$
Distribuição condicionada acumulada	$F_{Y\|X}(y\|x) = P[Y \leq y\|X = x] =$ $= \sum_{y_i \leq y} p_{Y\|X}(y_i\|x)$	$F_{Y\|X}(y\|x) = P[Y \leq y\|X = x] =$ $= \displaystyle\int_{-\infty}^{y} f_{Y\|X}(v\|x)\,dv$
Distribuição conjunta condicionada acumulada	$F_{X.Y\|c} = P[X \leq x; Y \leq y\|c] =$ $= \sum_{x_i \leq x}\sum_{y_i \leq y} p_{X.Y\|c}(x_i. y_i\|c)$	$F_{X.Y\|c} = P[X \leq x; Y \leq y\|c] =$ $= \displaystyle\int_{-\infty}^{x}\int_{-\infty}^{y} f_{X.Y\|c}(u, v)\,du\,dv$

MOMENTOS E SUA FUNÇÃO GERATRIZ

A média de uma variável aleatória discreta é definida como

$$E[X] = \sum_{x_i} x_i\, p_X(x_i),$$

onde a simbologia $E[X]$ deve ser lida como "*valor esperado de X*". (É conveniente lembrar que X (letra maiúscula) denota a variável aleatória, genericamente, ao passo que x (ou x_i, ou qualquer letra minúscula) denota um valor específico assumido pela variável aleatória.) Analogamente, a média de uma variável aleatória contínua é definida como

$$E[X] = \int_{-\infty}^{+\infty} x f_X(x)\,dx,$$

onde os limites de integração podem ser mais específicos, dependendo do campo de variação de X. Por exemplo, se X variar apenas entre os valores a e b, a média será dada por

$$E[X] = \int_a^b x f_X(x)\, dx.$$

De uma maneira geral, pode-se encontrar o *valor esperado de uma função da variável aleatória* X, como segue

$$E[g(X)] = \sum_{x_i} g(x_i) p_X(x_i),$$

para variáveis discretas, e

$$E[g(X)] = \int_{-\infty}^{+\infty} g(x) f_X(x)\, dx,$$

para variáveis contínuas. Assim, pode-se definir o *r-ésimo momento de uma variável aleatória* X como sendo

$$E[X] = \mu_r = \sum_{x_i} x_i^r p_X(x_i),$$

para variáveis discretas, e

$$E[X^r] = \mu_r = \int_{-\infty}^{+\infty} x^r f_X(x)\, dx,$$

para variáveis contínuas. A notação μ_r é bastante utilizada. Em particular, para $r = 1$, tem-se a média e costuma-se denotá-la apenas por μ, em vez de μ_1.

Uma outra maneira de obter os momentos de uma variável aleatória é através da *função geratriz de momentos*, definida como

$$M_X(t) = E[e^{tX}],$$

isto é, definida como o valor esperado de uma função da variável X, tendo como argumento uma variável auxiliar t. Raciocinando apenas com o caso de variáveis discretas, pode-se escrever que

$$M_X(t) = e^{tx_1} p_X(x_1) + e^{tx_2} p_X(x_2) + e^{tx_3} p_X(x_3) + \cdots,$$

onde x_1 é o menor valor que X pode assumir, x_2 o segundo menor, e assim por diante. Derivando essa expressão, em relação a t,

$$\frac{dM_X(t)}{dt} = x_1 e^{tx_1} p_X(x_1) + x_2 e^{tx_2} p_X(x_2) + x_3 e^{tx_3} p_X(x_3) + \cdots,$$

é fácil notar que a avaliação dessa derivada no ponto $t = 0$ fornece o primeiro momento de X. Analogamente, a avaliação no ponto $t = 0$ da r-ésima derivada, em relação a t, da função geratriz fornece o r-ésimo momento de X:

$$\frac{d^r M_X(t)}{dt^r}\bigg|_{t=0} = E[X^r].$$

Na próxima seção o leitor terá inúmeras oportunidades de usar essa técnica para obtenção de momentos de algumas distribuições importantes, restando citar que é possível definir a função geratriz de momentos também para distribuições conjuntas, como segue:

$$M_{X_1, X_2, \ldots, X_n}(t_1, t_2, \ldots, t_n) =$$
$$= E\left[e^{t_1 X_1 + t_2 X_2 + \cdots + t_n X_n}\right] =$$
$$\cdots = \int_{-\infty}^{+\infty} \int_{-\infty}^{+\infty} \cdots \int_{-\infty}^{+\infty} e^{t_1 x_1 + t_2 x_2 + \cdots + t_n x_n} f_{X_1, X_2, \ldots, X_n}(x_1, x_2, \ldots, x_n)$$
$$\cdot dx_1 \, dx_2 \ldots dx_n,$$

válida para variáveis contínuas, ficando a cargo do leitor escrever a fórmula correspondente ao caso de variáveis discretas.

Além do r-ésimo momento de X, definido anteriormente, pode-se definir o *r-ésimo momento centrado de X*, como

$$E[(X-\mu)^r] = \mu'_r.$$

Em particular, o primeiro momento centrado μ'_1, é sempre igual a zero, e o segundo momento centrado, μ'_2, também denotado por σ^2 ou $\text{VAR}[X]$ é denominado *variança da variável aleatória X*. O *desvio--padrão da variável aleatória X* é definido como a raiz quadrada da variança, ficando então evidenciada a vantagem de denotar a variança por σ^2, em vez de μ'_2 ou $\text{VAR}[X]$.

Para o caso de distribuição conjunta de duas variáveis aleatórias X e Y, o valor esperado de uma função é definido como

$$E[g(X, Y)] = \int_{-\infty}^{+\infty} \int_{-\infty}^{+\infty} g(x, y) f_{X, Y}(x, y) \, dx \, dy,$$

para variáveis contínuas (note-se que a função geratriz conjunta é um caso particular dessa expressão); também aqui fica a cargo do leitor escrever a fórmula correspondente ao caso de variáveis discretas. Usando a expressão acima, pode-se definir a *covariança de duas variáveis aleatórias X e Y* como

$$\text{COV}[X, Y] = E[(X-\mu_X) \cdot (Y-\mu_Y)],$$

226 hidrologia básica

e o *coeficiente de correlação entre duas variáveis aleatórias* X e Y, como

$$\rho_{X,Y} = \frac{\mathrm{COV}[X, Y]}{\sigma_X \sigma_Y}.$$

Evidentemente, nessas duas últimas expressões, os subíndices X e Y são necessários para distinguir a média e o desvio-padrão da variável X da média e do desvio-padrão da variável Y.

Tendo em vista o que foi exposto, recomenda-se que o leitor interessado derive as relações seguintes, para assegurar um perfeito entendimento dessa subseção:

$$E[a + bX] = a + bE[X],$$
$$\mathrm{VAR}[a + bX] = b^2 \mathrm{VAR}[X],$$
$$\mathrm{VAR}[X] = E[X^2] - E^2[X],$$

e

$$\mathrm{COV}[X, Y] = E[XY] - E[X] \cdot E[Y].$$

Algumas observações são agora oportunas: i) é de se notar que o valor esperado de uma função X não é necessariamente igual à função do valor esperado de X. Se assim fosse, a variança seria sempre igual a zero, quando na verdade é possível mostrar que ela é sempre não--negativa; ii) é possível mostrar que o coeficiente de correlação entre duas variáveis aleatórias X e Y pode variar entre -1 e $+1$, sendo igual a zero sempre que (mas não só se) X e Y forem independentes (isto é, a independência entre X e Y implica em que o coeficiente de correlação seja nulo, mas a recíproca não é verdadeira); iii) é possível concluir, baseado nas noções de distribuição conjunta, de distribuição marginal e de valor esperado de funções de variáveis aleatórias, que o valor esperado da soma de variáveis aleatórias *quaisquer* é igual à soma dos valores esperados de cada uma, e que a variança da soma de variáveis aleatórias *independentes* é igual à soma das varianças de cada uma:

$$E[X + Y + Z + \cdots] = E[X] + E[Y] + E[Z] + \cdots,$$
$$\mathrm{VAR}[U + V + W + \cdots] = \mathrm{VAR}[U] + \mathrm{VAR}[V] + \mathrm{VAR}[W] + \cdots$$

Além da média, existem outras medidas de tendência central de uma variável aleatória, como por exemplo a *mediana*, que é definida como o menor número x_{med} tal que a função de distribuição acumulada avaliada nesse ponto seja maior ou igual a 0,5, isto é,

$$F_X(x_{\mathrm{med}}) \geq 0,50.$$

A moda, que não é necessariamente uma medida de tendência central, é definida como o ponto em que a função densidade (no caso de variáveis contínuas) ou a função massa de probabilidade (no caso de variáveis discretas) assume o seu valor máximo.

Apêndice   227

É comum também considerar momentos de diferentes ordens, formando parâmetros adimensionais bastante úteis. São exemplos disso o coeficiente de variação (definido como a razão entre desvio-padrão e média), o coeficiente de assimetria (definido como a razão entre o momento centrado de terceira ordem e o cubo do desvio-padrão), e o coeficiente de "curtose" ou "achatamento" (definido como a razão entre o momento centrado de quarta-ordem e o quadrado da variança):

$$C_V = \frac{\sigma}{\mu}, \quad C_A = \frac{\mu'_3}{\sigma^3}, \quad \text{e} \quad C_C = \frac{\mu'_4}{\sigma^4}.$$

Todos os momentos, centrados ou não, discutidos até aqui dizem respeito à população (universo), sendo agora conveniente que se discuta também a noção de momentos amostrais. Para enfatizar a diferença entre esses dois tipos de momentos é interessante apresentar o exemplo seguinte:

Considerando o lançamento de dois dados homogêneos, e definindo a variável aleatória X como a soma dos números inscritos na face superior desses dados, é fácil notar que X possui a seguinte função massa de probabilidades:

$$P[X = i] = p_X(i) = \frac{i-1}{36}, \quad \text{para } i = 2, 3, 4, 5, 6, 7,$$

e

$$P[X = i] = p_X(i) = \frac{13-i}{36}, \quad \text{para } i = 7, 8, 9, 10, 11, 12.$$

(Para deduzir essa função massa de probabilidade, considera-se um espaço amostral com 36 eventos simples, igualmente prováveis, correspondentes às possíveis combinações de números inscritos na face superior, associa-se o número x correspondente à variável aleatória X em cada caso, e somam-se as probabilidades de eventos simples que conduzem a um mesmo valor x).

A *média* (*populacional*), ou *valor esperado* de X, pode ser obtido como

$$E[X] = \mu = 2 \times \frac{1}{36} + 3 \times \frac{2}{36} + \cdots + 6 \times \frac{5}{36} + 7 \times \frac{6}{36} +$$

$$+ 12 \times \frac{1}{36} + 11 \times \frac{2}{36} + \cdots + 8 \times \frac{5}{36} = 7.$$

Nada impede que uma pessoa decida realmente jogar os dados, digamos, dez vezes, obtendo como resultado os números 3, 9, 3, 9, 7, 10, 7, 9, 5, 3. A *média amostral*, definida como

$$\overline{X} = \hat{\mu} = \frac{\Sigma X_i}{n},$$

228   hidrologia básica

é, nesse caso, igual a 6,5, que é uma *estimativa da média populacional* ($\mu = 7$). (As grandezas amostrais são normalmente denotadas pelo mesmo símbolo que as grandezas populacionais, acrescidas de um "chapéu". No caso da média amostral usa-se também a notação $\overline{X}$). É interessante notar que o valor esperado da média amostral (*que é uma variável aleatória*) é igual à média populacional (*que é um número*):

$$E[\overline{X}] = E[(X_1 + X_2 + \ldots + X_n)/n] = (1/n)E[(X_1 + X_2 + \ldots + X_n)] =$$
$$= (1/n)(\mu + \mu + \cdots + \mu) = \mu = E[X].$$

A razão para a confusão entre os dois tipos de média, reinante entre "práticos", parece ser o fato da média e demais momentos populacionais serem geralmente desconhecidos. Por exemplo, a vazão média populacional de um rio é sempre desconhecida, sendo estimada pela média amostral, isto é, pela média obtida a partir dos dados coletados ao longo dos (geralmente poucos) anos de observação. É claro que, em geral, quanto maior a amostra, mais confiável é essa estimativa. Por exemplo, se alguém jogar milhares de vezes os dois dados homogêneos do exemplo anterior, certamente obterá uma média amostral muito perto de $\mu = 7$. Essa discussão referente às médias amostral e populacional é válida para qualquer outro momento, centrado ou não.

Então, generalizando, o *r-ésimo momento amostral* de X pode ser definido por

$$\hat{\mu}_r = \frac{\Sigma X_i^r}{n},$$

e o *r-ésimo momento centrado amostral* por

$$\hat{\mu}_r' = \frac{\Sigma (X_i - \overline{X})^r}{n},$$

expressões essas válidas tanto para variáveis discretas como para variáveis contínuas, é claro.

No caso particular do segundo momento centrado amostral, denominado de *variança amostral*, é usual multiplicar-se a expressão acima por $n/(n-1)$, correção essa necessária para contornar o fato desagradável do valor esperado da variança amostral não ser exatamente a variança populacional (com algum trabalho algébrico, o leitor interessado pode provar a necessidade dessa correção, chamada *correção para tendenciosidade*, que evidentemente tende para a unidade, à medida que n cresce):

$$\hat{\mu}_2' = \hat{\sigma}^2 = S^2 = \frac{\Sigma (X_i - \overline{X})^2}{n-1}.$$

As simbologias $\hat{\mu}_2'$, $\hat{\sigma}^2$ e S^2 são usadas alternativamente. O *desvio-padrão amostral* é simplesmente a raiz quadrada da *variança amostral*.

Quando se trabalha com variáveis contínuas, é comum "agrupar" dados antes de calcular os momentos amostrais. Para assim proceder, seleciona-se uma série de intervalos, e conta-se o número de observações N_i que caem em cada intervalo i, de modo que

$$\Sigma N_i = n,$$

onde n é o número total de observações. Então, denotando por X_i o valor médio do i-ésimo intervalo, a média amostral pode ser avaliada por

$$\overline{X} = \frac{\Sigma N_i X_i}{n},$$

e os momentos amostrais podem ser avaliados por

$$\hat{\mu}_r = \frac{\Sigma N_i X_i^r}{n}$$

e

$$\hat{\mu}'_r = \frac{\Sigma N_i (X_i - \overline{X})^r}{n},$$

sendo também aqui comum corrigir a variança para tendenciosidade.

As equações apresentadas nessa subseção não foram numeradas, pois elas são suficientemente básicas para serem utilizadas nas páginas seguintes, sem citar o número de referência.

DISTRIBUIÇÕES IMPORTANTES E SUAS APLICAÇÕES

Como na seção anterior, as distribuições discretas e contínuas serão estudadas separadamente, tentando-se, no entanto, ressaltar as analogias existentes entre elas.

DISTRIBUIÇÕES DISCRETAS

Três distribuições discretas das mais simples serão apresentadas, possibilitando a discussão de idéias básicas em Hidrologia, como *tempo de recorrência* e *risco de um projeto*.

Distribuição geométrica

A distribuição geométrica pode ser interpretada como a distribuição do número de realizações de um experimento aleatório necessário para a obtenção do primeiro "sucesso" (ou "fracasso", ou "catástrofe"). Denotando por p a probabilidade de um sucesso "s", e por $q = 1 - p$ a probabilidade de um fracasso "f", nota-se que o resultado $\{f, f, f, \ldots, f, f, s\}$ tem uma probabilidade de ocorrência igual a

230   hidrologia básica

$q \cdot q \cdot q \cdot \ldots q \cdot q \cdot p$ [equação (7)]. Ou seja, a probabilidade de que o primeiro "sucesso" ocorra na x-ésima realização é igual a $p \cdot q^{x-1}$.
Então,

$$P[X = x] = p_X(x) = pq^{x-1}, \tag{17}$$

válida para $x = 1, 2, 3, \ldots$, é uma função massa de probabilidade, e diz-se que X é geometricamente distribuída.

A função de distribuição acumulada é dada por

$$F_X(x) = \sum_{x_i \leq x} p_X(x_i) = p + pq + pq^2 + \cdots + pq^{x-1} = 1 - q^x, \tag{18}$$

sendo fácil notar que, como não poderia deixar de ser,

$$\sum_{x=1}^{\infty} p_X(x) = F_X(\infty) = 1. \tag{19}$$

A função geratriz de momentos é dada por

$$M_X(t) = E[e^{tX}] = \sum_{x=1}^{\infty} e^{tx} \cdot p_X(x) = \frac{pe^t}{1 - qe^t},$$

e portanto a média e a variança podem ser obtidas rotineiramente:

$$E[X] = 1/p, \tag{20}$$

e

$$\mathrm{VAR}[X] = q/p^2. \tag{21}$$

Exemplo I Se o regime de um certo rio é tal que ocorre uma cheia por ano, e se a probabilidade de que tal cheia seja catastrófica é de 5%, qual é o número médio de anos que se deve esperar para observar uma cheia catastrófica?

Considerando as cheias anuais como repetições independentes de um experimento aleatório, denotando por $p = 0,05$ a probabilidade de uma catástrofe, e usando a equação (20), tem-se

$$E[X] = 1/p = 1/0,05 = 20.$$

Em hidrologia, a expressão $E[X] = 1/p$ é denominada de *tempo de recorrência T*. É interessante notar que essa denominação, apesar de universalmente aceita, é pouco correta, uma vez que $1/p$ é uma grandeza adimensional, devendo na verdade ser interpretada como "número de tentativas". Caso as tentativas sejam feitas mensalmente, T seria medido em (número de) meses; caso sejam feitas anualmente, T seria medido em (número de) anos.

Exemplo II Tendo em vista os dados do Exemplo I, determinar a probabilidade de que a cheia catastrófica não ocorra nos próximos 25 anos, dado que não ocorreu nos últimos 50 anos.

Apêndice

Trata-se de determinar o valor de

$$P[X > 75 | x > 50],$$

isto é, da probabilidade de que o número de repetições necessário para a observação da primeira catástrofe seja maior que 75, dado que ele é maior que 50.

Denotando por A o evento $[X > x]$, por B o evento $[X > a]$, e notando que, para $x > a$, o evento $A \cap B$ corresponde a $[X > x]$, da equação (6) obtém-se

$$P[X > x | X > a] = \frac{P[X > x]}{P[X > a]}.$$

Notando que $P[X > b] = 1 - P[X \le b] = 1 - F_X(b)$, para qualquer valor de b, e usando a equação (18), tem-se

$$P[X > x | X > a] = \frac{q^x}{q^a} = q^{x-a} = P[X > x - a], \qquad (22)$$

e, para $x = 75$, $a = 50$, $q = 1 - p = 0,95$,

$$P[X > 75 | X > 50] = P[X > 25] = 0,95^{25} = 0,2774\ldots$$

Em palavras, o fato de não haver ocorrido uma cheia catastrófica nos últimos 50 anos não altera a probabilidade de ocorrência de uma cheia catastrófica nos próximos 25 anos.

A propriedade sintetizada pela equação (22) é usualmente denominada de "falta de memória" da distribuição geométrica.

Distribuição binomial

A distribuição binomial pode ser interpretada como a distribuição do número de "sucessos" (ou "fracassos", ou "catástrofes") em uma série de repetições independentes de um experimento aleatório. Denotando por p a probabilidade de um sucesso "s", e por $q = 1 - p$ a probabilidade de um fracasso "f", nota-se que o resultado $\{f, s, s, f, f, f, s, \ldots, f, s\}$ tem probabilidade de ocorrência igual a $q \cdot p \cdot p \cdot q \cdot q \cdot q \cdot p \cdot \ldots \cdot q \cdot p$. [equação (7)]. Denotando por n o número total de repetições, e por x o número de "sucessos" observados, essa probabilidade pode ser escrita como $p^x q^{n-x}$.

Se houver interesse apenas no número de "sucessos", independentemente da ordem de ocorrência dos resultados, há que se considerar que existem

$$_nC_x = \frac{n!}{(n-x)!\,x!},$$

232   hidrologia básica

maneiras diferentes de observar x "sucessos" em n repetições de um experimento. (O leitor certamente recorda que, em Análise Combinatória, $_nC_x$ é denominada "combinação de n elementos em grupos de x", e $k!$ denota o fatorial de k, isto é, o produto $1 \times 2 \times 3 \times \ldots \times k$). Então, usando a equação (3), chega-se à função massa de probabilidade

$$P[X = x] = p_X(x) = {}_nC_x p^x q^{n-x}, \qquad (23)$$

válida para $x = 0, 1, 2, \ldots, n$, e diz-se que X é binomialmente distribuída.

Lembrando que

$$(a + b)^n = \sum_{x=0}^{n} {}_nC_x a^x b^{n-x},$$

(binômio de Newton, também chamado de expansão binomial), e que $p + q = 1$, é fácil notar que

$$\sum_{x=0}^{n} p_X(x) = \sum_{x=0}^{n} {}_nC_x p^x q^{n-x} = 1,$$

como não poderia deixar de ser.

A função geratriz de momentos pode ser facilmente obtida, lembrando uma vez mais da expansão binomial:

$$M_X(t) = E[e^{tX}] = \sum_{x=0}^{n} e^{tx} p_X(x) = (q + pe^t)^n. \qquad (24)$$

A partir desse resultado, a média e a variança podem ser rotineiramente obtidas:

$$E[X] = np, \qquad (25)$$

e

$$VAR[X] = npq. \qquad (26)$$

Ao contrário do que ocorre com a distribuição geométrica, não existe uma expressão simples para a função de distribuição binomial acumulada.

Exemplo III Se o regime de um certo rio é tal que ocorre uma cheia por ano, e se a probabilidade de que tal cheia seja catastrófica é de 10%, qual a probabilidade de que ocorram 3 cheias catastróficas nos próximos 20 anos?

Considerando as cheias anuais como repetições independentes de um experimento aleatório, denotando por $p = 0{,}10$ a probabilidade de uma catástrofe, e usando a equação (23), tem-se

$$P[X = 3] = {}_{20}C_3 (0{,}10)^3 (0{,}90)^{17} \approx$$
$$\approx 1\,140 \cdot (0{,}0010) \cdot (0{,}1668) \approx 0{,}1901.$$

Apêndice

Exemplo IV Se o regime de um certo rio é tal que ocorre uma cheia por ano, e se a probabilidade de que tal cheia seja catastrófica é p, qual a probabilidade de que não ocorram cheias catastróficas nos próximos n anos?

Raciocinando como no exemplo anterior, tem-se

$$P[X = 0] = {}_nC_0\, p^0(1-p)^n = (1-p)^n.$$

O resultado anterior é extremamente relevante para o projeto de obras hidráulicas. Os valores $(1-p)^n$ e $1-(1-p)^n$ são normalmente denominados de *segurança* e *risco do projeto*, respectivamente. Lembrando que o tempo de recorrência T é definido como o inverso da probabilidade p de uma catástrofe [equação (20)], a relação entre risco (r), tempo de recorrência (T), e vida útil da obra (n) é

$$r = 1 - \left(1 - \frac{1}{T}\right)^n. \tag{27}$$

Por exemplo, quando uma usina hidroelétrica cuja vida útil é de 50 anos tem seu vertedor projetado para uma cheia de tempo de recorrência 1 000 anos, diz-se que o risco assumido é de 4,88%. Em outras palavras, 0,0488 é a probabilidade de ocorrência, durante a vida útil da obra, de uma cheia maior do que aquela para a qual o vertedor foi dimensionado.

Distribuição de Poisson

A distribuição de Poisson pode ser interpretada como o limite para o qual tende a distribuição binomial (cujos parâmetros são p e n), quando n cresce e p decresce de tal maneira que o produto np se mantém constante, igual a, digamos, λ.

Assim, pode-se mostrar que

$$\lim_{n \to \infty} {}_nC_x\, p^x(1-p)^{n-x} = \lim_{n \to \infty} \frac{n!}{(n-x)!\,x!}\left(\frac{\lambda}{n}\right)^x\left(1-\frac{\lambda}{n}\right)^{n-x} =$$

$$= \frac{\lambda^x}{x!}\, e^{-\lambda}, \tag{28}$$

que é uma função massa de probabilidades, válida para $x = 0, 1, 2, \ldots$, onde e é a base dos logaritmos naturais, igual a $2,71828\ldots$ Diz-se então que X segue a distribuição de Poisson.

Lembrando da expansão em série de Taylor da função exponencial,

$$e^\lambda = \sum_{x=0}^{\infty} \frac{\lambda^x}{x!},$$

234   hidrologia básica

é fácil verificar que as massas de probabilidades apresentam soma unitária. Essa expansão em série de Taylor é útil também para a obtenção da função geratriz de momentos:

$$M_X(t) = E[e^{tX}] = \sum_{x=0}^{\infty} e^{tx} p_X(x) = e^{\lambda(e^t - 1)}. \tag{29}$$

A partir desse resultado, a média e a variança podem ser rotineiramente obtidas:

$$E[X] = \lambda, \tag{30}$$

e

$$VAR[X] = \lambda. \tag{31}$$

(A média era previamente conhecida, uma vez que a condição $\lambda = np$ foi imposta).

Como no caso da distribuição binomial, não existe uma expressão simples para a função da distribuição de Poisson acumulada. Em ambos os casos, tabelas podem ser facilmente encontradas.

A importância da distribuição de Poisson decorre do fato dela ser uma boa aproximação para processos de contagem de eventos aleatórios. Assim, ela constitui um modelo bastante utilizado para a análise do número de chamadas telefônicas que chegam a um terminal, do número de erros tipográficos em uma página de um livro, do número de cheias observadas em certo intervalo de tempo, etc. Para a análise de eventos que ocorrem ao longo do tempo, muitos autores preferem substituir λ por vt, para interpretar v como taxa de ocorrência desse evento. A equação (28) pode então ser reescrita como

$$p_X(x) = \frac{(vt)^x}{x!} e^{-vt}. \tag{32}$$

Exemplo V Achar a relação aproximada entre tempo de recorrência (T), risco (r) e vida útil (n) de um projeto.

A segurança de um projeto é igual à probabilidade de que não ocorram eventos catastróficos. Então,

$$P[X = 0] = p_X(0) = e^{-\lambda} = e^{-np} = e^{-(n/T)}.$$

Logo, o risco será

$$r = 1 - e^{-(n/T)},$$

resultado esse que poderia ser facilmente obtido como o limite para o qual tende a equação (27), quando n cresce indefinidamente.

Uma conclusão interessante é que o risco assumido ao se adotar um tempo de recorrência igual à vida útil da obra é igual a $1 - e^{-1}$, ou seja, 63,21%.

DISTRIBUIÇÕES CONTÍNUAS

Apenas quatro distribuições contínuas serão apresentadas aqui, com especial ênfase no potencial dessas distribuições para aplicações. O procedimento para a geração de variáveis aleatórias e a distribuição de valores extremos (Gumbel) são alguns dos itens mais importantes dessa seção.

Distribuição exponencial

A distribuição exponencial pode ser entendida como a distribuição contínua análoga à distribuição geométrica, conforme ilustrado pela Fig. A8. Sua função densidade de probabilidade é

$$f_X(x) = \lambda e^{-\lambda x}, \tag{33}$$

válida para $x \geq 0$, sendo e a base dos logaritmos naturais, igual a 2,71828...

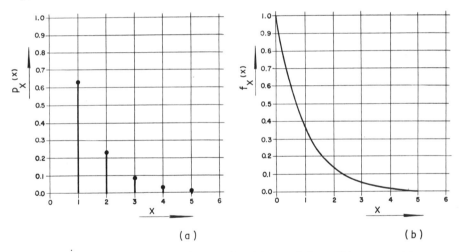

Figura A8. Analogia entre distribuições (a) geométrica e (b) exponencial

Usando a equação (33), pode-se obter a função de distribuição acumulada, a função geratriz de momentos, a média e a variância:

$$F_X(x) = \int_0^x f_X(u)\, du = 1 - e^{-\lambda x}, \tag{34}$$

$$M_X(t) = E[e^{tX}] = \int_0^\infty e^{tx} f_X(x)\, dx = \frac{\lambda}{\lambda - t}, \tag{35}$$

$$E[X] = 1/\lambda, \tag{36}$$

e
$$\text{VAR}[X] = 1/\lambda^2. \tag{37}$$

236 hidrologia básica

Fica a cargo do leitor interessado verificar que a distribuição exponencial, como a geométrica, não possui "memória", isto é, que a equação 22 é válida também aqui:

$$P[X > x \mid X > a] = P[X > x - a].$$

Entre as inúmeras aplicações dessa distribuição em Hidrologia, destaca-se o seu potencial como modelo matemático para analisar o tempo (agora contínuo) decorrido entre as ocorrências de eventos raros, como enchentes.

Exemplo VI Supondo que a distribuição de Poisson seja um modelo realista para a contagem do número de cheias ocorridas em um certo rio, derivar a distribuição do tempo que decorre entre duas cheias consecutivas.

Denotando por Y o tempo decorrido desde a última cheia observada, e por $P[Y > t]$ a probabilidade de que não ocorram enchentes no intervalo de tempo t, é fácil notar que o valor dessa probabilidade é fornecido pela equação (32), para $x = 0$. Então,

$$P[Y > t] = e^{-vt},$$

e conseqüentemente,

$$P[Y \le t] = F_Y(t) = 1 - e^{-vt},$$

que é a função distribuição exponencial acumulada (equação 34).

Logo, sempre que o modelo de Poisson for aplicável como sistema de contagem, o tempo que decorre entre duas cheias consecutivas será exponencialmente distribuído.

Distribuição uniforme

A distribuição uniforme tem como função densidade de probabilidades

$$f_X(x) = \frac{1}{b-a}, \tag{38}$$

para $a \le x \le b$.

Conseqüentemente, a função de distribuição acumulada, a função geratriz de momentos, a média e a variança são:

$$F_X(x) = \int_a^x f_X(u)\, du = \frac{x-a}{b-a}, \tag{39}$$

$$M_X(t) = E[e^{tX}] = \int_a^b e^{tx} f_X(x)\, dx = \frac{e^{bt} - e^{at}}{(b-a)t}, \tag{40}$$

$$E[X] = (a + b)/2, \tag{41}$$

Apêndice   237

e
$$\mathrm{VAR}[X] = (b-a)^2/12. \tag{42}$$

A importância da distribuição uniforme decorre do fato da variável aleatória $Y = F_X(X)$ ser distribuída uniformemente entre $a = 0$ e $b = 1$. O interessante nesse resultado (que será provado mais tarde, quando do estudo de distribuições derivadas) é que, para gerar variáveis aleatórias que possuam uma certa função de distribuição acumulada $F_X(x)$, basta gerar variáveis uniformemente distribuídas $Y = y$ e explicitar o valor de $X = x$ na equação $y = F_X(x)$. Por essa razão é que apenas tabelas de números aleatórios uniformemente distribuídos têm sido usualmente publicadas. A Tab. I, anexada no final, por exemplo, apresenta 500 números aleatórios, uniformemente distribuídos entre 0 e 99 999.

Exemplo VII Explicar o procedimento para gerar n variáveis aleatórias independentes, exponencialmente distribuídas (com parâmetro λ), a partir de n variáveis aleatórias, uniformemente distribuídas entre 0 e 1.

Denotando por $\{y_i\,;\ i = 1, 2, \ldots, n\}$ a série de números aleatórios independentes e uniformemente distribuídos, e lembrando que a função de distribuição exponencial acumulada é dada pela equação (34), a série $\{x_i\,;\ i = 1, 2, \ldots, n\}$ de números aleatórios independentes exponencialmente distribuídos pode ser obtida explicitando x_i na igualdade a seguir:
$$y_i = 1 - e^{-\lambda x_i}.$$
Isto é, x_i é dado por
$$x_i = \frac{\ln\left(\dfrac{1}{1-y_i}\right)}{\lambda},$$
onde $\ln(\cdot)$ denota o logaritimo natural do argumento.

Distribuiçao normal

A distribuição normal é a distribuição contínua análoga à distribuição binomial, conforme ilustrado pela Fig. A9. Sua função densidade de probabilidade é
$$f_X(x) = \frac{1}{\sqrt{2\pi\sigma^2}}\, e^{-\frac{1}{2}\left(\frac{x-\mu}{\sigma}\right)^2}, \tag{43}$$
para $-\infty < x < +\infty$, onde μ é a média e σ^2 a variança. A função geratriz de momentos tem por expressão
$$M_X(t) = e^{t\mu + t^2\sigma^2/2}. \tag{44}$$

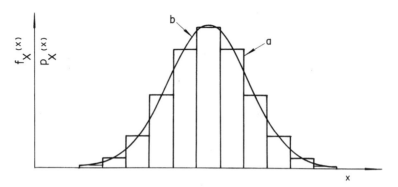

Figura A9. Analogia entre distribuições a) binomial e b) normal

A função de distribuição acumulada,

$$F_X(x) = \int_{-\infty}^{x} \frac{1}{\sqrt{2\pi\sigma^2}} e^{-\frac{1}{2}\left(\frac{u-\mu}{\sigma}\right)^2} du, \qquad (45)$$

não possui uma expressão mais simples, pois essa integral só pode ser avaliada numericamente. A Tab. II, em anexo, fornece os valores de

$$F_Y(y) = \int_{-\infty}^{y} \frac{1}{\sqrt{2\pi}} e^{-\frac{1}{2}v^2} dv.$$

As entradas nessa tabela são $y = (x - \mu)/\sigma$, isto é, a tabela é válida para quaisquer μ e σ. Devido às suas múltiplas aplicações em Estatística, e para destacá-la das demais funções de distribuição acumulada, a expressão acima é usualmente denotada por $\Phi(y)$. Assim,

$$\Phi(y) = \int_{-\infty}^{y} \frac{1}{\sqrt{2\pi}} e^{-\frac{1}{2}v^2} dv. \qquad (46)$$

A importância da distribuição normal decorre de um resultado famoso, conhecido como o *teorema do Limite Central*. A versão mais simples desse teorema diz que a soma de n variáveis aleatórias independentes $\{X_i\,;\ i = 1, 2, 3, \ldots, n\}$ que possuam a mesma função densidade de probabilidades $f_X(x)$ (com média μ e variância σ^2, finitas) é aproximadamente normalmente distribuída, com média $n\mu$ e variância $n\sigma^2$. Essa aproximação é tanto melhor quanto maior o valor de n. Esse é um resultado muito importante, pois é aplicável a qualquer $f_X(x)$ que tenha os dois primeiros momentos finitos.

Exemplo VIII Calcular, usando a equação 23, a probabilidade de que uma variável aleatória binominalmente distribuída, com parâmetros

Apêndice   239

$n = 36$ e $p = 1/2$, seja menor ou igual a $x = 21$. Calcular também um resultado aproximado para essa probabilidade, baseado na analogia existente entre as distribuições binomial e normal.

Trata-se de calcular

$$P[X \leq x] = \sum_{x_i = 0}^{x} {}_nC_{x_i} \cdot p^{x_i} \cdot q^{n - x_i},$$

para $x = 21$, $n = 36$, $p = 1 - q = 1/2$. O resultado é $P[X \leq x] = 0,8785\ldots$

Para aplicar a aproximação normal, é comum introduzir-se uma "correção para continuidade", tendo em vista que a variável binomialmente distribuída é discreta, isto é, assume apenas valores inteiros. Essa correção consiste em somar $1/2$ ao valor da variável original. Assim, considera-se

$$x' = x + 1/2 = 21 + 1/2.$$

Notando que [equações (25) e (26)]

$$E[X] = np = \mu = 18,$$

e

$$\text{VAR}[X] = npq = \sigma^2 = 9,$$

calcula-se a "variável reduzida"

$$y = (x' - \mu)/\sigma = 7/6,$$

e obtém-se, por interpolação na Tab. II,

$$\phi(y) = \phi(7/6) = 0,8783\ldots,$$

o que é uma boa aproximação do resultado $0,8785\ldots$ Existem "correções para continuidade" mais eficientes, que melhoram essa aproximação, mas que não serão discutidas aqui.

Distribuição de Gumbel

A distribuição de Gumbel tem como função de distribuição acumulada

$$F_X(x) = e^{-e^{-\left(\frac{x-\alpha}{\beta}\right)}}, \tag{47}$$

para $-\infty < x < +\infty$. Conseqüentemente, a função densidade de probabilidades é

$$f_X(x) = \frac{1}{\beta} e^{-\left(\frac{x-\alpha}{\beta}\right)} e^{-e^{-\left(\frac{x-\alpha}{\beta}\right)}}. \tag{48}$$

Nessas expressões, α é um *parâmetro de locação* e β é um *parâmetro de mudança de escala*, ou simplesmente, *parâmetro de escala*. Essa terminologia é bastante usada em Estatística: por exemplo, na função densidade normal [equação (43)], o parâmetro de locação é a própria

240 hidrologia básica

média e o parâmetro de escala é o próprio desvio-padrão. Na distribuição de Gumbel, α é a moda da distribuição é β é proporcional ao desvio-padrão, como será mostrado a seguir.

Usando a equação (48), pode-se obter a função geratriz de momentos, a média e a variança:

$$M_X(t) = E[e^{tX}] = \int_{-\infty}^{+\infty} e^{tx} f_X(x)\, dx =$$

$$= e^{\alpha t} \int_0^\infty e^{-u} u^{-\beta t}\, du = e^{\alpha t}\, \Gamma\,(1 - \beta t), \tag{49}$$

$$E[X] = \alpha + \gamma\beta, \tag{50}$$

e

$$\text{VAR}[X] = \pi^2 \beta^2/6. \tag{51}$$

Nas expressões acima, γ é a *constante de Euler*, igual a $0{,}57721\ldots$, e Γ é a chamada *função gama*.

É comum resolver-se o sistema de equações 50 e 51, obtendo os valores de α e β como funções de $\mu = E[X]$ e $\sigma^2 = \text{VAR}[X]$, para a seguir reescrever a equação (47) como segue:

$$F_X(x) = e^{-e^{-\left[\frac{\pi}{\sqrt{6}}\left(\frac{x-\mu}{\sigma}\right)+\gamma\right]}}. \tag{52}$$

A importância da distribuição de Gumbel decorre do fato dela ser uma das três únicas distribuições de valores extremos existentes. As outras duas distribuições possuem menor potencial para aplicações práticas, e não serão discutidas aqui.

Uma vez que a distribuição de Gumbel não é a única distribuição de extremos, é natural que se pergunte que condição deve ser atendida pela função de distribuição acumulada $F_Z(z)$ comum a uma série de n variáveis aleatórias independentes, $\{Z_1, Z_2, \ldots, Z_n\}$, para que seu máximo tenda a seguir a distribuição de Gumbel. Essa condição, para o caso particular de funções $F_Z(z)$ estritamente crescentes e contínuas, é a seguinte:

$$\lim_{n \to \infty} n[1 - F_Z(\alpha + \beta z)] = e^{-z}, \tag{53}$$

para qualquer z, onde α e β são tais que

$$F_Z(\alpha) = \frac{n-1}{n}, \tag{54}$$

e

$$F_Z(\alpha + \beta) = 1 - \frac{1}{ne}. \tag{55}$$

Apêndice

241

Exemplo IX Verificar se a distribuição do máximo valor de uma se-qüência de n variáveis aleatórias independentes e exponencialmente distribuídas tende para a distribuição de Gumbel.

A função de distribuição exponencial acumulada é dada pela equação (34), isto é,

$$F_Z(z) = 1 - e^{-\lambda z}.$$

Usando as equações (54) e (55), tem-se

$$F_Z(\alpha) = 1 - e^{-\lambda\alpha} = \frac{n-1}{n},$$

e

$$F_Z(\alpha + \beta) = 1 - e^{-\lambda(\alpha + \beta)} = 1 - \frac{1}{ne},$$

ou, equivalentemente,

$$\alpha = \frac{\ln n}{\lambda},$$

e

$$\beta = \frac{1}{\lambda}.$$

O problema consiste em verificar se a equação (53) é válida:

$$\lim_{n \to \infty} n[1 - F_Z(\alpha + \beta z)] = \lim_{n \to \infty} n[e^{-(\ln n + z)}] =$$
$$= \lim_{n \to \infty} [n/e^{\ln n}] \cdot e^{-z} = e^{-z}.$$

Então, a distribuição do máximo Z tende realmente para a distribuição de Gumbel.

DISTRIBUIÇÕES EM RESUMO

Os Quadros A7 e A8 resumem as principais distribuições discretas e contínuas, respectivamente. Algumas distribuições ainda não dis-cutidas foram incluídas, como as distribuições discretas uniforme e binomial negativa, e as distribuições contínuas logarítmica-normal, gama, qui-quadrado (χ^2), t, e F.

DISTRIBUIÇÕES DERIVADAS

Com os conhecimentos expostos até aqui, pode-se derivar um grande número de resultados importantes. Por exemplo, é interessante encontrar a distribuição de uma função $Y = g(X)$ de uma variável aleatória contínua X. Assumindo que $Y = g(X)$ é uma função estri-tamente monótona e derivável, a sua distribuição pode ser obtida

Quadro A7. Distribuições discretas

Nome	Função massa de probabilidade	Condições de validade	Função geratriz de momentos	Média	Variança
Uniforme discreta	$p_X(x) = \dfrac{1}{m}$	$x = 1, 2, \ldots, m$	$\displaystyle\sum_{j=1}^{m} \dfrac{e^{tj}}{m}$	$\dfrac{m+1}{2}$	$\dfrac{m^2-1}{12}$
Geométrica	$p_X(x) = pq^{x-1}$	$x = 1, 2, 3, \ldots$ $0 < p < 1$ $q = 1-p$	$\dfrac{pe^t}{1-qe^t}$	$\dfrac{1}{p}$	$\dfrac{q}{p^2}$
Binomial	$p_X(x) = {}_nC_x p^x q^{n-x}$	$x = 0, 1, 2, \ldots, n$ $0 < p < 1$ $q = 1-p$	$(q + pe^t)^n$	np	npq
Binomial negativa	$p_X(x) = {}_{(r+x-1)}C_x p^r q^x$	$x = 0, 1, 2, \ldots$ $0 < p < 1$ $q = 1-p$ $r = 1, 2, 3, \ldots$	$\left(\dfrac{p}{1-qe^t}\right)^r$	$\dfrac{rq}{p}$	$\dfrac{rq}{p^2}$
Poisson	$p_X(x) = \dfrac{\lambda^x}{x!} e^{-\lambda}$	$x = 0, 1, 2, \ldots$ $\lambda > 0$	$e^{\lambda(e^t - 1)}$	λ	λ

como segue:

$$F_Y(y) = P[Y \leq y] = P[g(X) \leq g(x)] = P[X \leq x] = F_X(x).$$

Então, usando a equação (10), tem-se

$$f_Y(y) = \frac{dF_Y(y)}{dy} = \frac{dF_X(x)}{dx} \cdot \frac{dx}{dy} = f_X(x) \cdot \left|\frac{dx}{dy}\right|, \qquad (56)$$

onde as barras verticais denotam o valor absoluto, o que é necessário para garantir uma função densidade não-negativa. Para facilitar a notação, fica subentendido na equação (56) que os valores y e x satisfazem a condição $y = g(x)$, e que, no 2.º membro, x deve ser substituído em termos de y.

Exemplo X Achar a distribuição da variável aleatória cujo logaritmo é normalmente distribuído.

Denotando por X a variável normalmente distribuída, a equação (43) informa que

$$f_X(x) = \frac{1}{\sqrt{2\pi\sigma^2}} e^{-\frac{1}{2}\left(\frac{x-\mu}{\sigma}\right)^2}, \qquad \text{para } -\infty < x < +\infty.$$

Para $x = \ln y$, tem-se $dx/dy = 1/y$, e a equação (56) fica reduzida a

$$f_Y(y) = f_X(\ln y) \cdot \frac{1}{y},$$

Quadro A8. Distribuições contínuas

Nome	Função densidade de probabilidade	Condição de validade	Função geratriz de momentos	Média	Variância
Uniforme contínua	$f_X(x) = \dfrac{1}{b-a}$	$a \leq x \leq b$ $-\infty < a < b < +\infty$	$\dfrac{e^{bt} - e^{at}}{(b-a)t}$	$\dfrac{a+b}{2}$	$\dfrac{(b-a)^2}{12}$
Exponencial	$f_X(x) = \lambda e^{-\lambda x}$	$0 \leq x < +\infty$ $\lambda > 0$	$\dfrac{\lambda}{\lambda - t}$	$1/\lambda$	$1/\lambda^2$
Gama	$f_X(x) = \dfrac{\lambda^r}{\Gamma(r)} x^{r-1} e^{-\lambda x}$	$0 \leq x < +\infty$ $\lambda > 0$ $r > 0$	$\left(\dfrac{\lambda}{\lambda - t}\right)^r$	r/λ	r/λ^2
Normal	$f_X(x) = \dfrac{1}{\sqrt{2\pi\sigma^2}} e^{-\frac{1}{2}\left(\frac{x-\mu}{\sigma}\right)^2}$	$-\infty < x < +\infty$ $-\infty < \mu < +\infty$ $\sigma > 0$	$e^{\mu t + \sigma^2 t^2/2}$	μ	σ^2
Log-normal	$f_X(x) = \dfrac{1}{x\sqrt{2\pi\sigma^2}} e^{-\frac{1}{2}\left(\frac{\ln x-\mu}{\sigma}\right)^2}$	$0 \leq x < +\infty$ $-\infty < \mu < +\infty$ $\sigma > 0$	—	$e^{\mu + \sigma^2/2}$	$e^{2\mu + 2\sigma^2} - e^{2\mu + \sigma^2}$
Gumbel	$f_X(x) = \dfrac{1}{\beta} e^{-\left(\frac{x-\alpha}{\beta}\right)} e^{-\left(\frac{x-\alpha}{\beta}\right)}$	$-\infty < x < +\infty$ $-\infty < \alpha < +\infty$ $\beta > 0$	$e^{\alpha t}\,\Gamma(1 - \beta t)$	$\alpha + \gamma\beta$ $(\gamma = 0,57721\ldots)$	$\dfrac{\pi^2 \beta^2}{6}$
χ^2	$f_X(x) = \dfrac{1}{\Gamma(k/2)} \left(\dfrac{1}{2}\right)^{\frac{k}{2}} x^{\frac{k}{2}-1} e^{-\frac{x}{2}}$	$0 \leq x < +\infty$ $k = 1, 2, \ldots$	$\left(\dfrac{1}{1 - 2t}\right)^{k/2}$	k	$2k$
t	$f_X(x) = \dfrac{\Gamma[(k+1)/2]}{\Gamma(k/2)} \cdot \dfrac{1}{\sqrt{k\pi}} \dfrac{1}{(1 + x^2/k)^{(k+1)/2}}$	$-\infty < x < +\infty$ $k = 1, 2, \ldots$	Não existe	$\mu = 0$ para $k > 1$	$k/(k-2)$ para $k > 2$
F	$f_X(x) = \dfrac{\Gamma[(m+n)/2]}{\Gamma(m/2) \cdot \Gamma(n/2)} \left(\dfrac{m}{n}\right)^{\frac{m}{2}} \cdot \dfrac{x^{(m-2)/2}}{[1 + mx/n]^{(m+n)/2}}$	$0 \leq x < +\infty$ $m = 1, 2, \ldots$ $n = 1, 2, \ldots$	Não existe	$\dfrac{n}{n-2}$ para $n > 2$	$\dfrac{2n^2(m+n-2)}{m(n-2)^2(n-4)}$ para $n > 4$

ou seja,

$$f_Y(y) = \frac{1}{y\sqrt{2\pi\sigma^2}} e^{-\frac{1}{2}\left(\frac{\ln y - \mu}{\sigma}\right)^2}, \quad \text{para } 0 \le y < +\infty. \tag{57}$$

A equação (57) é a função densidade de probabilidade da distribuição logarítmica-normal (ou log-normal), que é muito utilizada em hidrologia, especialmente para descrever o comportamento de vazões de rios.

Exemplo XI Achar a distribuição de $Y = F_X(X)$, onde $F_X(x)$ é uma função de distribuição acumulada.

Se $y = F_X(x)$, então, pela equação (10),

$$\frac{dy}{dx} = \frac{dF_X(x)}{dx} = f_X(x),$$

e, pela equação (56),

$$f_Y(y) = f_X(x) \cdot \frac{1}{f_X(x)} = 1,$$

que é a função densidade de probabilidade da distribuição uniforme, para $a = 0$ e $b = 1$ [equação (38)]. Como foi mencionado anteriormente, esse resultado é relevante para a geração de números aleatórios (Exemplo VII).

Exemplo XII Derivar a distribuição aproximada da média aritmética de n variáveis aleatórias independentes e identicamente distribuídas, com variança finita.

Denotando por X a soma de n variáveis aleatórias $\{Z_1, Z_2, \ldots, Z_n\}$ cuja função de distribuição acumulada é $F_{Z_i}(z)$, e por μ e σ^2 respectivamente a média e a variança (finitas) de Z_i, o teorema do Limite Central, da forma como foi mencionado anteriormente, dizia que [veja a equação (43)]

$$f_X(x) \approx \frac{1}{\sqrt{2\pi n\sigma^2}} \cdot e^{-\frac{1}{2}\left(\frac{x-n\mu}{\sqrt{n}\sigma}\right)^2}.$$

Denotando a média por $y = x/n$, tem-se

$$\frac{dx}{dy} = n,$$

e, usando a equação (56),

$$f_Y(y) \approx \frac{1}{\sqrt{2\pi\frac{\sigma^2}{n}}} e^{-\frac{1}{2}\left(\frac{y-\mu}{\sigma/\sqrt{n}}\right)^2}.$$

Apêndice   245

Em palavras, a média de variáveis aleatórias independentes e identicamente distribuídas (com média μ e variação σ^2, finitas) é aproximadamente normalmente distribuída, com média μ e variança $\sigma/\sqrt{n}$. Evidentemente, à medida que n cresce, essa distribuição tende a degenerar, isto é, a variança tende para zero.

Usando novamente a equação (56), é fácil verificar que

$$W = \frac{Y - \mu}{\sigma/\sqrt{n}},$$

é aproximadamente normalmente distribuída com média zero e variança unitária, isto é, W tem uma distribuição que não tende a degenerar:

$$\lim_{n \to \infty} f_W(w) = \frac{1}{\sqrt{2\pi}} e^{-\frac{1}{2}w^2}.$$

O Exemplo XII foi fornecido com dois objetivos: i) comentar a diferença entre um resultado assintótico (a distribuição de Y, em que aparece a grandeza n, e que vale para n grande) e um resultado limite (a distribuição de W, em que não aparece a grandeza n, e que vale para $n = \infty$), e ii) enfatizar a possibilidade de aplicação do teorema do Limite Central para a geração de variáveis normais (note que no caso de variáveis normais, a aplicação do método de geração mencionado no Exemplo VII fica dificultada pela inexistência de uma expressão simples para a função de distribuição normal acumulada): é comum gerar-se variáveis uniformemente distribuídas Z_i, e combinar 10 ou 12 dessas variáveis para definir a variável W, aproximadamente normal, com média zero e variança unitária.

Para o caso de distribuições conjuntas, o resultado dado pela equação (56) pode ser generalizado. Por exemplo, para o caso de duas variáveis aleatórias X_1 e X_2 e suas funções $Y_1 = g(X_1, X_2)$ e $Y_1 = h(X_1, X_2)$, tem-se

$$f_{Y_1, Y_2}(y_1, y_2) = f_{X_1, X_2}(x_1, x_2) \cdot |J|, \qquad (58)$$

onde $|J|$ é o valor absoluto do determinante da seguinte matriz:

$$\begin{bmatrix} \dfrac{\partial x_1}{\partial y_1} & \dfrac{\partial x_1}{\partial y_2} \\[2ex] \dfrac{\partial x_2}{\partial y_1} & \dfrac{\partial x_2}{\partial y_2} \end{bmatrix}$$

246   hidrologia básica

Exemplo XIII Mostrar que, se X_1 e X_2 forem variáveis aleatórias independentes, distribuídas uniformemente entre $a = 0$ e $b = 1$, então

e
$$Y_1 = (-2 \ln X_1)^{1/2} \cos 2\pi X_2 \tag{59}$$

$$Y_2 = (-2 \ln X_1)^{1/2} \operatorname{sen} 2\pi X_2 \tag{60}$$

são variáveis também independentes, distribuídas normalmente, com média zero e variança unitária.

Usando as equações (16) e (38), tem-se

$$f_{X_1, X_2}(x_1, x_2) = f_{X_1}(x_1) f_{X_2}(x_2) = 1. \tag{61}$$

As equações (59) e (60) podem ser transformadas em

e
$$X_1 = e^{-(1/2)(Y_1^2 + Y_2^2)}$$

$$X_2 = \frac{1}{2\pi} \operatorname{arctg} \frac{Y_2}{Y_1}.$$

Agora, cálculos rotineiros permitem a avaliação do determinante que consta da equação (58), como

$$|J| = \frac{1}{2\pi} e^{-(1/2)(y_1^2 + y_2^2)},$$

de modo que, usando as equações (58) e (61), obtém-se

$$f_{Y_1, Y_2}(y_1, y_2) = \frac{1}{\sqrt{2\pi}} \cdot e^{-\frac{1}{2} y_1^2} \cdot \frac{1}{\sqrt{2\pi}} e^{-\frac{1}{2} y_2^2},$$

que é a função densidade conjunta de duas variáveis normais independentes, com média zero e variança unitária [veja as equações (16) e (43)].

Esse resultado é relevante para a geração de números aleatórios normalmente distribuídos, contornando-se assim, mais uma vez, a dificuldade criada pela inexistência de uma expressão simples para a função de distribuição normal acumulada. A vantagem desse método em relação ao método baseado no teorema do Limite Central é, evidentemente, a economia de números aleatórios auxiliares (uniformemente distribuídos).

Em alguns casos, é possível obter distribuições derivadas trabalhando apenas com funções de distribuição acumulada. Por exemplo, dada uma seqüência de n variáveis aleatórias independentes $\{X_1, X_2, \ldots, X_n\}$ pode-se obter a distribuição do seu máximo (ou mínimo) simplesmente avaliando a probabilidade conjunta de que todas as variáveis sejam menores (ou maiores) que um certo valor. Assim, denotando por Y_n o máximo X_i, e aplicando a regra da multiplicação

Apêndice

[equação (7)]:

$$P[Y_n \leq y] = P[X_1 \leq y] \cdot P[X_2 \leq y] \cdot \ldots \cdot P[X_n \leq y],$$

ou

$$F_{Y_n}(y) = F_{X_1}(y) \cdot F_{X_2}(y) \ldots F_{X_n}(y).$$

Caso as variáveis tenham a mesma distribuição, essa expressão se reduz a

$$F_{Y_n}(y) = [F_X(y)]^n.$$

e, portanto, usando a equação (10),

$$f_{Y_n}(y) = n[F_X(y)]^{n-1} f_X(y). \tag{62}$$

Analogamente, denotando por Y_1 o mínimo X, pode-se chegar a

$$f_{Y_1}(y) = n[1 - F_X(y)]^{n-1} f_X(y). \tag{63}$$

Exemplo XIV Achar a distribuição do mínimo valor observado em uma seqüência de n variáveis aleatórias independentes, exponencialmente distribuídas com parâmetro λ.

Lembrando que a função densidade exponencial e a correspondente função de distribuição são dadas pelas equações (33) e (34), respectivamente, tem-se

$$f_X(y) = \lambda e^{-\lambda y},$$

e

$$1 - F_X(y) = e^{-\lambda y},$$

expressões essas que possibilitam a aplicação da equação (63) para obter a distribuição do mínimo valor:

$$f_{Y_1}(y) = n \cdot (e^{-\lambda y})^{n-1} \cdot \lambda e^{-\lambda y} = (\lambda n) \cdot e^{-(\lambda n)y}.$$

Em palavras, o mínimo de uma seqüência de n variáveis independentes, e exponencialmente distribuídas, *é distribuído também exponencialmente, com média n vezes menor* (ver a equação 36).

A distribuição exponencial, devido à sua "falta de memória" [equação (22)], é um modelo matemático muito usado para analisar fenômenos que ocorrem aleatoriamente no tempo. Por exemplo, essa distribuição tem sido aplicada para avaliar a vida útil de lâmpadas, e o conhecimento da distribuição do mínimo valor possibilita uma considerável redução na duração dos testes necessários para tal avaliação.

Exemplo XV Achar a distribuição e o valor esperado dos extremos de uma série de n variáveis aleatórias independentes, uniformemente distribuídas entre 0 e 1.

Lembrando que a função densidade uniforme e a correspondente função de distribuição acumulada são dadas pelas equações (38) e (39),

248 hidrologia básica

respectivamente, tem-se, para $a = 0$ e $b = 1$:

$$f_X(y) = 1,$$

e

$$F_X(y) = y.$$

Então usando as equações (62) e (63), obtém-se a função densidade do máximo e do mínimo respectivamente:

$$f_{Y_n}(y) = ny^{n-1},$$

$$f_{Y_1}(y) = n(1-y)^{n-1},$$

sendo fácil encontrar os valores esperados, como segue

$$E[Y_n] = \int_0^1 ny^n \, dy = \frac{n}{n+1},$$

e

$$E[Y_1] = \int_0^1 ny(1-y)^{n-1} \, dy = \frac{1}{n+1}.$$

Esses valores médios são casos particulares do seguinte resultado mais geral:

$$E[Y_i] = \frac{i}{n+1}, \tag{64}$$

onde Y_i é o i-ésimo menor valor de uma série de n valores. Como funções de distribuição acumulada são distribuídas uniformemente entre 0 e 1 (Exemplo XI), esse resultado torna-se relevante na prática para avaliar a função de distribuição amostral acumulada, que será discutida mais tarde. Hidrólogos, entre outros profissionais, denominam os valores fornecidos pela equação (64), para $i = 1, 2, \ldots, n$, de *posições de locação*.

Uma vez que a distribuição exata do valor máximo Y_n de uma seqüência de variáveis aleatórias independentes $\{X_1, X_2, \ldots, X_n\}$ é conhecida [equação (62)], é natural perguntar qual a utilidade da distribuição de Gumbel. Ocorre que a distribuição exata de Y_n *depende do tipo da distribuição de X, e tende para a distribuição de Gumbel*, desde que certa condição seja atendida [equação (53)]. O que geralmente acontece é que o hidrólogo *assume* que a distribuição de X atende a essa condição, evitando assim o problema de identificá-la.

A utilização da função geratriz de momentos constitui uma outra maneira de se encontrar a distribuição de uma função $Y = g(X)$ de uma variável aleatória X. Trata-se de encontrar a função geratriz de momentos da variável Y na esperança de que ela seja identificável, ficando implícito que existe uma correspondência biunívoca entre uma função densidade de probabilidade e sua função geratriz de momentos.

Apêndice

249

Exemplo XVI Achar a distribuição do quadrado de uma variável aleatória normalmente distribuída, com média zero e variança unitária.

Denotando por X a variável normal, tem-se [equação (43)]:

$$f_X(x) = \frac{1}{\sqrt{2\pi}} e^{-\frac{1}{2}\left(\frac{x-\mu}{\sigma}\right)^2}.$$

Denotando por Y o quadrado da variável normal, e notando que a função geratriz de momentos nada mais é do que o valor esperado de uma função de uma variável aleatória, tem-se

$$M_Y(t) = E[e^{tY}] = E[e^{tX^2}] = \int_{-\infty}^{+\infty} e^{tx^2} f_X(x)\, dx =$$

$$= \int_{-\infty}^{+\infty} e^{tx^2} \cdot \frac{1}{\sqrt{2\pi}} e^{-\frac{1}{2}\left(\frac{x-\mu}{\sigma}\right)^2}\, dx.$$

Transformações algébricas elementares permitem reescrever essa expressão como

$$M_Y(t) = \frac{1}{(1-2t)^{1/2}} \int_{-\infty}^{+\infty} \frac{(1-2t)^{1/2}}{\sqrt{2\pi}} e^{-\frac{1}{2}\frac{x^2}{(1-2t)^{-1}}}\, dx$$

e, portanto, notando que o integrando é a função densidade normal, com média zero e variança $(1-2t)^{-1}$,

$$M_Y(t) = \frac{1}{(1-2t)^{1/2}}.$$

A inspeção do Quadro A8 revela que essa é a função geratriz de momentos de uma distribuição χ^2, para $k = 1$.

A técnica pode ser generalizada para o caso de distribuições conjuntas. Assim, para n variáveis $\{X_1, X_2, \ldots, X_n\}$ com função densidade de probabilidade conjunta $F_{X_1, X_2, \ldots, X_n}(x_1, x_2, \ldots, x_n)$, pode-se tentar encontrar a função geratriz de momentos conjunta de m variáveis $\{Y_1 = g_1(X_1, X_2, \ldots, X_n),\ Y_2 = g_2(X_1, X_2, \ldots, X_n), \ldots, Y_m = g_m(X_1, X_2, \ldots, X_n)\}$ como segue:

$$M_{Y_1, Y_2, \ldots, Y_m}(t_1, t_2, \ldots, t_m) = E[e^{t_1 Y_1 + t_2 Y_2 + \cdots + t_m Y_m}] =$$

$$= E[e^{t_1 g_1(X_1, X_2, \ldots, X_n) + \cdots + t_m g_m(X_1, X_2, \ldots, X_n)}] =$$

$$= \int_{-\infty}^{+\infty} \int_{-\infty}^{+\infty} \cdots \int_{-\infty}^{+\infty} e^{t_1 g_1(X_1, X_2, \ldots, X_n) + \cdots + t_m g_m(X_1, X_2, \ldots, X_n)} \cdot$$

$$\cdot f_{X_1, X_2, \ldots, X_n}(x_1, x_2, \ldots, x_n)\, dx_1\, dx_2 \ldots dx_n. \tag{65}$$

---

250 hidrologia básica

Exemplo XVII Achar a distribuição da soma de variáveis aleatórias independentes e identicamente distribuídas.

Trata-se de aplicar a equação (65), para
$m = 1$,
$$g_1(X_1, X_2, \ldots, X_n) = X_1 + X_2 + \cdots + X_n,$$
e
$$f_{X_1, \ldots, X_n}(x_1, x_2, \ldots, x_n) = f_{X_1}(x_1) \cdot f_{X_2}(x_2) \ldots f_{X_n}(x_n) .$$

Então,

$$M_Y(t) = \int_{-\infty}^{+\infty} \int_{-\infty}^{+\infty} \cdots \int_{-\infty}^{+\infty} e^{t(x_1 + x_2 + \cdots + x_n)} .$$

$$\cdot f_{X_1}(x_1) f_{X_2}(x_2) \ldots f_{X_n}(x_n) \, dx_1 \, dx_2 \ldots dx_n =$$

$$= \left[\int_{-\infty}^{+\infty} e^{tx_1} f_{X_1}(x_1) \, dx_1 \right] \left[\int_{-\infty}^{+\infty} e^{tx_2} f_{X_2}(x_2) \, dx_2 \right] \ldots$$

$$\ldots \left[\int_{-\infty}^{+\infty} e^{tx_n} f_{X_n}(x_n) \, dx_n \right] = [M_X(t)]^n .$$

Agora, inspecionando os Quadros A7 e A8 pode-se concluir que

i) A soma de n variáveis de Poisson independentes é uma variável de Poisson, com média (e variança) n vezes maior.

ii) A soma de n variáveis normais independentes é uma variável normal, com média (e variança) n vezes maior.

iii) A soma de variáveis exponenciais independentes tem a distribuição gama.

iv) A soma dos quadrados de n variáveis normais independentes (veja o Exemplo XVI para $n = 1$) tem a distribuição χ^2 com parâmetro n (denominado *grau de liberdade*).

v) Se a distribuição geométrica for redefinida, de modo que a variável X possa assumir o valor $x = 0$, então

$$p_X(x) = pq^x,$$
e
$$M_X(t) = \frac{p}{1 - qe^t},$$

de modo que a soma de variáveis independentes que seguem essa distribuição geométrica redefinida, terá a distribuição binomial negativa.

É interessante notar que, como o teorema do Limite Central afirma que a distribuição da soma de variáveis aleatórias independentes (com variança finita) tende para a distribuição normal, então todas as

Apêndice

distribuições mencionadas anteriormente (Poisson, gama, χ^2, binomial negativa) podem ser aproximadas pela distribuição normal, para n grande.

Existe ainda uma série de resultados interessantes, relativos a produtos e quocientes de variáveis aleatórias, que não serão discutidos aqui. Entretanto, é conveniente mencionar dois resultados importantes que decorrem do estudo da distribuição de quocientes:

i) Se X é distribuído normalmente, com média zero e variança unitária, e se Y tem a distribuição χ^2, com n graus de liberdade, então, se X e Y forem independentes,

$$\frac{X}{\sqrt{Y/n}} \qquad (66)$$

tem a distribuição t com n graus de liberdade (veja o Quadro A8).

ii) Se X e Y são independentes e têm a distribuição χ^2 com m e n graus de liberdade, respectivamente, então

$$\frac{X/m}{Y/n} \qquad (67)$$

tem a distribuição F com parâmetros m e n (veja o Quadro A8).

A razão para mencionar esses resultados está na sua importância para o estudo de testes estatísticos convencionais, que serão discutidos na próxima seção.

TEORIA DA ESTIMAÇÃO E TESTES DE HIPÓTESES

A seção anterior apresentou uma série de distribuições importantes, tentando destacar as possíveis interpretações e eventuais aplicações de cada uma. Assim, por exemplo, sabe-se agora que, com base no teorema do Limite Central, é lógico postular a distribuição normal como um modelo estatístico satisfatório para a distribuição de soma de soma de variáveis aleatórias. Típico desse procedimento em Hidrologia é a aplicação da distribuição normal para totais anuais de precipitação pluvial.

Escolhido o tipo de distribuição a adotar em uma primeira aproximação, quer seja com suporte teórico ou simplesmente com base em experiência anterior, os próximos passos consistem em estimar os parâmetros intervenientes e em testar a adequação do ajuste dessa distribuição aos dados coletados.

252   hidrologia básica

ESTIMAÇÃO DE PARÂMETROS

Com referência aos parâmetros da distribuição a adotar, duas perguntas podem ser feitas: i) Como estimar esses parâmetros? ii) Escolhidos os estimadores, são eles bons estimadores? Para responder parcialmente à primeira pergunta, esta subseção apresenta o *método dos momentos* e o *método da máxima verossimilhança*, e comenta, brevemente, o chamado *processo gráfico de estimação de parâmetros*. A segunda pergunta não será respondida aqui porque depende de tópicos que fogem ao escopo do presente texto, como as noções de *suficiência, robustez, estimadores "completos", estimadores não-tendenciosos de mínima variança*, etc.

Apesar de não se discutir o aspecto de qualidade do estimador, pode-se afirmar que, de uma maneira geral, os estimadores de máxima verossimilhança são preferíveis em relação aos demais. Esses estimadores são assintoticamente normalmente distribuídos, isto é, tendem a ser normalmente distribuídos à medida que o tamanho da amostra (dados coletados) cresce, e geralmente possuem a propriedade da *invariabilidade*, isto é, uma função de um parâmetro é geralmente estimada pela função do estimador do parâmetro. Infelizmente, a obtenção dos estimadores de máxima verossimilhança é às vezes trabalhosa.

O método dos momentos consiste simplesmente em igualar os momentos populacionais aos momentos amostrais. Os momentos populacionais são funções dos parâmetros a estimar (às vezes, são os próprios parâmetros), e os momentos amostrais são simplesmente números. Consideram-se tantos momentos quantos parâmetros a estimar e resolve-se um sistema de r equações a r incógnitas (r sendo o número de parâmetros a estimar), dando-se preferência, evidentemente, aos momentos de menor ordem.

Exemplo XVIII Estimar os parâmetros das distribuições normal e Gumbel (ver o Quadro A8), pelo método dos momentos.

i) *Distribuição normal*

Há dois momentos a estimar, e portanto consideram-se apenas os dois primeiros momentos populacionais:

$$E[X] = \mu,$$

e

$$VAR[X] = \sigma^2.$$

A partir dos valores $\{x_1, x_2, \ldots, x_n\}$ da amostra, calcula-se os momentos amostrais:

$$\overline{x} = \frac{\Sigma x_i}{n}$$

Apêndice 253

e
$$s^2 = \frac{\Sigma(x_i - \overline{x})^2}{n-1}.$$

O sistema de duas equações a duas incógnitas é, simplesmente,

$$\hat{\mu} = \overline{x}$$
$$\hat{\sigma}^2 = s^2,$$

onde os "chapéus" indicam que os valores obtidos são apenas estimativas.

ii) *Distribuição Gumbel*

Procedendo de maneira análoga, tem-se

$$E[X] = \alpha + \gamma\beta,$$

$$\text{VAR}[X] = \frac{\pi^2\beta^2}{6},$$

$$\overline{x} = \frac{\Sigma x_i}{n},$$

e
$$s^2 = \frac{\Sigma(x_i - \overline{x})^2}{n-1},$$

onde $\gamma = 0,5771\ldots$ é a *constante de Euler*.

Portanto, o sistema a resolver é

$$\alpha + \gamma\beta = \overline{x}$$

$$\frac{\pi^2\beta^2}{6} = s^2,$$

e, então,

$$\hat{\beta} = \frac{\sqrt{6}}{\pi} \cdot s \approx 0,7797s$$

e

$$\hat{\alpha} = \overline{x} - 0,5771\hat{\beta} \approx \overline{x} - 0,4500s.$$

O método da máxima verossimilhança consiste em determinar os valores dos parâmetros $\{\theta_1, \theta_2, \ldots, \theta_r\}$ de modo a maximizar a chamada *função de verossimilhança*

$$V(x_1, x_2, \ldots, x_n; \theta_1, \theta_2, \ldots, \theta_r) = f_X(x_1)f_X(x_2)\ldots f_X(x_n),$$

que nada mais é do que a função densidade conjunta da amostra, quando se supõe que as observações sejam independentes [equação (16)].

As estimativas dos parâmetros $\theta_1, \theta_2, \ldots, \theta_r$ são fornecidas pela resolução do seguinte sistema de r equações a r incógnitas:

$$\frac{\partial}{\partial\theta_i} V(x_1, x_2, \ldots, x_n; \theta_1, \theta_2, \ldots, \theta_r) = 0 \quad (i = 1, 2, \ldots, r).$$

254   hidrologia básica

Exemplo XIX   Estimar os parâmetros das distribuições normal e Gumbel, pelo método da máxima verossimilhança.

i) *Distribuição normal*

A função de verossimilhança é, neste caso,

$$V(x_1, x_2, \ldots, x_n; \mu, \sigma^2) = \frac{1}{(2\pi\sigma^2)^{n/2}} e^{-\frac{1}{2}\sum_{i=1}^{n}\left(\frac{x_i-\mu}{\sigma}\right)^2}$$

Maximizar $V(\cdot)$ é equivalente a maximizar $\ln V(\cdot)$ ou minimizar $-\ln V(\cdot)$. Então, o sistema a resolver é

$$\frac{\partial}{\partial\mu}\left[\frac{1}{2\sigma^2}\sum_{i=1}^{n}(x_i-\mu)^2 + \ln(2\pi\sigma^2)^{n/2}\right] = -\frac{1}{\sigma^2}\sum_{i=1}^{n}(x_i-\mu) = 0$$

$$\frac{\partial}{\partial\sigma^2}\left[\frac{1}{2\sigma^2}\sum_{i=1}^{n}(x_i-\mu)^2 + \ln(2\pi\sigma^2)^{n/2}\right] = -\frac{1}{2\sigma^4}\sum_{i=1}^{n}(x_i-\mu)^2 + \frac{n}{2\sigma^2} = 0.$$

Da primeira equação tem-se

$$\hat{\mu} = \frac{\Sigma x_i}{n} = \bar{x},$$

e, substituindo esse valor na segunda equação, tem-se

$$\hat{\sigma}^2 = \frac{\Sigma(x_i-\bar{x})^2}{n}.$$

A menos da correção para a tendenciosidade da variança (que, aliás, foi artificialmente introduzida no método dos momentos), essas estimativas são as mesmas para ambos os métodos.

ii) *Distribuição Gumbel*

A função a minimizar é, neste caso,

$$-\ln V(x_1, x_2, \ldots, x_n; \alpha, \beta) = n\ln\beta + \sum_{i=1}^{n}\left(\frac{x_i-\alpha}{\beta}\right) + \sum_{i=1}^{n} e^{-\left(\frac{x_i-\alpha}{\beta}\right)}.$$

O sistema de derivadas parciais é, então,

$$\frac{\partial[-\ln V(\cdot)]}{\partial\alpha} = -\frac{n}{\beta} + \frac{1}{\beta}\sum_{i=1}^{n} e^{-\left(\frac{x_i-\alpha}{\beta}\right)} = 0$$

$$\frac{\partial[-\ln V(\cdot)]}{\partial\beta} = \frac{n}{\beta} - \sum_{i=1}^{n}\left(\frac{x_i-\alpha}{\beta^2}\right) + \sum_{i=1}^{n}\left(\frac{x_i-\alpha}{\beta^2}\right) e^{-\left(\frac{x_i-\alpha}{\beta}\right)} = 0.$$

Esse sistema pode ser reescrito como

$$e^{\frac{\alpha}{\beta}} \sum_{i=1}^{n} e^{-\frac{x_i}{\beta}} = n$$

$$n\beta + e \sum_{i=1}^{n} x_i e^{-\frac{x_i}{\beta}} = \Sigma x_i,$$

ou, ainda, como

$$\beta + \frac{\sum_{i=1}^{n} x_i e^{-\frac{x_i}{\beta}}}{\sum_{i=1}^{n} e^{-\frac{x_i}{\beta}}} = \frac{\Sigma x_i}{n}$$

$$\alpha = \ln \left[\frac{n}{\sum_{i=1}^{n} e^{-\frac{x_i}{\beta}}} \right]^{\beta}.$$

O valor de β é encontrado a partir da primeira equação, por aproximações sucessivas; o valor de α é fornecido pela segunda equação.

Além desses dois métodos de estimação, o chamado processo gráfico tem sido muito usado, especialmente por engenheiros e hidrólogos. Essa técnica é baseada no uso do *papel probabilístico*. O projeto de um papel probabilístico consiste em mudar a escala do eixo das abscissas (probabilidades) de modo que, ao locar em ordenadas os valores da variável aleatória em estudo (ou de uma conveniente transformação dessa variável), resulte uma linha reta. Trata-se portanto de escolher escalas convenientes, de modo a linearizar a relação entre uma variável aleatória (ou uma função dessa variável) e sua função de distribuição acumulada.

Por exemplo, a função de distribuição normal acumulada é dada pela equação (45). A equação (46) foi obtida através de uma mudança de variável

$$y = \frac{x - \mu}{\sigma}.$$

Ora, sempre que se locar valores de x contra valores da chamada *variável reduzida y*, usando escalas aritméticas, o gráfico resultante será uma linha reta. Como existe uma relação biunívoca entre os valores de y e os valores da probabilidade acumulada $\Phi(y)$ [equação (46) e Tab. II, em anexo], é fácil graduar o eixo da variável reduzida também em termos dessas probabilidades, como mostra a Fig. A10.

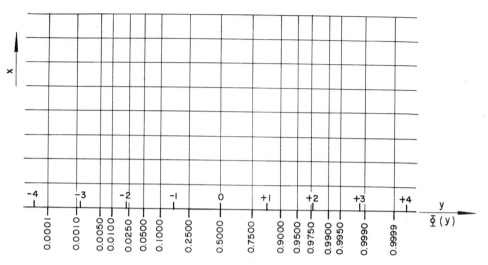

Figura A10. Papel probabilístico (aritmético-normal)

O papel descrito anteriormente é denominado de *papel aritmético--normal*. Se a escala do eixo das ordenadas fosse logarítmica (isto é, se $\log X$ é que fosse normalmente distribuído), o papel seria denominado de *papel log-normal*. Para assegurar o perfeito entendimento do projeto de papéis probabilísticos, é recomendável que o leitor projete, por exemplo, o *papel Gumbel*, baseado na equação (47).

O uso do papel probabilístico para a estimação de parâmetros consiste em locar os valores de x_i da amostra contra as *posições de locação*, introduzidas no Exemplo XV [equação (64)]. As posições de locação são estimativas dos valores da função de distribuição acumulada.

$\hat{\Phi}$ (i-ésimo menor valor observado em uma série de n valores) =
$= \dfrac{i}{n+1}$, e o gráfico resultante é chamado de *função de distribuição acumulada amostral*. Locados esses pontos, basta ajustar a eles uma linha reta, obtendo a relação entre os valores da variável aleatória e da variável reduzida:

$$y = a + bx.$$

Por exemplo, no caso da distribuição normal, em que

$$y = \frac{x - \mu}{\sigma},$$

tem-se

$$\hat{\mu} = -\frac{a}{b},$$

e

$$\hat{\sigma} = \frac{1}{b}.$$

Apêndice

Os três métodos descritos (momentos, máxima verossimilhança, e processo gráfico) dizem respeito à chamada *estimação puntual*. Antes de se introduzir a noção de *estimação de intervalos*, é conveniente chamar mais uma vez a atenção do leitor para a convenção de letras maiúsculas denotarem variáveis aleatórias e letras minúsculas denotarem valores assumidos por essas variáveis. Assim, $\overline{X}$ é uma variável aleatória e $\overline{x}$ é um número. Com referência à estimação puntual dos exemplos anteriores, diz-se que $\overline{X}$ é um *estimador* e que $\overline{x}$ é uma *estimativa*.

ESTIMAÇÃO DE INTERVALOS DE CONFIANÇA

Esse tipo de estimação é baseado no conhecimento da distribuição do estimador. Considerando, por exemplo, a estimação da média μ de uma distribuição normal cuja variância é σ^2, trata-se de determinar o intervalo $[a, b]$ tal que

$$P[a \le \mu \le b] = 1 - \alpha,$$

onde α é um valor prefixado.

Nos exemplos XVIII e XIX foi visto que $\overline{X}$ é o estimador de μ, e no Exemplo XII foi visto que

$$W = \frac{\overline{X} - \mu}{\sigma/\sqrt{n}}$$

é distribuída normalmente, com média zero e variância unitária. Então, a Tab. II pode ser usada para obter números n_{α_1} e n_{α_2} tais que

$$P\left[n_{\alpha_1} \le \frac{\overline{X} - \mu}{\sigma/\sqrt{n}} \le n_{\alpha_2}\right] = 1 - \alpha, \tag{68}$$

e que

$$\alpha_2 - \alpha_1 = 1 - \alpha,$$

conforme é ilustrado pela Fig. A11.

Existe uma infinidade de valores n_{α_1} e n_{α_2} que satisfazem essas condições. Para padronizar soluções, e para que se obtenha o menor intervalo possível, é comum fazer-se

$$\alpha_1 = \alpha/2.$$

e

$$\alpha_2 = 1 - \alpha/2.$$

Então, como a distribuição normal é simétrica,

$$n_{\alpha_2} = n_{1 - \alpha/2} = -n_{\alpha/2} = -n_{\alpha_1},$$

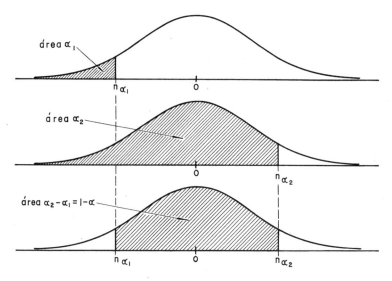

Figura A11. Seleção de limites para intervalos de confiança

e a equação (68) pode ser reescrita como

$$P\left[-n_{1-\alpha/2} \le \frac{\bar{X}-\mu}{\sigma/\sqrt{n}} \le n_{1-\alpha/2}\right] = 1-\alpha.$$

Operando nas desigualdades entre colchetes, tem-se

$$P\left[\bar{X}-n_{1-\alpha/2} \cdot \frac{\sigma}{\sqrt{n}} \le \mu \le \bar{X}+n_{1-\alpha/2} \cdot \frac{\sigma}{\sqrt{n}}\right] = 1-\alpha, \qquad (69)$$

de modo que

$$\left[\left(\bar{X}-n_{1-\alpha/2} \cdot \frac{\sigma}{\sqrt{n}}\right); \quad \left(\bar{X}+n_{1-\alpha/2} \cdot \frac{\sigma}{\sqrt{n}}\right)\right]$$

é denominado de *intervalo de estimação de* μ, *com* $(1-\alpha) \cdot 100\%$ *de probabilidade*.

Exemplo XX Estabelecer intervalos de confiança de 95% de probabilidade para a média (populacional) de uma distribuição normal cuja variância é 10 000, sabendo-se que a média obtida a partir de uma amostra de tamanho 25 foi de 425.

Para $\alpha = 0,05$, a Tab. II em anexo fornece

$$n_{0,975} = 1,960,$$

Apêndice

e, então, a equação (69) conduz a

$$P\left[425 - 1{,}960 \times \frac{100}{\sqrt{25}} \le \mu \le 425 + 1{,}960 \times \frac{100}{\sqrt{25}}\right] = 0{,}95,$$

ou

$$P[385{,}8 \le \mu \le 464{,}2] = 0{,}95.$$

Então, $[385{,}8;\ 464{,}2]$ é o intervalo procurado.

Como raramente a variança é conhecida, o interesse real está na distribuição de

$$W' = \frac{\overline{X} - \mu}{S/\sqrt{n}}$$

onde S é o desvio-padrão amostral. Antes de discutir essa distribuição, é necessário aceitar o fato de

$$(n-1)\frac{S^2}{\sigma^2}$$

ter uma distribuição *qui*-quadrado (χ^2) com $(n-1)$ graus de liberdade. A prova desse fato foge ao escopo do presente texto, mas, uma vez que é sabido que

$$\frac{X_i - \mu}{\sigma}$$

é distribuído normalmente com média zero e variança unitária e, portanto, que

$$\frac{\sum\limits_{i=1}^{n} (X_i - \mu)^2}{\sigma^2}$$

tem a distribuição χ^2 com n graus de liberdade (Exemplos XVI e XVII), não é difícil aceitar que

$$\frac{\sum\limits_{i=1}^{n} (X_i - \overline{X})^2}{\sigma^2} = (n-1)\frac{s^2}{\sigma^2}$$

tenha uma distribuição χ^2 com $(n-1)$ graus de liberdade, quando se nota que um grau de liberdade foi perdido na estimação da média ($\hat{\mu} = \overline{X}$).

Agora é fácil notar que W' pode ser escrita como a relação entre uma variável normal com média zero e variança unitária, e a raiz

260 hidrologia básica

quadrada de uma variável χ^2, dividida pelo seu grau de liberdade:

$$W' = \frac{\dfrac{\bar{X} - \mu}{\sigma/\sqrt{n}}}{\sqrt{\dfrac{S^2}{\sigma^2}}} = \frac{\bar{X} - \mu}{S/\sqrt{n}}.$$

Conseqüentemente, W' tem uma distribuição t com $(n-1)$ graus de liberdade [ver os comentários que acompanham a equação (66)] e a equação (69) em que se supunha o conhecimento de σ, fica alterada como segue

$$P\left[\bar{X} - t_{1-\alpha/2,\,n-1}\,\frac{S}{\sqrt{n}} \le \mu \le \bar{X} + t_{1-\alpha/2,\,n-1}\,\frac{S}{\sqrt{n}}\right] = 1 - \alpha. \qquad (70)$$

Exemplo XXI Resolver o problema do Exemplo XX, supondo que 10 000 é a variança amostral (e não a variança populacional).

Para $\alpha = 0,05$, a Tab. III em anexo fornece

$$t_{0,975,\,24} = 2,064.$$

Então

$$P\left[425 - 2,064 \times \frac{100}{\sqrt{25}} \le \mu \le 425 + 2,064 \times \frac{100}{\sqrt{25}}\right] = 0,95,$$

ou

$$P[383,7 \le \mu \le 466,3] = 0,95.$$

Logo, [383,7; 466,3] é o intervalo procurado.

O intervalo calculado no Exemplo XXI é maior do que aquele obtido quando a variança era conhecida (Exemplo XX), como era de se esperar: a menor informação relativa à variança, para um mesmo grau de confiança, se traduz por um intervalo menos preciso. Evidentemente, ambos os intervalos tendem para zero à medida que a amostra aumenta.

Quando a distribuição do estimador não é conhecida, o chamado método Monte Carlo pode ser usado para o estabelecimento de intervalos de confiança. Esse assunto será discutido mais adiante.

TESTES DE HIPÓTESES

Testes de hipóteses constituem uma área extremamente importante da Estatística Aplicada. Por exemplo, freqüentemente o hidrólogo deseja saber, baseado em valores amostrais, se a vazão média (popula-

Apêndice 261

cional) de um rio durante um certo período (digamos, a metade mais recente do período total de observação) é igual à vazão média (populacional) de outro período (digamos, da metade inicial do período de observação). Há muitas razões para que elas sejam diferentes, como a construção de reservatórios, o desmatamento da bacia, a mudança do tipo de vegetação, etc. Os dados observados fatalmente indicarão uma diferença nas vazões médias, e o hidrólogo deseja saber se tal diferença é *estatisticamente significante*, isto é, deseja saber se tal diferença não é devida simplesmente a variações amostrais. Outro problema freqüente em Hidrologia é determinar se a vazão média anual de um certo rio é maior do que um certo valor, para estudar a possibilidade de aproveitamento dessa vazão para alguma finalidade, como abastecimento industrial, doméstico, ou para geração de energia elétrica.

O procedimento para a elaboração de um teste estatístico consiste em enunciar claramente qual é a *hipótese básica* a ser testada (denotada usualmente por H_0), e encontrar a distribuição de uma conveniente função da variável aleatória de interesse (vazão média de um rio, por exemplo), *supondo-se que a hipótese básica seja verdadeira*. A seguir, escolhe-se o chamado *nível de significância* do teste (usualmente 10%, 5%, ou 1%) para determinar a *região crítica do teste*, isto é, para determinar os valores da variável aleatória testada, que conduzirão a uma rejeição da hipótese básica H_0. O exemplo seguinte esclarece o procedimento exposto.

Exemplo XXII A precipitação pluvial anual em uma certa área é suposta normalmente distribuída. Uma amostra de tamanho $n = 43$ apresenta valores da média amostral e variança amostral respectivamente iguais a $1\,382,2$ mm e $54\,009,76$ mm^2. Desenvolver um teste estatístico com nível de significância 5% para determinar se essa precipitação é significativamente diferente de $1\,500$ mm.

A hipótese básica é

$$H_0: \quad \mu = 1\,500 \text{ mm}.$$

Sabe-se que

$$W' = \frac{\bar{X} - \mu}{S/\sqrt{n}},$$

tem a distribuição t com $(n-1)$ graus de liberdade. É claro que quanto mais próximo de zero estiver W', maior será a indicação de que a hipótese básica não pode ser rejeitada. É possível encontrar valores t_1 e t_2 $(t_1 < t_2)$ tais que, se W' for menor do que t_1 ou maior do que t_2, a hipótese deve ser rejeitada, ficando assim definida a *região crítica do teste* para um certo *nível de significância* α, conforme é ilustrado pela Fig. A12.

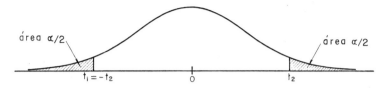

Figura A12. Região crítica do teste t

Para $\alpha = 0{,}05$, e $n - 1 = 42$, $t_2 = -t_1 = 2{,}018$ (Tab. III, em anexo). Para os dados do exemplo, e para $\mu = 1\,500$, o valor w' da variável aleatória W' é

$$w' = \frac{1\,382{,}2 - 1\,500}{\sqrt{54\,009{,}76}/\sqrt{43}} = -3{,}324\ldots,$$

de modo que a hipótese deve ser rejeitada.

É interessante notar que, quando o nível de significância adotado é igual a 5%, corre-se o risco de rejeitar uma hipótese verdadeira uma vez em cada vinte aplicações do teste. O erro cometido ao rejeitar uma hipótese verdadeira é usualmente denominado de *erro tipo I*. Portanto, o nível de significância α de um teste mede a probabilidade de se cometer um erro tipo I. Por outro lado, o *erro tipo II* é definido como o erro cometido ao aceitar uma hipótese falsa. A probabilidade de se cometer um erro tipo II é usualmente denotada por β. A Fig. A13 ilustra graficamente os erros tipo I e tipo II. A parte superior da figura indica a região crítica do teste cuja hipótese básica é $\mu = \mu_1$. Se na verdade μ for igual a μ_2, seria um erro aceitar a hipótese básica, e a probabilidade desse erro é mostrada na parte inferior da Fig. A13.

Evidentemente, a diminuição da probabilidade de se cometer um erro tipo I aumenta a probabilidade de se cometer um erro tipo II. A avaliação de β é difícil, pois depende do valor desconhecido μ_2.

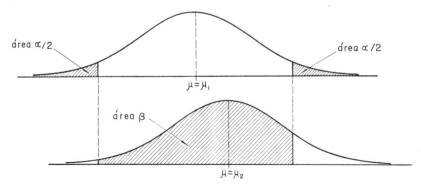

Figura A13. Erro tipo I e erro tipo II

Apêndice

No entanto, é comum calcular-se $(1-\beta)$ para todos os possíveis valores de μ_2 e chamar tal função de *função do poder de um teste*.

Até agora ficou implícita a noção de *hipótese alternativa*. Para cada teste, existe uma hipótese básica e uma hipótese alternativa. Ambas podem ser simples (do tipo $\mu = \mu_1$) ou composta (do tipo $\mu \leq \mu_1$, ou $\mu \geq \mu_1$, ou $\mu \neq \mu_1$). No exemplo anterior ficou subentendido que a hipótese alternativa era $\mu \neq \mu_1$. Caso a hipótese básica fosse $\mu \geq \mu_1$, e a hipótese alternativa fosse $\mu < \mu_1$, a região crítica seria aquela mostrada pela Fig. A14.

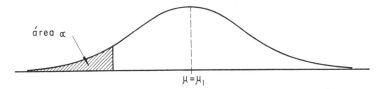

Figura A14. Região crítica para $H_0: \mu \geq \mu_1$

Como o leitor provavelmente percebeu, o teste aplicado no exemplo XXII é equivalente a verificar se o intervalo de confiança calculado para a média [equação (70)] contém o valor μ mencionado pela hipótese básica. Há portanto uma íntima relação entre intervalos de confiança e testes de hipóteses.

A elaboração do teste foi simples porque as variáveis aleatórias em questão eram normalmente distribuídas, e conseqüentemente a distribuição de W' era conhecida. Em anos recentes, com o desenvolvimento de computadores, o potencial de aplicação de testes estatísticos foi ampliado, pois sempre que a distribuição da estatística do teste (W', por exemplo) não for conhecida, ela pode ser obtida por *simulação*. Essa maneira de resolver o problema é geralmente denominada de *método Monte Carlo*. Para comentar a aplicação desse método, é conveniente utilizar o Exemplo XXII como ilustração. Supondo que a distribuição de W' não era conhecida, o procedimento a seguir seria: i) gerar uma longa seqüência de variáveis normais, independentes, com média e variança quaisquer; ii) subdividir essa longa seqüência em grupos de $n = 43$ elementos cada um; iii) calcular, para cada grupo de 43 elementos, o valor de W'; iv) avaliar os valores mais convenientes W_1 e W_2 de modo que $(1-\alpha) \times 100\%$ (no caso, 95%) dos valores de W' estivessem entre W_1 e W_2; v) aplicar o teste, isto é, comparar o valor observado de W' com W_1 e W_2.

TESTES DE ADERÊNCIA

Testes de aderência, também chamados testes de adequação de ajuste, pretendem determinar se uma certa distribuição postulada é

264

razoável em presença dos dados. Por exemplo, quando o hidrólogo pensa em adotar a distribuição log-normal como modelo para descrever as vazões anuais de um rio, é lógico testar a adequação desse procedimento. Nessa subseção, dois testes serão discutidos: o teste do *qui*-quadrado e o teste de Kolmogorov-Smirnov.

Teste do qui-quadrado

Supondo que se deseja testar um modelo para uma variável discreta, pode-se mostrar que

$$D_1 = \sum_{i=1}^{k} \frac{(N_i - np_i)^2}{np_i}, \tag{71}$$

onde:

N_i é o número de vezes em que se observou $X = x_i$,
p_i é a probabilidade $P[X = x_i]$ postulada pela hipótese básica,
k é o número de possíveis valores de x_i, e
n é o tamanho da amostra,

é aproximadamente distribuída como uma variável *qui*-quadrada com $(k-1)$ graus de liberdade

Exemplo XXIII As informações abaixo dizem respeito a 60 lançamentos de um dado. Testar se o dado é homogêneo.

x_i	1	2	3	4	5	6
$N_i = n_i$	8	12	10	9	10	11

Trata-se de testar a adequação do ajuste de uma distribuição discreta uniforme a esses dados. A hipótese básica então é

$$H_0: \quad p_i = \frac{1}{6}, \quad \text{para } i = 1, 2, \dots, 6.$$

O valor da estatística D_1 é

$$D_1 = \frac{(8-10)^2}{10} + \frac{(12-10)^2}{10} + \frac{(10-10)^2}{10} + \frac{(9-10)^2}{10} +$$
$$+ \frac{(10-10)^2}{10} + \frac{(11-10)^2}{10} = 1.$$

Intuitivamente, deseja-se encontrar um valor para D_1 que seja "pequeno", e, portanto, o teste consiste em rejeitar a hipótese se D_1 for "grande". Para determinar o que se entende por "grande" é necessário especificar o nível de significância do teste, de modo a definir

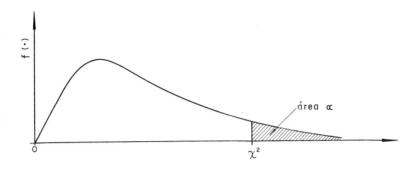

Figura A15. Região crítica para o teste de aderência χ^2

a região crítica do teste por

$$D_1 > \chi^2_{1-\alpha,\, k-1},$$

conforme é ilustrado pela Fig. A15.

Para esse exemplo, $k = 6$ e, adotando $\alpha = 0,05$, tem-se, da Tab. IV em anexo,

$$\chi^2_{0,95,\,5} = 11,1.$$

Como $D_1 \ll 11,1$, não há razão para rejeitar a hipótese básica.

Caso o modelo a ser testado diga respeito a uma variável contínua, subdivide-se o campo de variação dessa variável em k intervalos e avalia-se a probabilidade p_i do i-ésimo intervalo por

$$p_i = \int_{a_i}^{b_i} f_X(x)\, dx,$$

onde a_i e b_i são os limites desse intervalo e $f_X(x)$ é a função densidade correspondente. É recomendável que se escolham os diversos a_i e b_i de modo que as probabilidades p_i sejam aproximadamente iguais, e que se obtenha o maior número de intervalos possível, desde que se assegure um mínimo de, digamos, 5 observações em cada intervalo.

Quando a distribuição postulada não é inteiramente especificada, isto é, quando há necessidade de estimação de parâmetros, o teste é aplicável, desde que se altere o número de graus de liberdade de D_1 [equação (71)] para $(k-1-r)$ onde r é o número de parâmetros estimados. Além disso, os parâmetros devem ser estimados pelo método da máxima verossimilhança, sendo os cálculos efetuados com base em dados grupados. Por exemplo, para testar a adequação do ajuste da distribuição normal a uma série de dados, a média e o desvio-padrão devem ser estimados como segue

$$\hat{\mu} = \overline{X} = \sum_{i=1}^{k} \frac{N_i X_i}{n},$$

$$\hat{\sigma}^2 = S^2 = \sum_{i=1}^{k} \frac{N_i(X_i - \overline{X})^2}{n-1},$$

onde X_i é o valor médio do i-ésimo intervalo, N_i é o número de observações correspondentes ao i-ésimo intervalo, e n é o número total de observações. A seguir, a equação (71) deve ser aplicada para fornecer o valor de D_1, que é comparado com o valor da Tab. IV, em anexo, para um certo nível de significância, *e para* $(k-3)$ *graus de liberdade*, uma vez que dois parâmetros foram estimados.

Teste de Kolmogorov-Smirnov

Um outro teste de aderência muito utilizado é o de Kolmogorov--Smirnov, apesar de ser menos geral que o teste *qui*-quadrado, *pois é aplicável apenas para testar a adequação do ajuste de distribuições contínuas, completamente especificadas* (isto é, quando não há parâmetros a estimar).

O teste consiste em locar em um mesmo gráfico a função de distribuição acumulada amostral $\hat{F}_X(x)$ (aqui definida como a relação entre o número de observações menores ou iguais a x e o número total de observações) e a função de distribuição acumulada postulada $F_X(x)$, para a seguir observar a maior distância entre elas, conforme é ilustrado

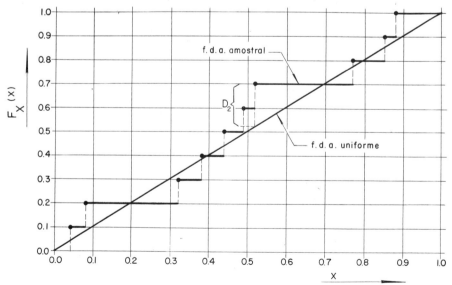

Figura A16. Teste Kolmogorov-Smirnov

Apêndice

pela Fig. A16, para o caso particular de $n = 10$ observações e $F_X(x) = x$, isto é, para o caso particular da distribuição postulada ser a distribuição uniforme [equação (39), para $a = 0$ e $b = 1$].
Note-se que a função de distribuição acumulada amostral usada anteriormente (método gráfico de estimação de parâmetros) era definida de maneira ligeiramente diversa.

Intuitivamente, deseja-se encontrar um valor de

$$D_2 = \max \left| F_X(x) - \hat{F}_X(x) \right|, \tag{72}$$

que seja "pequeno" e o teste consiste em rejeitar a hipótese de adequação do ajuste se D_2 for "grande". O Quadro A9 relaciona os valores críticos de D_2, para diversos tamanhos de amostra e níveis de significância.

Quadro A9: Valores D_2 (Kolmogorov-Smirnov)

N	α			
	0,20	0,10	0,05	0,01
5	0,45	0,51	0,56	0,67
10	0,32	0,37	0,41	0,49
15	0,27	0,30	0,34	0,40
20	0,23	0,26	0,29	0,36
25	0,21	0,24	0,27	0,32
30	0,19	0,22	0,24	0,29
35	0,18	0,20	0,23	0,27
40	0,17	0,19	0,21	0,25
45	0,16	0,18	0,20	0,24
50	0,15	0,17	0,19	0,23
$N > 50$	$\dfrac{1,07}{\sqrt{N}}$	$\dfrac{1,22}{\sqrt{N}}$	$\dfrac{1,36}{\sqrt{N}}$	$\dfrac{1,63}{\sqrt{N}}$

Quando os parâmetros de $F_X(x)$ devem ser estimados a partir da amostra, o teste não é mais válido. No entanto, experimentos baseados no método · Monte Carlo parecem indicar que a aplicação incorreta do teste nesses casos é conservadora, isto é, a probabilidade de se rejeitar a hipótese básica diminui.

CORRELAÇÃO E REGRESSÃO

Um caso particular de estimação é aquele de avaliar a relação entre duas variáveis. As análises de tais relações são geralmente denominadas de *estudos de correlação e regressão*.

Dados n pares de valores observados $\{(x_i, y_i); i = 1, 2, \ldots, n\}$, o passo inicial em tais estudos consiste em locar esses pontos utilizando eixos cartesianos. As ordenadas y_i são interpretadas como valores assumidos pela variável aleatória Y_i, dado que a variável X_i (não necessariamente aleatória) é igual à abscissa x_i. Por exemplo, y_i pode ser o total anual de precipitação pluvial em um local de altitude $X_i = x_i$ (portanto, X_i aqui não é uma variável aleatória). Como outro exemplo, y_1 pode ser o valor assumido pela vazão anual de um rio em certa seção, e x_i o valor assumido pela vazão anual do mesmo rio em outra seção (portanto, X_i aqui é uma variável aleatória).

A partir do n pares de valores observados, é fácil avaliar o *coeficiente de correlação amostral*, definido como

$$r = \frac{\sum\limits_{i=1}^{n} (x_i - \overline{x})(y_i - \overline{y})}{\sqrt{\sum\limits_{i=1}^{n} (x_i - \overline{x})^2 \sum\limits_{i=1}^{n} (y_i - \overline{y})^2}} = \frac{\sum\limits_{i=1}^{n} x_i y_i - n\overline{x}\,\overline{y}}{\sqrt{\left(\sum\limits_{i=1}^{n} x_i^2 - n\overline{x}^2\right)\left(\sum\limits_{i=1}^{n} y_i^2 - n\overline{y}^2\right)}}, \quad (73)$$

onde $\overline{x}$ e $\overline{y}$ são as médias amostrais de X e Y, respectivamente. Da mesma maneira que $\overline{x}$ e $\overline{y}$ estimam as médias populacionais μ_X e μ_Y, respectivamente, r estima o coeficiente de correlação populacional $\rho_{X,Y}$. Pode-se mostrar que r, assim como $\rho_{X,Y}$, assume valores entre -1 e $+1$. Um alto valor absoluto de r indica forte associação linear entre X e Y. Um valor negativo de r indica que valores altos de X estão geralmente associados a valores baixos de Y.

A *curva de regressão* da variável aleatória Y, em termos da variável X é definida como

$$E[Y|X = x] = \mu_{Y|X=x}.$$

Por exemplo, se X for a altitude de certo local, e Y o total anual de precipitação pluvial, $\mu_{Y|X=x}$ é o total anual *médio* (populacional) de precipitação pluvial correspondente ao local de altitude x.

Caso essa relação seja linear,

$$E[Y|X = x] = \beta_0 + \beta_1 x,$$

a regressão é dita *regressão linear simples*. Os parâmetros β_0 e β_1 são desconhecidos, e, portanto, devem ser estimados com base nos pares de valores observados $\{(x_i, y_i); i = 1, 2, \ldots, n\}$. Os estimadores baseados no *método dos mínimos quadrados* são os valores $\hat{\beta}_0$ e $\hat{\beta}_1$ que minimizam a seguinte função:

$$\psi = \sum_{i=1}^{n} (y_i - \beta_0 - \beta_1 x_i)^2. \quad (74)$$

Assim, $\hat{\beta}_0$ e $\hat{\beta}_1$ são a solução do seguinte sistema de equações:

$$\frac{\partial \psi}{\partial \beta_0} = (-2) \sum_{i=1}^{n} (y_i - \beta_0 - \beta_1 x_i) = 0 \quad (75)$$

Apêndice

$$\frac{\partial \psi}{\partial \beta_1} = (-2) \sum_{i=1}^{n} x_i(y_i - \beta_0 - \beta_1 x_i) = 0. \tag{76}$$

Então,

$$\hat{\beta}_1 = \frac{\sum_{i=1}^{n} (x_i - \overline{x})(y_i - \overline{y})}{\sum_{i=1}^{n} (x_i - \overline{x})^2} = \frac{\sum_{i=1}^{n} x_i y_i - n\overline{x}\overline{y}}{\sum_{i=1}^{n} x_i^2 - n\overline{x}^2}, \tag{77}$$

e

$$\hat{\beta}_0 = \overline{y} - \hat{\beta}_1 \overline{x}, \tag{78}$$

de modo que a reta de regressão pode ser estimada por

$$\hat{\mu}_{Y \mid X = x} = \hat{\beta}_0 + \hat{\beta}_1 x.$$

Além dessa reta corresponder ao mínimo valor da função ψ, como foi imposto, ela possui mais duas propriedades interessantes: como atesta a equação (78), ela passa pelo ponto $(\overline{x}, \overline{y})$, e, de acordo com a equação (75), a soma das distâncias verticais entre a reta e os pontos (distância essa freqüentemente denominada de *resíduo*) é nula.

A reta de regressão é "ótima" apenas no sentido de que minimiza a soma dos quadrados dos resíduos. Para discutir em detalhes a adequação de tal ajuste, é comum separar-se a chamada *soma total de quadrados* em duas componentes, a *soma de quadrados explicada pela regressão* e a *soma de quadrados residual*, como segue:

$$\sum_{i=1}^{n} (y_i - \overline{y})^2 = \sum_{i=1}^{n} (\hat{\mu}_{Y \mid X = x_i} - \overline{y})^2 + \sum_{i=1}^{n} (y_i - \hat{\mu}_{Y \mid X = x_i})^2.$$

É importante notar que a soma total de quadrados dá uma idéia da variabilidade da variável Y, na ausência dos valores x_i (com efeito, a soma total de quadrados é proporcional à variança de Y), e que a soma de quadrados residual é simplesmente o mínimo valor da função ψ, definida anteriormente [equação (74)]. Fica a cargo do leitor verificar que a equação acima é realmente uma identidade.

Uma outra expressão interessante, que relaciona os conceitos de correlação e de regressão, e cuja derivação também fica a cargo do leitor, é a seguinte:

$$r = \hat{\beta}_1 \sqrt{\frac{\sum_{i=1}^{n} (x_i - \overline{x})^2}{\sum_{i=1}^{n} (y_i - \overline{y})^2}}. \tag{79}$$

Evidentemente, a relação entre a soma de quadrados explicada pela regressão e a soma total de quadrados é uma medida da adequação do ajuste. Na verdade, é fácil mostrar que tal relação é igual ao quadrado do coeficiente de correlação amostral, ficando assim evidenciada mais uma vez a ligação entre os conceitos de correlação e de regressão:

$$\sum_{i=1}^{n} (y_i - \overline{y})^2 = r^2 \sum_{i=1}^{n} (y_i - \overline{y})^2 + \sum_{i=1}^{n} (y_i - \hat{\mu}_{Y|X=x_i})^2 ;$$

$$\sum_{i=1}^{n} (y_i - \hat{\mu}_{Y|X=x_i})^2 = (1 - r^2) \sum_{i=1}^{n} (y_i - \overline{y})^2. \tag{80}$$

Para que testes estatísticos e intervalos de confiança possam ser aplicados no contexto da regressão linear, é necessário fazer hipótese adicionais no que tange aos resíduos. As hipóteses usuais são que os resíduos são normalmente distribuídos, com variança constante ao longo da reta de regressão (isto é, independentemente do valor de X), e que as observações $Y_1, Y_2, \ldots, Y_n$ correspondentes aos valores $x_1, x_2, \ldots, x_n$ são independentes entre si.

Tendo em vista essas hipóteses, pode-se mostrar que os estimadores $\hat{\beta}_0$, $\hat{\beta}_1$ e $\hat{\beta}_0 + \hat{\beta}_1 x$ são normalmente distribuídos, e que

$$E[\hat{\beta}_0] = \beta_0 , \tag{81}$$

$$E[\hat{\beta}_1] = \beta_1 , \tag{82}$$

$$E[\hat{\beta}_0 + \hat{\beta}_1 x] = \beta_0 + \beta_1 x = \mu_{Y|X=x} , \tag{83}$$

e

$$VAR[\hat{\beta}_0] = \frac{\sum_{i=1}^{n} x_i^2}{n \sum_{i=1}^{n} (x_i - \overline{x})^2} \sigma^2 , \tag{84}$$

$$VAR[\hat{\beta}_1] = \frac{1}{\sum_{i=1}^{n} (x_i - \overline{x})^2} \cdot \sigma^2 , \tag{85}$$

e

$$VAR[\hat{\beta}_0 + \hat{\beta}_1 x] = [\frac{1}{n} + \frac{(x - \overline{x})^2}{\sum_{i=1}^{n} (x_i - \overline{x})^2}] \cdot \sigma^2. \tag{86}$$

Nessas equações, σ^2 é a variança dos resíduos, suposta constante ao longo da reta de regressão, e estimada pela variança amostral dos resíduos S^2:

$$S^2 = \frac{\sum_{i=1}^{n} (Y_i - \hat{\mu}_{Y|X=x_i})^2}{n-2} = \frac{\sum_{i=1}^{n} (Y_i - \hat{\beta}_0 - \hat{\beta}_1 x_i)^2}{n-2} . \tag{87}$$

Apêndice 271

Quando σ^2 é substituído por S^2 nas equações (84), (85) e (86), obtêm-se as variâncias amostrais de $\hat{\beta}_0$, $\hat{\beta}_1$ e $\hat{\beta}_0 + \hat{\beta}_1 x$, denotadas por $\text{VÂR}[\hat{\beta}_0]$, $\text{VÂR}[\hat{\beta}_1]$, e $\text{VÂR}[\hat{\beta}_0 + \hat{\beta}_1 x]$, respectivamente.

Por analogia com discussões anteriores (ver a subseção sobre intervalos de confiança), não é difícil aceitar que

$$(n-2)\frac{S^2}{\sigma^2},$$

tenha uma distribuição *qui*-quadrada com $(n-2)$ graus de liberdade (dois graus de liberdade foram perdidos na estimação de β_0 e β_1). Assim, de acordo com os comentários referentes à equação (66),

$$\frac{\hat{\beta}_0 - \beta_0}{\sqrt{\text{VÂR}[\hat{\beta}_0]}}, \quad \frac{\hat{\beta}_1 - \beta_1}{\sqrt{\text{VÂR}[\hat{\beta}_1]}}, \quad \text{e} \quad \frac{(\hat{\beta}_0 + \hat{\beta}_1 x) - (\beta_0 + \beta_1 x)}{\sqrt{\text{VÂR}[\hat{\beta}_0 + \hat{\beta}_1 x]}},$$

têm uma distribuição t com $(n-2)$ graus de liberdade, resultado esse que possibilita a imediata aplicação de testes de hipóteses e estabelecimento de intervalos de confiança.

Exemplo XXIV Tendo em vista os 22 pares de valores observados, constantes de tabulação seguinte, pede-se

i) calcular o coeficiente de correlação amostral,
ii) estimar a reta de regressão,
iii) testar a hipótese $\{H_0 : \beta_1 = 0\}$,
iv) testar a hipótese $\{H_0 : \beta_0 = 18\}$,
·v) estabelecer intervalos de 95% de confiança para:

$$\hat{\mu}_{Y|X=x} = \hat{\beta}_0 + \hat{\beta}_1 x.$$

Uma série de cálculos deve ser efetuada para começar a resolver os diversos itens desse exemplo:

$$n = 22 \qquad \Sigma y^2 = 4\,634,34$$
$$\Sigma x = 1\,138,60 \qquad \Sigma xy = 16\,047,58$$
$$\Sigma y = 317,80 \qquad \bar{x} = 51,7545$$
$$\Sigma x^2 = 64\,458,68 \qquad \bar{y} = 14,4445$$

i) *Coeficiente de correlação*

Usando a equação (73), tem-se

$$r = -0,8148.$$

Portanto, as variáveis X e Y são negativamente correlacionadas, e a regressão explica $100r^2 = 66,39\%$ da variância de Y.

Observação número	Variável	
	Y	X
1	11,9	70,1
2	13,2	46,5
3	15,2	59,2
4	13,8	76,5
5	16,0	45,4
6	13,1	70,2
7	15,3	34,2
8	14,7	48,3
9	14,1	57,0
10	16,8	28,3
11	13,2	58,1
12	13,8	44,8
13	13,8	72,1
14	17,1	29,7
15	13,4	57,5
16	12,8	71,3
17	16,0	29,9
18	14,3	61,8
19	14,5	38,5
20	12,7	71,8
21	16,1	30,2
22	16,0	36,2

ii) *Reta de regressão*

Usando as equações (77) e (78), tem-se

e
$$\hat{\beta}_1 = -0,0723,$$
$$\hat{\beta}_0 = 18,1885.$$

Portanto, a reta de regressão estimada é

$$\hat{\mu}_{Y|X=x} = 18,1885 - 0,0723x.$$

Uma nova série de cálculos deve ser efetuada para resolver os demais itens desse exemplo, começando pela avaliação da variança amostral dos resíduos, S^2. Usando as equações (87) e (80), tem-se

$$s^2 = \frac{\Sigma(y_i - \hat{\mu}_{Y|X=x_i})^2}{n-2} = \frac{(1-r^2)\Sigma(y_i - \bar{y})^2}{n-2} = 0,7322.$$

Agora as equações (84), (85) e (86) podem ser usadas, substituindo-se σ^2 por s^2:

$$\text{VÂR}[\hat{\beta}_0] = 0,3879,$$
$$\text{VÂR}[\hat{\beta}_1] = \frac{0,1324}{1\,000},$$

Apêndice 273

e

$$\text{VÂR}[\hat{\beta}_0 + \hat{\beta}_1 x] = \frac{0,1324}{1\,000} x^2 - 0,0137x + 0,3879.$$

iii) *Teste da hipótese* $\{H_0 : \beta_1 = 0\}$

Como

$$\frac{\hat{\beta}_1 - \beta_1}{\sqrt{\text{VÂR}[\hat{\beta}_1]}}$$

tem uma distribuição t com $(n-2)$ graus de liberdade, o teste consiste em rejeitar a hipótese básica se essa expressão assumir um valor na região crítica do teste t (Fig. A12). Para $\alpha = 0,05$ e $n - 2 = 20$, $t_1 = -t_2 = 2,086$ (Tab. III, em anexo).

Para os dados do exemplo, e para $\beta_1 = 0$, tem-se

$$\frac{\hat{\beta}_1 - \beta_1}{\sqrt{\text{VÂR}[\hat{\beta}_1]}} = \frac{-0,0723}{\sqrt{0,0001324}} = -6,286,$$

e, portanto, a hipótese básica deve ser rejeitada. Esse teste é importante porque é equivalente a testar a hipótese básica $H_0 : \rho = 0$, como pode ser deduzida da equação (79).

iv) *Teste da hipótese* $\{H_0 : \beta_0 = 18\}$

A região crítica desse teste é a mesma do teste anterior.

Para os dados do exemplo, e para $\beta_0 = 18$, tem-se

$$\frac{\hat{\beta}_0 - \beta_0}{\sqrt{\text{VÂR}[\hat{\beta}_0]}} = \frac{18,188 - 18}{\sqrt{0,3879}} = 0,303,$$

e, portanto, não há razão para rejeitar a hipótese básica.

v) *Intervalos de 95% de confiança para* $\hat{\mu}_{Y|X=x}$

Para $\alpha = 0,05$ e $n - 2 = 20$, pode-se escrever que

$$P\left[-2,086 \leq \frac{(\hat{\beta}_0 + \hat{\beta}_1 x) - (\beta_0 + \beta_1 x)}{\sqrt{\text{VÂR}[\hat{\beta}_0 + \hat{\beta}_1 x]}} \leq 2,086 \right] = 0,95,$$

ou, equivalentemente, pode-se dizer que o intervalo de 95% de confiança é o seguinte:

$$\hat{\beta}_0 + \hat{\beta}_1 x \pm 2,086\sqrt{\text{VÂR}[\hat{\beta}_0 + \hat{\beta}_1 x]}.$$

Para os dados desse exemplo, tem-se

$$(18,1885 - 0,0723x) \pm 2,086\sqrt{\frac{0,1324}{1\,000} x^2 - 0,0137x + 0,3879}.$$

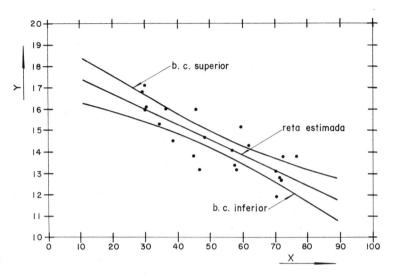

Figura A17. Regressão linear simples

O lugar geométrico dos limites superiores (inferiores) desses intervalos de confiança é chamado de *banda de confiança superior* (*inferior*), conforme ilustra a Fig. A17.

Tudo o que foi exposto nessa subseção para regressão linear simples pode ser generalizado para regressão linear múltipla, quando o plano de regressão é

$$\mu_{Y|(X_1=x_1, X_2=x_2, \ldots, X_m=x_m)} = \beta_0 + \beta_1 x_1 + \beta_2 x_2 + \cdots + \beta_m x_m.$$

Por exemplo, os estimadores de $\hat{\beta}_0, \hat{\beta}_1, \ldots, \hat{\beta}_m$ são as raízes do sistema

$$\frac{\partial}{\partial \beta_j} \sum_{i=1}^{n} (y_i - \beta_0 - \beta_1 x_{1,i} - \beta_2 x_{2,i} - \cdots - \beta_m x_{m,i})^2 = 0,$$

para $j = 0, 1, 2, \ldots, m$.

Evidentemente, a percentagem da variança explicada pela regressão ainda é dada pela relação entre a soma de quadrados explicada pela regressão, e a soma total de quadrados; o coeficiente de correlação múltipla é dado pela raiz quadrada dessa relação. Testes de hipóteses e intervalos de confiança podem ser analogamente construídos.

Apêndice

Tabela AI. Números aleatórios uniformemente distribuídos

54872	63658	20172	80510	02313	13718	53639	04254	72203	56328
28675	27298	34736	77074	79598	32169	20288	24481	09183	37339
78212	40879	26862	87859	56758	19553	38990	08600	55284	67094
11194	49589	48554	83495	24176	77800	51344	31269	99053	16513
63270	79625	49568	60246	34247	40818	57155	10211	46763	45243
78872	81450	60420	60032	87899	94720	80837	79854	39115	72838
03796	22080	16412	67986	19159	50950	70632	87215	63829	79839
12952	49443	54707	17624	23883	03238	96267	04608	80938	73497
43543	47935	80526	43888	70870	10885	41920	42732	61168	72441
44691	92632	90792	54710	10260	86175	85134	14911	88579	23178
76259	74376	20026	83269	23749	69066	33521	04889	30967	37113
55336	62578	03045	57225	50154	88836	34937	95138	38602	64073
45692	56089	38044	43937	87179	61424	07934	26813	02914	00418
76137	23343	00848	98608	71687	19034	33179	04657	20072	75865
45594	85265	62703	46208	45527	11398	27661	86629	44199	01419
88344	51493	68575	39793	27985	47087	67360	77852	34549	75743
19714	91589	47126	72893	58174	29929	55201	87459	59508	91680
23206	36088	65596	29221	97177	05801	24976	24091	96099	18393
61806	42246	69441	69304	59492	15451	53053	57429	91027	35258
61976	78691	26288	02829	82381	90496	93533	27753	31278	96008
15613	41929	32770	43253	58857	53904	83718	49665	18442	08719
35901	93365	60029	84057	11725	58977	60524	48213	79155	38267
74892	32822	65242	65056	40644	18723	09692	42292	58946	01126
26233	06668	51191	83837	38337	31559	13452	19843	91290	12363
83388	94616	19977	67522	64229	70848	93484	38435	67223	14041
64223	57670	59150	00607	40339	91058	39820	52021	31742	22983
34852	44492	75106	45963	63985	58714	97585	66219	35459	61528
31116	97930	18280	20310	20856	82781	27124	29120	77080	12314
73036	37144	33747	58195	49287	18259	84499	78768	93346	70146
58168	91509	37958	16379	08014	14542	62868	10516	16360	60045
91689	64757	24030	24527	04510	72923	16724	54206	08066	78960
26624	14969	02557	49754	54939	56657	34546	30585	51152	83361
34559	57017	99081	27774	89034	33640	56764	95663	84313	39530
67738	57377	71456	68871	39753	41935	29663	98702	95513	36948
95400	81115	37018	13248	37226	98852	67116	31257	64268	15921
62758	20291	79024	09665	65584	65691	35718	99240	76006	12997
17957	41734	40974	88763	58467	54490	10278	14117	27622	84698
42933	17777	34638	95580	60554	85735	40211	91573	31693	41196
95986	81066	39069	24625	37128	73998	48756	22370	91564	34916
89516	76396	22675	37546	77791	22379	30640	10077	14139	88732
73232	78795	84432	53654	32587	18308	45045	59138	10776	68144
33753	35209	02508	34006	95419	58439	94509	64131	87408	60289
43446	52110	55183	71160	79219	35862	61647	52546	77452	98443
56898	45780	08514	70897	16559	39225	19312	38105	28055	98059
50379	55699	54451	34952	86397	62596	61061	55720	21274	52372
90200	72173	50068	21652	69344	72551	92556	91378	25150	81725
87783	81749	10357	65349	38496	21945	05786	46784	09433	68999
14905	90948	11542	47215	06891	28727	01733	58320	80254	28476
99404	59947	76033	45158	94894	24851	58326	28864	46617	99884
62269	91167	52314	96020	07330	40568	34351	48310	07425	93005

276   hidrologia básica

Tabela AII. Distribuição normal acumulada

$$\Phi(x) = \int_{-\infty}^{x} \frac{1}{\sqrt{2\pi}}\, e^{-\frac{1}{2}u^2} du$$

x	0,00	0,01	0,02	0,03	0,04	0,05	0,06	0,07	0,08	0,09
0,0	0,5000	0,5040	0,5080	0,5120	0,5160	0,5199	0,5239	0,5279	0,5319	0,5359
0,1	0,5398	0,5438	0,5478	0,5517	0,5557	0,5596	0,5636	0,5675	0,5714	0,5753
0,2	0,5793	0,5832	0,5871	0,5910	0,5948	0,5987	0,6026	0,6064	0,6103	0,6141
0,3	0,6179	0,6217	0,6255	0,6293	0,6331	0,6368	0,6406	0,6443	0,6480	0,6517
0,4	0,6554	0,6591	0,6628	0,6664	0,6700	0,6736	0,6772	0,6808	0,6844	0,6879
0,5	0,6915	0,6950	0,6985	0,7019	0,7054	0,7088	0,7123	0,7157	0,7190	0,7224
0,6	0,7257	0,7291	0,7324	0,7357	0,7389	0,7422	0,7454	0,7486	0,7517	0,7549
0,7	0,7580	0,7611	0,7642	0,7673	0,7704	0,7734	0,7764	0,7794	0,7823	0,7852
0,8	0,7881	0,7910	0,7939	0,7967	0,7995	0,8023	0,8051	0,8078	0,8106	0,8133
0,9	0,8159	0,8186	0,8212	0,8238	0,8264	0,8289	0,8315	0,8340	0,8365	0,8389
1,0	0,8413	0,8438	0,8461	0,8485	0,8508	0,8531	0,8554	0,8577	0,8599	0,8621
1,1	0,8643	0,8665	0,8686	0,8708	0,8729	0,8749	0,8770	0,8790	0,8810	0,8830
1,2	0,8849	0,8869	0,8888	0,8907	0,8925	0,8944	0,8962	0,8980	0,8997	0,9015
1,3	0,9032	0,9049	0,9066	0,9082	0,9099	0,9115	0,9131	0,9147	0,9162	0,9177
1,4	0,9192	0,9207	0,9222	0,9236	0,9251	0,9265	0,9279	0,9292	0,9306	0,9319
1,5	0,9332	0,9345	0,9357	0,9370	0,9382	0,9394	0,9406	0,9418	0,9429	0,9441
1,6	0,9452	0,9463	0,9474	0,9484	0,9495	0,9505	0,9515	0,9525	0,9535	0,9545
1,7	0,9554	0,9564	0,9573	0,9582	0,9591	0,9599	0,9608	0,9616	0,9625	0,9633
1,8	0,9641	0,9649	0,9656	0,9664	0,9671	0,9678	0,9686	0,9693	0,9699	0,9706
1,9	0,9713	0,9719	0,9726	0,9732	0,9738	0,9744	0,9750	0,9756	0,9761	0,9767
2,0	0,9772	0,9778	0,9783	0,9788	0,9793	0,9798	0,9803	0,9808	0,9812	0,9817
2,1	0,9821	0,9826	0,9830	0,9834	0,9838	0,9842	0,9846	0,9850	0,9854	0,9857
2,2	0,9861	0,9864	0,9868	0,9871	0,9875	0,9878	0,9881	0,9884	0,9887	0,9890
2,3	0,9893	0,9896	0,9898	0,9901	0,9904	0,9906	0,9909	0,9911	0,9913	0,9916
2,4	0,9918	0,9920	0,9922	0,9925	0,9927	0,9929	0,9931	0,9932	0,9934	0,9936
2,5	0,9938	0,9940	0,9941	0,9943	0,9945	0,9946	0,9948	0,9949	0,9951	0,9952
2,6	0,9953	0,9955	0,9956	0,9957	0,9959	0,9960	0,9961	0,9962	0,9963	0,9964
2,7	0,9965	0,9966	0,9967	0,9968	0,9969	0,9970	0,9971	0,9972	0,9973	0,9974
2,8	0,9974	0,9975	0,9976	0,9977	0,9977	0,9978	0,9979	0,9979	0,9980	0,9981
2,9	0,9981	0,9982	0,9982	0,9983	0,9984	0,9984	0,9985	0,9985	0,9986	0,9986
3,0	0,9987	0,9987	0,9987	0,9988	0,9988	0,9989	0,9989	0,9989	0,9990	0,9990
3,1	0,9990	0,9991	0,9991	0,9991	0,9992	0,9992	0,9992	0,9992	0,9993	0,9993
3,2	0,9993	0,9993	0,9994	0,9994	0,9994	0,9994	0,9994	0,9995	0,9995	0,9995
3,3	0,9995	0,9995	0,9995	0,9996	0,9996	0,9996	0,9996	0,9996	0,9996	0,9997
3,4	0,9997	0,9997	0,9997	0,9997	0,9997	0,9997	0,9997	0,9997	0,9997	0,9998

x	1,282	1,645	1,960	2,326	2,576	3,090	3,291	3,891	4,417
$\Phi(x)$	0,90	0,95	0,975	0,99	0,995	0,999	0,9995	0,99995	0,999995
$2\,|1-\Phi(x)|$	0,20	0,10	0,05	0,02	0,01	0,002	0,001	0,0001	0,00001

Fonte: Mood, A. M., Graybill, F. A. e Boes. D. C., *Introduction to the Theory of Statistics*

Apêndice

Tabela AIII, Distribuição t acumulada

$$F_X(x) = \int_{-\infty}^{x} \frac{\Gamma\left(\dfrac{n+1}{2}\right)}{\Gamma(n/2)\sqrt{\pi n}\left(1 + \dfrac{u^2}{n}\right)^{(n+1)/2}}\, du$$

n \ F	0,75	0,90	0,95	0,975	0,99	0,995	0,9995
1	1,000	3,078	6,314	12,706	31,821	63,657	636,619
2	0,816	1,886	2,920	4,303	6,965	9,925	31,598
3	0,765	1,638	2,353	3,182	4,541	5,841	12,941
4	0,741	1,533	2,132	2,776	3,747	4,604	8,610
5	0,727	1,476	2,015	2,571	3,365	4,032	6,859
6	0,718	1,440	1,943	2,447	3,143	3,707	5,959
7	0,711	1,415	1,895	2,365	2,998	3,499	5,405
8	0,706	1,397	1,860	2,306	2,896	3,355	5,041
9	0,703	1,383	1,833	2,262	2,821	3,250	4,781
10	0,700	1,372	1,812	2,228	2,764	3,169	4,587
11	0,697	1,363	1,796	2,201	2,718	3,106	4,437
12	0,695	1,356	1,782	2,179	2,681	3,055	4,318
13	0,694	1,350	1,771	2,160	2,650	3,012	4,221
14	0,692	1,345	1,761	2,145	2,624	2,977	4,140
15	0,691	1,341	1,753	2,131	2,602	2,947	4,073
16	0,690	1,337	1,746	2,120	2,583	2,921	4,015
17	0,689	1,333	1,740	2,110	2,567	2,898	3,965
18	0,688	1,330	1,734	2,101	2,552	2,878	3,922
19	0,688	1,328	1,729	2,093	2,539	2,861	3,883
20	0,687	1,325	1,725	2,086	2,528	2,845	3,850
21	0,686	1,323	1,721	2,080	2,518	2,831	3,819
22	0,686	1,321	1,717	2,074	2,508	2,819	3,792
23	0,685	1,319	1,714	2,069	2,500	2,807	3,767
24	0,685	1,318	1,711	2,064	2,492	2,797	3,745
25	0,684	1,316	1,708	2,060	2,485	2,787	3,725
26	0,684	1,315	1,706	2,056	2,479	2,779	3,707
27	0,684	1,314	1,703	2,052	2,473	2,771	3,690
28	0,683	1,313	1,701	2,048	2,467	2,763	3,674
29	0,683	1,311	1,699	2,045	2,462	2,756	3,659
30	0,683	1,310	1,697	2,042	2,457	2,750	3,646
40	0,681	1,303	1,684	2,021	2,423	2,704	3,551
60	0,679	1,296	1,671	2,000	2,390	2,660	3,460
120	0,677	1,289	1,658	1,980	2,358	2,617	3,373
∞	0,674	1,282	1,645	1,960	2,326	2,576	3,291

Fonte: Mood, A. M., Graybill, F. A., e Boes, D. C., *Introduction to the Theory of Statistics*

Tabela AIV. Distribuição qui-quadrada acumulada

$$F_x(x) = \int_0^x \frac{u^{(n-2)/2}e^{-u/2}\,du}{2^{n/2}\,\Gamma(n/2)}$$

n \ F	0,005	0,010	0,025	0,050	0,100	0,250	0,500	0,750	0,900	0,950	0,975	0,990	0,995
1	$0,0^4393$	$0,0^3157$	$0,0^3982$	$0,0^2393$	0,0158	0,102	0,455	1,32	2,71	3,84	5,02	6,63	7,88
2	0,0100	0,0201	0,0506	0,103	0,211	0,575	1,39	2,77	4,61	5,99	7,38	9,21	10,6
3	0,0717	0,115	0,216	0,352	0,584	1,21	2,37	4,11	6,25	7,81	9,35	11,3	12,8
4	0,207	0,297	0,484	0,711	1,06	1,92	3,36	5,39	7,78	9,49	11,1	13,3	14,9
5	0,412	0,554	0,831	1,15	1,61	2,67	4,35	6,63	9,24	11,1	12,8	15,1	16,7
6	0,676	0,872	1,24	1,64	2,20	3,45	5,35	7,84	10,6	12,6	14,4	16,8	18,5
7	0,989	1,24	1,69	2,17	2,83	4,25	6,35	9,04	12,0	14,1	16,0	18,5	20,3
8	1,34	1,65	2,18	2,73	3,49	5,07	7,34	10,2	13,4	15,5	17,5	20,1	22,0
9	1,73	2,09	2,70	3,33	4,17	5,90	8,34	11,4	14,7	16,9	19,0	21,7	23,6
10	2,16	2,56	3,25	3,94	4,87	6,74	9,34	12,5	16,0	18,3	20,5	23,2	25,2
11	2,60	3,05	3,82	4,57	5,58	7,58	10,3	13,7	17,3	19,7	21,9	24,7	26,8
12	3,07	3,57	4,40	5,23	6,30	8,44	11,3	14,8	18,5	21,0	23,3	26,2	28,3
13	3,57	4,11	5,01	5,89	7,04	9,30	12,3	16,0	19,8	22,4	24,7	27,7	29,8
14	4,07	4,66	5,63	6,57	7,79	10,2	13,3	17,1	21,1	23,7	26,1	29,1	31,3
15	4,60	5,23	6,26	7,26	8,55	11,0	14,3	18,2	22,3	25,0	27,5	30,6	32,8
16	5,14	5,81	6,91	7,96	9,31	11,9	15,3	19,4	23,5	26,3	28,8	32,0	34,3
17	5,70	6,41	7,56	8,67	10,1	12,8	16,3	20,5	24,8	27,6	30,2	33,4	35,7
18	6,26	7,01	8,23	9,39	10,9	13,7	17,3	21,6	26,0	28,9	31,5	34,8	37,2
19	6,84	7,63	8,91	10,1	11,7	14,6	18,3	22,7	27,2	30,1	32,9	36,2	38,6
20	7,43	8,26	9,59	10,9	12,4	15,5	19,3	23,8	28,4	31,4	34,2	37,6	40,0
21	8,03	8,90	10,3	11,6	13,2	16,3	20,3	24,9	29,6	32,7	35,5	38,9	41,4
22	8,64	9,54	11,0	12,3	14,0	17,2	21,3	26,0	30,8	33,9	36,8	40,3	42,8
23	9,26	10,2	11,7	13,1	14,8	18,1	22,3	27,1	32,0	35,2	38,1	41,6	44,2
24	9,89	10,9	12,4	13,8	15,7	19,0	23,3	28,2	33,2	36,4	39,4	43,0	45,6
25	10,5	11,5	13,1	14,6	16,5	19,9	24,3	29,3	34,4	37,7	40,6	44,3	46,9
26	11,2	12,2	13,8	15,4	17,3	20,8	25,3	30,4	35,6	38,9	41,9	45,6	48,3
27	11,8	12,9	14,6	16,2	18,1	21,7	26,3	31,5	36,7	40,1	43,2	47,0	49,6
28	12,5	13,6	15,3	16,9	18,9	22,7	27,3	32,6	37,9	41,3	44,5	48,3	51,0
29	13,1	14,3	16,0	17,7	19,8	23,6	28,3	33,7	39,1	42,6	45,7	49,6	52,3
30	13,8	15,0	16,8	18,5	20,6	24,5	29,3	34,8	40,3	43,8	47,0	50,9	53,7

Fonte: Mood, A. M., Graybill, F. A., e Boes, D. C., *Introduction to the Theory of Statistics*

Este trabalho foi elaborado pelo processo de FOTOCOMPOSIÇÃO
Monophoto - no Departamento de Composição da Editora
Edgard Blücher Ltda. - São Paulo - Brasil

GRÁFICA PAYM
Tel. (11) 4392-3344
paym@terra.com.br